# 弹 性 力 学

（第三版）

米海珍　胡燕妮　李春燕　编著

重庆大学出版社

## 内 容 提 要

本书主要介绍了弹性力学的基本概况、应力分析、应变分析、应力应变关系、弹性力学问题的建立、平面问题的解法、空间问题、薄板问题、有限差分法、能量原理与变分法、有限单元法简介等内容,每章后有小结与习题,书末附有习题解答,此书可作为高校土木工程专业本科教材,也可供工程技术人员学习参考。

**图书在版编目(CIP)数据**

弹性力学/米海珍,胡燕妮,李春燕编著. —3版.
—重庆:重庆大学出版社,2013.6(2021.7重印)
高等学校土木工程本科规划教材
ISBN 978-7-5624-2367-6

Ⅰ.①弹… Ⅱ.①米…②胡…③李… Ⅲ.①弹性力学—高等学校—教材 Ⅳ.①O343

中国版本图书馆CIP数据核字(2013)第133303号

弹性力学
(第三版)
米海珍 胡燕妮 李春燕 编著
责任编辑:周 立 版式设计:周 立
责任校对:李定群 责任印制:张 策
*
重庆大学出版社出版发行
出版人:饶帮华
社址:重庆市沙坪坝区大学城西路21号
邮编:401331
电话:(023) 88617190 88617185(中小学)
传真:(023) 88617186 88617166
网址:http://www.cqup.com.cn
邮箱:fxk@cqup.com.cn (营销中心)
全国新华书店经销
POD:重庆新生代彩印技术有限公司
*
开本:787mm×1092mm 1/16 印张:10.5 字数:256千
2013年6月第3版 2021年7月第7次印刷
ISBN 978-7-5624-2367-6 定价:35.00元

---

# 土木工程专业本科系列教材
# 编审委员会

# 再版前言

该教材初版已经过三届本科学生教学之用，总的效果是好的。教材具有简明清晰、理论框架完整的特点。尤其进一步读研究生的同学认为此点较为重要，这是可喜的一点；但是该教材还有一些不尽如人意的地方，所以决定做再版修订。

修订工作主要包括以下几方面：(1)对初版中的一些错误进行订正；(2)对个别地方的语言叙述做补充修改，以使其更加清晰准确、便于理解；(3)对书中的插图作了修改，使其更加美观；(4)每章后加写了小结，以便读者复习总结之用；(5)各章后又增加了部分习题，并在最后附上了习题答案，供读者做更多练习之用。

参加本次修订工作的有：米海珍、胡燕妮、牛军贤及周勇几位老师。经过此次修订，我们认为该教材的质量有了进一步的提高，希望能为本科教学做贡献，也希望能为需要学习弹性力学的其他工程技术人员提供学习方便。鉴于编写者水平有限，书中还会有不妥和不完美之处，敬请阅读此书的所有读者指教。

米海珍

2013 年 5 月

# 前言

经过10多所院校土木工程专业教师的酝酿讨论，半年多时间的编写，这本教材与读者见面了。在此对本书的编写意图稍作说明：近两三年随着教育部关于高等学校专业调整目录的颁发，土木工程专业课程设置有了较大的变化，而且高校对培养新时代的工程技术人员也有了新的、更高的要求，为适应以上的变化和要求，编写了该教材，供土木工程及相近专业的本科教学之用。

在编写前作者对本教材定了如下的目标，即力求做到理论体系完整、力学概念清晰，不求过繁的数学推导、证明。使学生能够从“战略”上把握整个弹性力学的基本框架；对经典问题解答的讲解应深入浅出，使学生能够从“战术”上学会解题的一些基本方法和对结果（解）的分析，并能将部分结果用于解决其他课程中的问题。以此提高学生的力学素养，拓宽知识面，增强解决工程问题的能力；做到适用于工科本科教学。因为本书是21世纪的新型教材，作者在动笔时很费踌躇，如对数学知识的要求，内容含量的多少与学时安排等，这些问题都较难定夺。最后决定在编写中选择较简单的数学工具，力求做到理论体系的完整，内容深入浅出，举例典型简练。

建议使用本教材的教师根据学时对内容进行取舍，如该课程只安排50学时，第3、第4章仅做简单介绍，删去第10、第11章，后两章的内容可在单独开设的有限元课程中讲授。

本教材参考了大量的其他教材，也有很多内容是我们作者新的经验的总结。初稿形成后，在部分授课教师中传阅，征求修改意见，并经兰州大学王银邦教授审阅全书，在此，向各位提出修改意见的老师及王银邦教授表示感谢。

本书1～9章由米海珍编写，10～11章由李春燕编写，李春燕绘制了全部插图。全书由米海珍统稿。

由于时间仓促，加之编写者水平有限，缺点、错误在所难免，恳请使用本书的教师、学生及其他读者批评指正。

米海珍

2001年6月6日

# 目录

# 第 1 章 绪论

## 1.1 弹性力学的发展及应用

弹性力学是固体力学的一个重要分支,它研究弹性物体在外力和外界其他因素作用下所产生的变形和内力。所谓弹性,即物体受外力后变形,在卸去所受外力后变形能够恢复的特性。在本教材中(一般的弹性力学教材中也如此),仅研究变形与外力呈直线关系的弹性物体。一般地说,物体所产生的应力和应变之间的关系是一一对应的,即双方互为单值函数,且呈线性关系。若这种关系是非线性的,则称物体具有非线性弹性性质,由此可知,本教材所研究的问题更确切地说叫做线性弹性力学问题。

弹性力学的发展已有约 340 多年的历史,这里对此学科的发展作一简略介绍。

由胡克(Hooke,R.)实验(1660)起至柯西(Cauchy,A. L.)(1820)提出弹性理论的基本问题为止,通常被认为是发展初期阶段。此期间科学家们提出了许多弹性体受力变形的问题,并且各自分别用自己的理论来解决一些简单构件问题,并无统一的理论和方法。

19 世纪 20 年代至 50 年代,纳维(Navier)和柯西提出弹性力学的基础问题,以及格林(Green,G.)和汤姆逊(Thomson,W.)确定了 21 个弹性系数,此阶段是弹性力学问题的理论统一和建立期。

接下来是解决线性问题的发展期,大约为 19 世纪 50 年代至 20 世纪初,以圣维南(St. Venant)(1854)关于柱体扭转和弯曲理论论文的发表为标志,之后他还提出了半数学半物理的联合解法,他所求得的解答与实验极为吻合,为此理论的可靠性奠定了基础,也为弹性力学的应用开辟了广阔的前景。这期间的重要工作还有艾雷(Airy,G. B)(1862)提出了应力函数解法,从而解决了平面问题,赫兹(Hertz,H.)(1882)解决了接触问题,克希霍夫(Kirchhoff,G.)(1850)解决了平板门的平衡和振动问题。很多问题已被应用到工程中去了。

从 20 世纪初开始,随着工业技术的迅猛发展,如机械方面、船舶方面、建筑方面,钢材及其他弹性材料的应用范围不断扩大,弹性力学得到了很好的发展,同时也推动了它与其他科学的结合,不但进一步解决了一些薄板大挠度、大变形和非线性稳定性问题等,同时也形成了一些新的学科领域,至今已有非线性弹性力学、非线性板壳理论、热弹性力学、电磁弹性力学、气动弹性力学和水弹性力学等,应用的工程领域已不胜数。20 世纪该学科的发展显示了蓬勃旺盛的景象,其中有不少科学家为此作出了贡献,这其中已有中国科学家的工作,值得提到的有:钱学森与卡门(Karman,T von) 提出薄壳的非线性稳定问题;钱伟长参与发展了薄壁杆件理论;胡海昌参与发展了各向异性的弹性力学;以及钱伟长、胡海昌建立了弹性力学的广义变分原理并推广到了塑性力学等领域中。

弹性力学在工程上的应用已极为广泛,如道桥工程、房建工程、水利工程、船舶制造工程、机械工程、航天工程等诸多领域,而且已成为解决许多工程问题必不可少的工具。可以预料,弹性力学将会对现代工业技术和自然科学发挥更加重要的作用,同时,它本身也将会不断发展。

## 1.2　弹性力学的求解方法

弹性力学的求解方法通常有数学方法、实验方法及数学和实验相结合的方法。

实验方法是用机械的、电学的、光学的、声学的方法等来测定所研究的弹性体在外力作用下应力和应变的分布规律,如光弹性法、云纹法等。在弹性力学中,许多难于用数学求解的问题往往借助实验方法求解。

数学方法是利用数学分析的方法,对弹性力学边值问题进行求解,由此求得所研究的弹性体的应力场和位移场,该方面的研究成果构成了弹性力学的基本内容。实际上,数学求解时,必须解含有 15 个未知函数的偏微分方程组,只能求得很少特殊问题的解析解,一般问题的求解难度相当大,甚至不可能。因此,发展了一些近似解法。例如逆解法、半逆解法和基于能量原理的变分方法等。除此之外,数值方法也是一种十分有效的方法,主要的方法有:差分法、有限元法和边界元法。目前在计算机普及的情况下,数值方法已成为一种普遍而实用的方法。

对于较为复杂的弹性结构还可结合上述两种方法来求解,以便求得可靠的解答。

## 1.3　弹性力学的基本假定

自然科学中的各门学科都有自己的前提条件和研究范围,弹性力学亦不例外。在这里,先对弹性力学研究的物体给出一个限定范围,如果超出该范围,弹性力学的理论将不再适用,这一范围和前提条件,即为下面的几个基本假定:

1) 连续性假定 —— 物体内部由连续介质组成没有空隙,因而各个力学量,如内力、位移、形变等量是连续的,可以用坐标变量的连续函数表示。严格地说,物体是由分子组成的,分子和分子相互之间存在着间隙。考虑的是物体的宏观力学过程,物体的宏观尺寸远大于粒子之间的相对距离,故此假定被视为是成立的,且这一假定已被实验所证实是合理的。

2) 线性弹性假定 —— 指物体在外界因素(外荷载、温度变化等) 作用下引起的变形,在外界因素撤除后,完全恢复其变形前的形状而无残余变形。从数学角度看,即为应力与应变之间互为单值函数,且与变形过程无关,此为弹性。同时还假定物体变形服从胡克定律,即应力与应变成正比,此为线性。满足弹性和应力应变成正比的线性关系即为线弹性物体。

3) 均匀性假定 —— 即整个物体是由同一材料组成的,其弹性性质不随点而变,任何一点的弹性性质可代替整个物体的弹性性质。

4）*各向同性假定*——物体的弹性在所有方向都相同，物体的弹性常数不随方向而变。例如木材不符合这一假定。如果各向异性的话，物体的弹性常数会有21个，第4章将详细讨论。

5）*微小变形假定*——在外力或温变作用下，物体变形所产生的位移量与物体本身尺寸相比是微小的。即在研究物体受力后的平衡状态时，可以不考虑其原始尺寸改变所带来的影响。在计算形变时，可略去形变的二次项，得到弹性理论的微分方程将是线性的，而且在求解时可以应用叠加原理。

上述基本假定中，第5）条属于几何假定，其余假定是对材料物性的假定。这些假定将是本教材所介绍的弹性力学的基础和前提条件。以后各章推导的基本公式及各种应用均在此基础上。

## 习 题

1-1 弹性力学中基本假定是什么？

1-2 均匀性假定和各向同性假定有何区别？举例说明。

1-3 一般的钢筋混凝土构件能否作为理想弹性体？

1-4 弹性体的应力应变曲线一定是线性的吗？

# 第2章 应力分析

## 2.1 体力、面力及应力

对于弹性体受力的情况，可作这样的划分，即外力和内力。外力是作用于弹性体上的力，它包括体积力和面力。内力即为由于外力作用而引起的物体内部各部分之间相互作用的力。现对这几个概念逐一介绍。

体力是作用在物体体积内的力，例如重力、惯性力及磁化力等。为标明物体在某点 $P$ 所受体力的大小和方向，过 $P$ 点（图2.1）从物体中取一微小体积 $\Delta v$，并设作用其上的体力为 $\Delta Q$，则体力定义为：

$$\boldsymbol{f}=\lim_{\Delta v\to 0}\frac{\Delta \boldsymbol{Q}}{\Delta v} \tag{2.1}$$

$\boldsymbol{f}$ 的方向为 $\Delta Q$ 的极限方向，即 $\Delta v\to 0$，该体积为 $\Delta v$ 的微元趋于 $P$ 点的方向。为了计算上的方便，可将体力分解到3个坐标轴，其相应分量为 $f_x$、$f_y$、$f_z$。一般情况下，物体所受体力各点并不相同，而是坐标的函数。

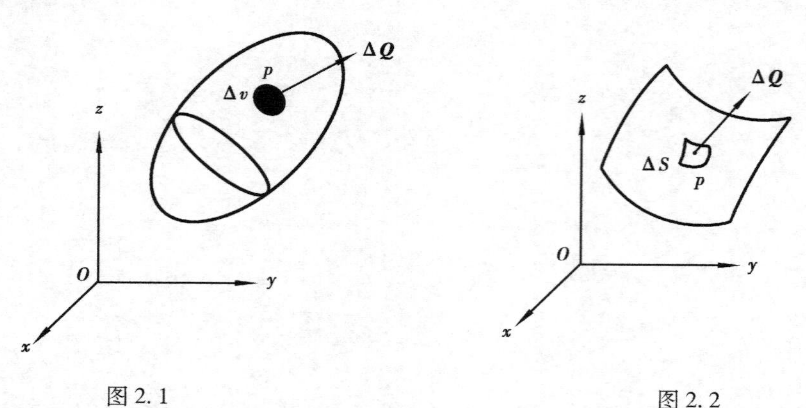


图2.1　　图2.2

面力是分布在物体表面上的力，或者说是两物体通过表面的相互作用而产生的力。例如水坝上游面所受到水库内水的压力，房间中摆放的东西对于地板的压力等。为确定物体表面某点

$P$ 承受面力的大小和方向，过 $P$ 点(图2.2)取该表面的一小部分，它包含 $P$ 点且面积为 $\Delta S$，设作用于 $\Delta S$ 面积上的面力为 $\Delta \boldsymbol{Q}$，则面力集度可定义为

$$\boldsymbol{F} = \lim_{\Delta S \to 0} \frac{\Delta \boldsymbol{Q}}{\Delta S} \tag{2.2}$$

其大小为(2.2)式极限值，方向为 $\Delta \boldsymbol{Q}$ 的极限方向。同样，可将其分解到3个坐标轴上，相应分量为 $F_x$、$F_y$、$F_z$。

应力是一种内力，是物体内一部分对另一部分的作用，在材料力学中已经讨论过这一概念，在此对应力的规定作一介绍。

假如有一物体(图2.3)被一假想平面截成两部分 $A$ 和 $B$，那么 $B$ 部分对 $A$ 部分的作用，便可以用 $A$ 部分截面上的应力矢量来代表。

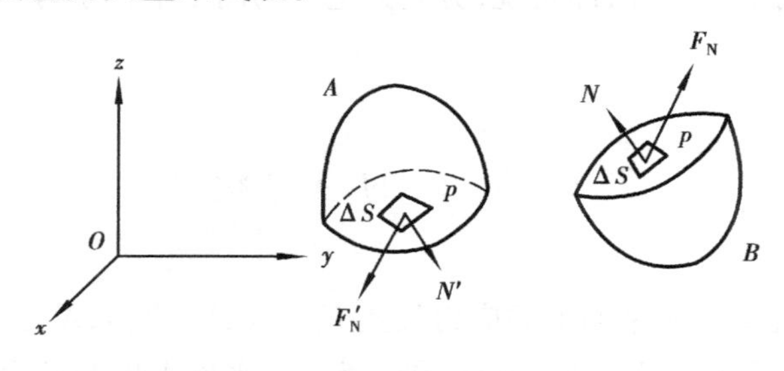


图2.3

由面力的定义知，应力即是面力的一种。由图2.3可知，在留下的 $B$ 部分截面上取任一点 $P$，而 $P$ 点是包含在微小面积 $\Delta S$ 内的；$\Delta S$ 面上过 $P$ 点的外法线是 $N$，若令 $P$ 点的面力是 $F_N$，它是一个矢量，因此可被称之为应力矢量，它表示作用在法向为 $N$ 的微元平面上的单位面积上的力。在直角坐标系中，$F_N$ 可分解为坐标分量 $X_N$、$Y_N$、$Z_N$。

显然在 $A$ 部分同一点 $P$ 的外法线是 $N'$，它与 $N$ 的方向相反，应有如下关系

$$\boldsymbol{F}_N = -\boldsymbol{F}_N'$$

现在来描述物体内各点的应力。从物体中的 $P$ 点处取出一微元体，这一微元体呈正平行六面体，且各边与坐标轴平行，长度分别为 $\Delta x$、$\Delta y$、$\Delta z$(图2.4)，将每一平面上的应力分为正应力和剪应力，而该剪应力又可按坐标分为两个沿坐标方向的分量。

对正应力和剪应力的记法作如下规定：若正六面体的某个面的外法线是沿坐标轴正向，则该面称为正面，反之则称为负面。正面上的应力以沿坐标轴正向为正，沿坐标轴负向为负；负面上则刚好相反。所有6个面上的应力标于图2.4中。这里还需提醒的是，应力是坐标的函数。

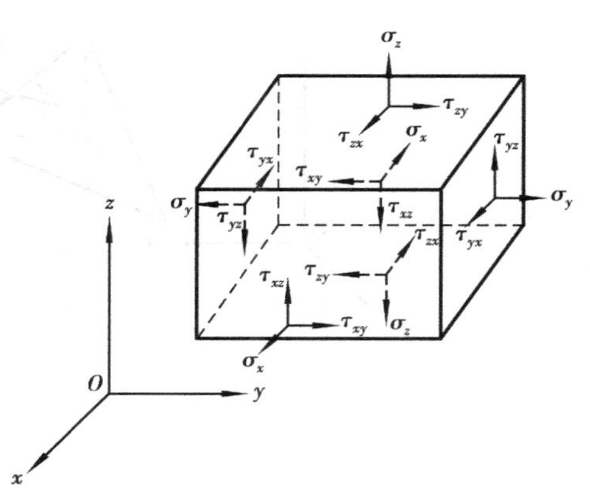


图2.4

这样一共引进了9个应力分量，记为

$$\begin{pmatrix} \sigma_x & \tau_{xy} & \tau_{xz} \\ \tau_{yx} & \sigma_y & \tau_{yz} \\ \tau_{zx} & \tau_{zy} & \sigma_z \end{pmatrix}$$

叫做应力场。这样的一组量也称应力张量,关于张量的定义和运算这里不作介绍。

若以连接六面体前后两面中心的直线为矩轴,由力矩平衡可得

$$2\tau_{yz} \cdot \Delta z \Delta x \cdot \frac{\Delta y}{2} - 2\tau_{zy} \cdot \Delta y \Delta x \cdot \frac{\Delta z}{2} = 0$$

以同样方法列出另外两个力矩平衡方程,求解这些方程就可得到

$$\tau_{yz} = \tau_{zy} \qquad \tau_{zx} = \tau_{xz} \qquad \tau_{xy} = \tau_{yx} \tag{2.3}$$

这一结果证明了剪应力的互等性,即是说,剪应力记号的两个下标字母可对调。因此,一点独立的应力分量只有6个。

## 2.2 一点的应力状态

求物体中过 $P$ 点任意方向平面上的应力矢量 $\boldsymbol{F}_{\mathrm{N}}(X_{\mathrm{N}}、Y_{\mathrm{N}}、Z_{\mathrm{N}})$,$N$ 是这个平面的法线方向。作一平面 $ABC$ 与该平面平行,但不通过 $P$ 点(图2.5),设平面 $ABC$ 与这个平面的距离为 $h$,则这个平面上所受的应力矢量 $\boldsymbol{F}_{\mathrm{N}}$ 与 $ABC$ 面上所受的应力矢量 $\boldsymbol{F}'_{\mathrm{N}}$ 有如下关系

$$\lim_{h\to 0}\boldsymbol{F}'_{\mathrm{N}}(X'_{\mathrm{N}}、Y'_{\mathrm{N}}、Z'_{\mathrm{N}}) = \boldsymbol{F}_{\mathrm{N}}(X_{\mathrm{N}}、Y_{\mathrm{N}}、Z_{\mathrm{N}}) \tag{2.4}$$

设 $P$ 点的应力分量是 $\sigma_x,\sigma_y,\sigma_z,\tau_{xy},\tau_{yz},\tau_{zx}$,而作用在 $PAB$、$PAC$ 及 $PBC$ 平面上的平均应力矢量如图2.5所示,当 $h$ 趋于0时,就有

$$\lim_{h\to 0}(\sigma'_x,\sigma'_y,\sigma'_z,\sigma'_{xy},\sigma'_{yz},\sigma'_{zx}) = (\sigma_x,\sigma_y,\sigma_z,\tau_{xy},\tau_{yz},\tau_{zx}) \tag{2.5}$$

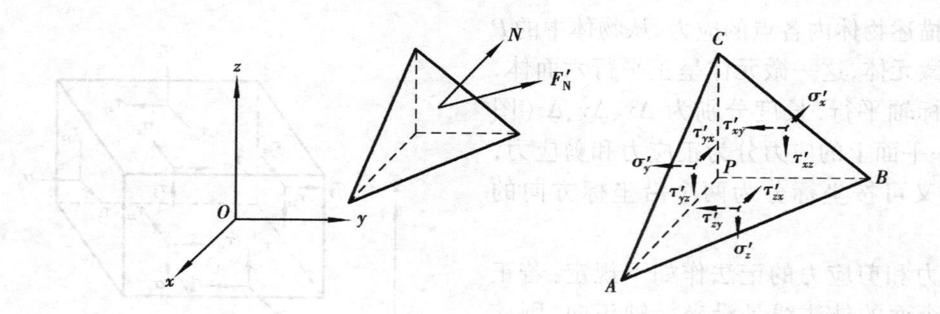


图2.5

设 $ABC$ 的面积为 $\Delta S$,则 $PABC$ 的体积 $\Delta V = \frac{1}{3}h\Delta S$,将平面 $PBC$、$PAC$ 及 $PAB$ 的面积分别记为 $\Delta S_1$、$\Delta S_2$、$\Delta S_3$,它们可由 $\Delta S$ 和此点的方向余弦表示

$$\left.\begin{aligned}\Delta S_1 &= \Delta S\cdot\cos(x,N) = l\Delta S\\ \Delta S_2 &= \Delta S\cdot\cos(y,N) = m\Delta S\\ \Delta S_3 &= \Delta S\cdot\cos(z,N) = n\Delta S\end{aligned}\right\}\tag{2.6}$$

这里 $l$、$m$、$n$ 是平面 $ABC$ 法线 $N$ 的方向余弦。

设四面体 $PABC$ 体力的 3 个分量是 $f_x$、$f_y$、$f_z$，则考虑 $x$ 方向力的平衡有

$$f_x\Delta V + X'_N\Delta S - \sigma'_x\Delta S_1 - \tau'_{yx}\Delta S_2 - \tau'_{zx}\Delta S_3 = 0\tag{2.7}$$

将 $\Delta V$ 及 $\Delta S_1$、$\Delta S_2$、$\Delta S_3$ 与 $\Delta S$ 的关系式代入上式，并取 $h\to 0$，可得

$$X_N = \sigma_x l + \tau_{yx}m + \tau_{zx}n\tag{2.8a}$$

同理，考虑 $y$、$z$ 方向力的平衡，得到

$$Y_N = \tau_{xy}l + \sigma_y m + \tau_{zy}n\tag{2.8b}$$

$$Z_N = \tau_{xz}l + \tau_{yz}m + \sigma_z n\tag{2.8c}$$

这说明过一点 $P$ 的任一平面上的应力矢量都可由这点的 6 个应力分量表示。

式(2.8) 给出了一点任一方向上的应力。若将该平面上的 3 个应力分量分解为该面上的法向应力 $\sigma_N$ 和切向应力 $\tau_N$，利用投影关系可求得

$$\begin{aligned}\sigma_N &= lX_N + mY_N + nZ_N =\\ &l^2\sigma_x + m^2\sigma_y + n^2\sigma_z + 2mn\tau_{yz} + 2nl\tau_{zx} + 2lm\tau_{xy}\end{aligned}\tag{2.9}$$

该面上全应力 $S_N$ 将是

$$S_N{}^2 = \sigma_N{}^2 + \tau_N{}^2 = X_N{}^2 + Y_N{}^2 + Z_N{}^2$$

因而，有

$$\tau_N{}^2 = S_N{}^2 - \sigma_N{}^2 = X_N{}^2 + Y_N{}^2 + Z_N{}^2 - \sigma_N{}^2\tag{2.10}$$

## 2.3 主应力及主方向

2.2 节已讨论了一点的应力状态，若已知一点的 6 个应力分量 $\sigma_x$、$\sigma_y$、$\sigma_z$、$\tau_{xy}$、$\tau_{yz}$、$\tau_{zx}$，则过此点任一面上的法向应力 $\sigma_N$ 和切向应力 $\tau_N$ 可求出。如果过 $P$ 点的某个截面上，只有正应力作用而剪应力为零，这样的平面称之为应力主平面，其法线方向 $N$ 被称之为应力主方向，相应的正应力被称为主应力。现在用数学分析的方法来求主平面和主应力。

现令主应力的大小为 $\sigma$，主平面的方向余弦为 $l,m,n$，这 4 个量是未知数，那么在此平面上沿各坐标轴的应力分量为

$$X_N = \sigma l,\quad Y_N = \sigma m,\quad Z_N = \sigma n\tag{2.11}$$

将上式代入式(2.8) 有

$$\left.\begin{aligned}(\sigma_x - \sigma)l + \tau_{yx}m + \tau_{zx}n &= 0\\ \tau_{xy}l + (\sigma_y - \sigma)m + \tau_{zy}n &= 0\\ \tau_{xz}l + \tau_{yz}m + (\sigma_z - \sigma)n &= 0\end{aligned}\right\}\tag{2.12}$$

方向余弦满足

$$l^2 + m^2 + n^2 = 1\tag{2.13}$$

所以，由代数知识可知，式(2.12) 关于$(l,m,n)$ 非零解的条件是

$$\begin{vmatrix} \sigma_x - \sigma & \tau_{yx} & \tau_{zx} \\ \tau_{xy} & \sigma_y - \sigma & \tau_{zy} \\ \tau_{xz} & \tau_{yz} & \sigma_z - \sigma \end{vmatrix} = 0 \tag{2.14}$$

展开此式得关于主应力 $\sigma$ 的特征方程

$$\sigma^3 - \Theta_1\sigma^2 + \Theta_2\sigma - \Theta_3 = 0 \tag{2.15}$$

其中

$$\left.\begin{aligned} \Theta_1 &= \sigma_x + \sigma_y + \sigma_z \\ \Theta_2 &= \begin{vmatrix} \sigma_x & \tau_{xy} \\ \tau_{xy} & \sigma_y \end{vmatrix} + \begin{vmatrix} \sigma_y & \tau_{yz} \\ \tau_{yz} & \sigma_z \end{vmatrix} + \begin{vmatrix} \sigma_z & \tau_{zx} \\ \tau_{zx} & \sigma_x \end{vmatrix} \\ \Theta_3 &= \begin{vmatrix} \sigma_x & \tau_{xy} & \tau_{zx} \\ \tau_{xy} & \sigma_y & \tau_{yz} \\ \tau_{zx} & \tau_{yz} & \sigma_z \end{vmatrix} \end{aligned}\right\} \tag{2.16}$$

由上述过程看到，$\Theta_1$、$\Theta_2$、$\Theta_3$ 为已知量，因此可由式(2.15)解出主应力，式(2.15)为一元三次方程，由代数知识知，实对称矩阵的特征值是实的，即式(2.15)必有3个实根，即为所求的 $P$ 点的主应力，记为 $\sigma_1, \sigma_2, \sigma_3$，通常规定 $\sigma_1 \geqslant \sigma_2 \geqslant \sigma_3$。

既然式(2.15)有3个实根，则它还可写成

$$(\sigma - \sigma_1)(\sigma - \sigma_2)(\sigma - \sigma_3) = 0 \tag{2.15'}$$

式(2.16)就有了更简捷的表示

$$\left.\begin{aligned} \Theta_1 &= \sigma_1 + \sigma_2 + \sigma_3 \\ \Theta_2 &= \sigma_1\sigma_2 + \sigma_2\sigma_3 + \sigma_3\sigma_1 \\ \Theta_3 &= \sigma_1\sigma_2\sigma_3 \end{aligned}\right\} \tag{2.16'}$$

在弹性力学里称 $\Theta_1$、$\Theta_2$、$\Theta_3$ 分别为应力张量的第一、第二和第三不变量。一个张量的不变量是指在坐标变换时数值保持不变的量。这一点可以从数学上得到证明，限于篇幅，这里不再证明。也可以从物理的角度做以说明，当物体的受力状态确定后，一点的主方向和主应力也应随之确定，因而 $\Theta_1$、$\Theta_2$、$\Theta_3$ 是确定的，它们不会由于选择不同的坐标而改变。

下面对主应力和主方向分3种情形来讨论：

①3个主应力各不相等($\sigma_1 \neq \sigma_2 \neq \sigma_3$)，即特征方程(2.15)无重根，则与之对应的3个主方向彼此正交。

② 有2个主应力相等($\sigma_1 = \sigma_2 \neq \sigma_3$)，即特征方程(2.15)有二重根，则 $\sigma_3$ 对应的主方向必同时垂直于 $\sigma_1$ 和 $\sigma_2$ 对应的主方向，即与 $\sigma_3$ 对应的主方向相垂直的任何方向都是主方向。

③3个主应力全相等($\sigma_1 = \sigma_2 = \sigma_3$)，即特征方程(2.15)有三重根，则此时相应的应力状态称为球形应力(或静水压力)状态。即是过 $P$ 点的任意3个彼此正交的方向都可选为应力主方向。

现在求出主方向，设与主应力 $\sigma_i (i = 1,2,3)$ 对应的主方向为 $N_i = (l_i, m_i, n_i)$ 于是求出 $N_i$ 的方程应为

$$\left.\begin{aligned}(\sigma_x-\sigma_i)l_i+\tau_{xy}m_i+\tau_{xz}n_i&=0\\\tau_{xy}l_i+(\sigma_y-\sigma_i)m_i+\tau_{yz}n_i&=0\\\tau_{xz}l_i+\tau_{yz}m_i+(\sigma_z-\sigma_i)n_i&=0\\l_i^2+m_i^2+n_i^2&=1\end{aligned}\right\}\tag{2.17}$$

由式(2.17)中前3个方程中适当取出2个方程与第4式联解,则可求出与$\sigma_i$对应的主方向。

这里还需说明,$\sigma_1,\sigma_2,\sigma_3$是一点正应力$\sigma_N$的极值,若令$\sigma_1>\sigma_2>\sigma_3$,则应有$\sigma_1=(\sigma_N)_{max},\sigma_3=(\sigma_N)_{min}$,有兴趣的读者可自行证明。

## 2.4　最大剪应力

令过点$P$的任一平面的法线为$N(l,m,n)$,在这面上的应力矢量是$\boldsymbol{F}_N$,它的3个分量可由该点的主应力$\sigma_1,\sigma_2,\sigma_3$表示为

$$X_N=\sigma_1 l,\ Y_N=\sigma_2 m,\ Z_N=\sigma_3 n\tag{2.18}$$

那么该平面上的法向应力由式(2.9)得到

$$\sigma_N=\sigma_1 l^2+\sigma_2 m^2+\sigma_3 n^2\tag{2.19}$$

$\boldsymbol{F}_N$的平方是

$$\boldsymbol{F}_N^2=X_N^2+Y_N^2+Z_N^2=\sigma_1^2l^2+\sigma_2^2m^2+\sigma_3^2n^2\tag{2.20}$$

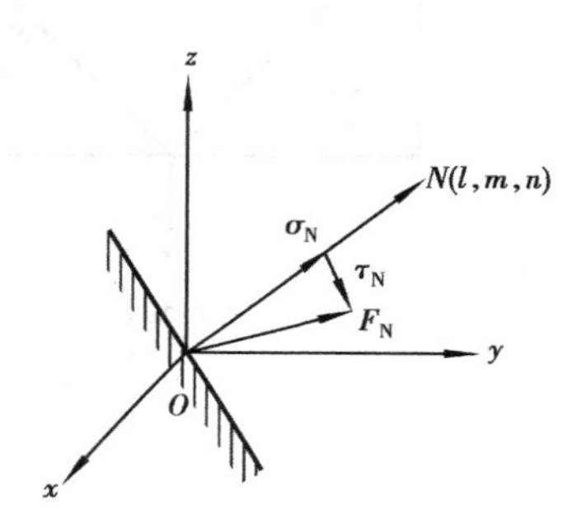


图2.6

该平面上的剪应力为$\tau_N$,它的平方由下式计算

$$\tau_N^2=F_N^2-\sigma_N^2=\sigma_1^2l^2+\sigma_2^2m^2+\sigma_3^2n^2-(\sigma_1l^2+\sigma_2m^2+\sigma_3n^2)^2\tag{2.21}$$

因为$l^2+m^2+n^2=1$,所以$n^2=1-l^2-m^2$代入(2.21)可得

$$\tau_N^2=[(\sigma_1^2-\sigma_3^2)l^2+(\sigma_2^2-\sigma_3^2)m^2+\sigma_3^2]-[(\sigma_1-\sigma_3)l^2+(\sigma_2-\sigma_3)m^2+\sigma_3]^2\tag{2.22}$$

若在$P$点求$\tau_N$的极值,自然就是求一组$(l,m,n)$使得式(2.22)达极值,故应有

$$\frac{\partial\tau_N}{\partial l}=0\qquad\frac{\partial\tau_N}{\partial m}=0\tag{2.23}$$

求导后得出确定$l$和$m$的两个方程

$$\left.\begin{aligned}l(\sigma_1-\sigma_3)\left[(\sigma_1-\sigma_3)l^2+(\sigma_2-\sigma_3)m^2-\frac{1}{2}(\sigma_1-\sigma_3)\right]&=0\\m(\sigma_2-\sigma_3)\left[(\sigma_1-\sigma_3)l^2+(\sigma_2-\sigma_3)m^2-\frac{1}{2}(\sigma_2-\sigma_3)\right]&=0\end{aligned}\right\}\tag{2.24}$$

同理也可导得关于确定$m$和$n$以及$n$和$l$的方程,求解这些方程可以得到$(l,m,n)$的解答分别为

$$(1,0,0),(0,1,0),(0,0,1),\left(\frac{1}{\sqrt{2}},\pm\frac{1}{\sqrt{2}},0\right),\left(\frac{1}{\sqrt{2}},0,\pm\frac{1}{\sqrt{2}}\right),\left(0,\frac{1}{\sqrt{2}},\pm\frac{1}{\sqrt{2}}\right)$$

对于前3组解,正好对应于主平面,$\tau_N=0$,后3组解对应的剪应力为

①当$(l,m,n)=\left(\frac{1}{\sqrt{2}},\pm\frac{1}{\sqrt{2}},0\right)$时,$\tau_N^2=\left(\frac{\sigma_1-\sigma_2}{2}\right)^2\equiv\tau_{12}^2$

② 当$(l,m,n)=\left(\frac{1}{\sqrt{2}},0,\pm\frac{1}{\sqrt{2}}\right)$时,$\tau_N^{\ 2}=\left(\frac{\sigma_1-\sigma_3}{2}\right)^2\equiv\tau_{13}^{\ 2}$

③ 当$(l,m,n)=\left(0,\frac{1}{\sqrt{2}},\pm\frac{1}{\sqrt{2}}\right)$时,$\tau_N^{\ 2}=\left(\frac{\sigma_2-\sigma_3}{2}\right)^2\equiv\tau_{23}^{\ 2}$

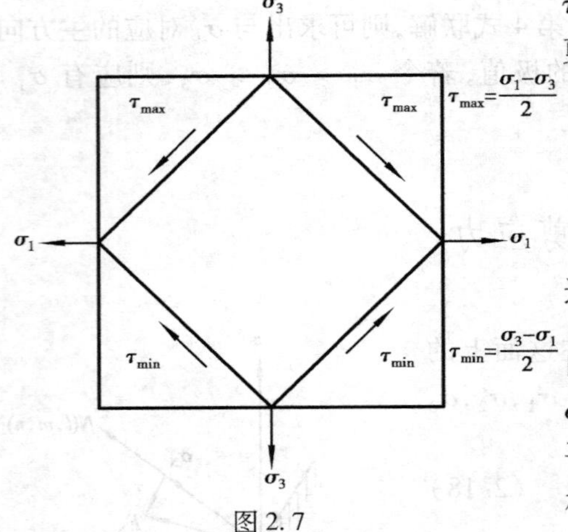

图 2.7

$\tau_{12}$、$\tau_{13}$、$\tau_{23}$ 称为主剪应力,其中的最大者即为最大剪应力,按对主应力大小的约定,显然有

$$\tau_{max}=\frac{\sigma_1-\sigma_3}{2}$$
$$\tau_{min}=\frac{\sigma_3-\sigma_1}{2} \tag{2.25}$$

这个最大剪应力的作用面法线是$\left(\frac{1}{\sqrt{2}},0,\pm\frac{1}{\sqrt{2}}\right)$,由空间解析几何可知,剪应力作用面的法线与$\sigma_1$、$\sigma_3$作用面的法线分别成为 ±45° 角,若切取 $O\sigma_1\sigma_3$ 平面,则受力情况如图 2.7 所示。另两种情况与此相同,只是轮换次序而已。

## 2.5 平衡微分方程

物体受力作用后处于平衡状态,那么物体内任一点都必处于平衡,反之,每一个微元的平衡也就保证了整个物体的平衡。因此可以从物体中取出任一微元体进行平衡分析,若取出一微小的平行六面体其各面平行于各坐标面,如图 2.8 所示。六面体三棱边的边长分别为 $dx$,$dy$,$dz$,由于应力分量是点的坐标的连续函数,所以各相对面上的应力分量应是不同的。另外,设平行六面体还受体积力 $f(f_x,f_y,f_z)$ 作用。

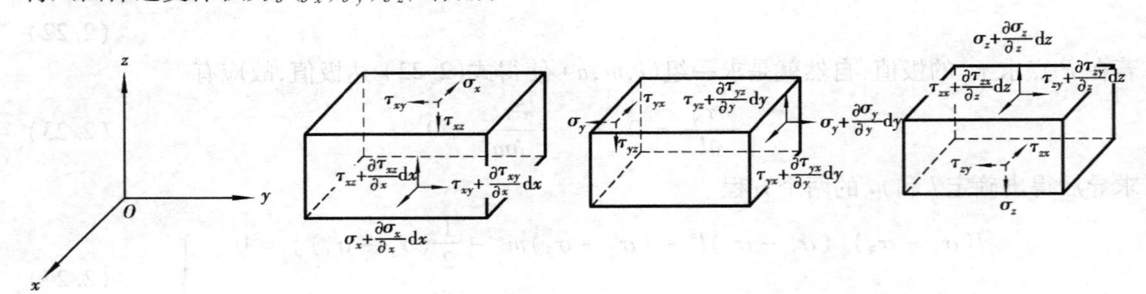

图 2.8

作用在这一微元体上所有的力应满足下述的 6 个平衡方程,即

$$\sum X=0,\sum Y=0,\sum Z=0,\sum M_x=0,\sum M_y=0,\sum M_z=0$$

前 3 个方程分别为 $X$、$Y$、$Z$ 方向力的平衡,后 3 个方程分别为绕 $x$、$y$、$z$ 轴力矩的平衡。由 $\sum X=0$,得

$$\left(\sigma_x + \frac{\partial \sigma_x}{\partial x}\mathrm{d}x\right)\mathrm{d}y\mathrm{d}z - \sigma_x \mathrm{d}y\mathrm{d}z + \left(\tau_{yx} + \frac{\partial \tau_{yx}}{\partial y}\mathrm{d}y\right)\mathrm{d}x\mathrm{d}z - \tau_{yx}\mathrm{d}x\mathrm{d}z +$$

$$\left(\tau_{zx} + \frac{\partial \tau_{zx}}{\partial z}\mathrm{d}z\right)\mathrm{d}x\mathrm{d}y - \tau_{zx}\mathrm{d}x\mathrm{d}y + f_x \mathrm{d}x\mathrm{d}y\mathrm{d}z = 0$$

用 $\mathrm{d}x\mathrm{d}y\mathrm{d}z$ 除以上式两边，并整理方程，则有

$$\frac{\partial \sigma_x}{\partial x} + \frac{\partial \tau_{yx}}{\partial y} + \frac{\partial \tau_{zx}}{\partial z} + f_x = 0 \tag{2.26a}$$

同理，由其他两个力的平衡条件 $\sum Y = 0$ 和 $\sum Z = 0$，可得

$$\frac{\partial \tau_{xy}}{\partial x} + \frac{\partial \sigma_y}{\partial y} + \frac{\partial \tau_{zy}}{\partial z} + f_y = 0 \tag{2.26b}$$

$$\frac{\partial \tau_{zx}}{\partial x} + \frac{\partial \tau_{zy}}{\partial y} + \frac{\partial \sigma_z}{\partial z} + f_z = 0 \tag{2.26c}$$

平衡微分方程(2.26)给出了应力与体力之间的关系，若问题为动力学问题，即物体处于运动中，则还应包括惯性力作用项，作为静力问题仅用式(2.26)。

若考察力矩平衡条件，并在推导过程中略去微元尺寸的四阶小量项，如 $\mathrm{d}x\mathrm{d}x\mathrm{d}y\mathrm{d}z$，不难发现，又一次得到了剪应力互等定律，即

$$\tau_{zy} = \tau_{yz}, \quad \tau_{xz} = \tau_{zx}, \quad \tau_{xy} = \tau_{yx} \tag{2.27}$$

公式(2.26)即是弹性力学中直角坐标系下三维问题的平衡微分方程。

在工程实际中，经常会遇到一些柱体或球体形状的受力物体，在此情况下采用空间柱坐标或球坐标更为方便，下面将推导出柱坐标下的平衡微分方程。

取柱坐标为$(\rho,\varphi,z)$，在物体中用各坐标平面切出一微元体(见图 2.9)，微元体上作用的应力分量为

$$\begin{bmatrix} \sigma_\rho & \tau_{\rho\varphi} & \tau_{\rho z} \\ \tau_{\varphi\rho} & \sigma_\varphi & \tau_{\varphi z} \\ \tau_{z\rho} & \tau_{z\varphi} & \sigma_z \end{bmatrix} \tag{2.28}$$

与直角坐标下求得平衡方程的方法相同，仍考虑微元体上在应力及体力 $\boldsymbol{f}(f_\rho, f_\varphi, f_z)$ 作用下的 6 个平衡方程。

考虑 $\rho$ 方向力的平衡，有

$$\left(\sigma_\rho + \frac{\partial \sigma_\rho}{\partial \rho}\mathrm{d}\rho\right)(\rho + \mathrm{d}\rho)\mathrm{d}\varphi\mathrm{d}z - \sigma_\rho \rho\mathrm{d}\varphi\mathrm{d}z + \left(\tau_{z\rho} + \frac{\partial \tau_{z\rho}}{\partial z}\mathrm{d}z\right)\frac{(\rho + \mathrm{d}\rho)\mathrm{d}\varphi + \rho\mathrm{d}\varphi}{2}\mathrm{d}\rho -$$

$$\tau_{z\rho}\frac{(\rho + \mathrm{d}\rho)\mathrm{d}\varphi + \rho\mathrm{d}\varphi}{2}\mathrm{d}\rho + \left(\tau_{\varphi\rho} + \frac{\partial \tau_{\varphi\rho}}{\partial \varphi}\mathrm{d}\varphi\right)\cos\frac{\mathrm{d}\varphi}{2}\mathrm{d}\rho\mathrm{d}z - \tau_{\varphi\rho}\cos\frac{\mathrm{d}\varphi}{2}\mathrm{d}\rho\mathrm{d}z -$$

$$\left[\left(\sigma_\varphi + \frac{\partial \sigma_\varphi}{\partial \varphi}\mathrm{d}\varphi\right)\mathrm{d}\rho\mathrm{d}z + \sigma_\varphi \mathrm{d}\rho\mathrm{d}z\right]\cdot \sin\frac{\mathrm{d}\varphi}{2} + f_\rho \cdot \frac{(\rho + \mathrm{d}\rho)\mathrm{d}\varphi + \rho\mathrm{d}\varphi}{2}\mathrm{d}\rho\mathrm{d}z = 0$$

上式中的 $\sigma_\varphi$ 在 $\rho$ 方向的投影见图 2.9(c)，略去高阶微量，并取 $\sin\frac{\mathrm{d}\varphi}{2} = \frac{\mathrm{d}\varphi}{2}$，则有：

$$\frac{\partial \sigma_\rho}{\partial \rho} + \frac{1}{\rho}\frac{\partial \tau_{\rho\varphi}}{\partial \varphi} + \frac{\partial \tau_{\rho z}}{\partial z} + \frac{1}{\rho}(\sigma_\rho - \sigma_\varphi) + f_\rho = 0 \tag{2.29a}$$

另外两个平衡方程请读者自行推导，这里给出结果

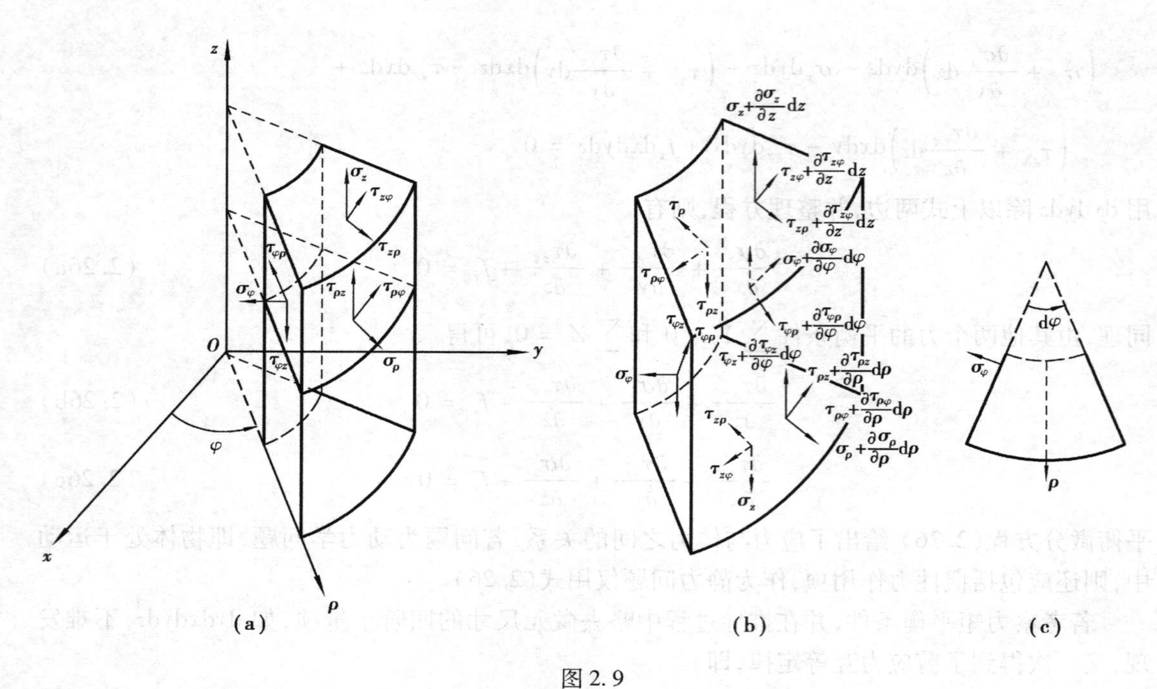

图 2.9

$$\frac{\partial \tau_{\varphi\rho}}{\partial \rho}+\frac{1}{\rho}\frac{\partial \sigma_{\varphi}}{\partial \varphi}+\frac{\partial \tau_{\varphi z}}{\partial z}+\frac{2}{\rho}\tau_{\rho\varphi}+f_{\varphi}=0 \tag{2.29b}$$

$$\frac{\partial \tau_{z\rho}}{\partial \rho}+\frac{1}{\rho}\frac{\partial \tau_{z\varphi}}{\partial \varphi}+\frac{\partial \sigma_{z}}{\partial z}+\frac{1}{\rho}\tau_{z\rho}+f_{z}=0 \tag{2.29c}$$

若再考虑 3 个力矩平衡方程,仍能得出剪应力对称定理,因此说式(2.28)仍为对称应力张量,即剪应力下标可对换。式(2.29)即为柱坐标下的平衡微分方程。

## 本章小结

1. 体力、面力及应力的定义,注意区分内力和外力的概念。
2. 一点的应力状态可由该点的 6 个坐标应力分量确定。
3. 主应力的计算及主应力方向的确定,应力不变量的表达式及意义。
4. 最大剪应力的计算及所在位置的确定。
5. 平衡微分方程的推导,它是弹性体内一点受力的平衡关系。

## 习　题

2-1　一点的应力张量为

$$\begin{bmatrix} 15 & 15 & 24 \\ 15 & 0 & -22.5 \\ 24 & -22.5 & -9 \end{bmatrix}\times 100 \qquad (\mathrm{N/cm^2})$$

试求过该点方向余弦为$\left(\frac{1}{2},\frac{1}{2},\frac{1}{\sqrt{2}}\right)$的微分平面上的应力矢量、总应力、正应力和剪应力，并求出该点的主应力和最大剪应力。

2-2　设一点的应力张量为(注:这一点的应力张量只是$x,y$的函数，这类问题称为平面问题，将在第六章中讨论。)

$$\begin{bmatrix} \sigma_x & \tau_{xy} & 0 \\ \tau_{xy} & \sigma_y & 0 \\ 0 & 0 & 0 \end{bmatrix}$$

试求应力不变量，并给出求主应力的公式。

2-3　给定应力分量为$\sigma_x = 3x^2 + 4xy - 8y^2$，$\sigma_y = 2x^2 + xy + 3y^2$，$\tau_{xy} = -\frac{1}{2}x^2 - 6xy - 2y^2$，$\sigma_z = \tau_{xz} = \tau_{yz} = 0$。

证明无体力时，该应力分量满足平衡微分方程。

2-4　试求以下两种应力状态下的主应力和主方向

①$\tau_{xy} = \tau_{yz} = \tau$，其余应力分量为零；

②$\tau_{xy} = \tau_{yz} = \tau_{zx} = \tau$，其余应力分量为零。

2-5　已知受力物体中某点的应力分量为$\sigma_x = 500a$，$\sigma_y = 0$，$\sigma_z = -300a$，$\tau_{xy} = 500a$，$\tau_{yz} = -750a$，$\tau_{xz} = 800a$。试求过此点法线方向余弦为$l = \frac{1}{2}$，$m = \frac{1}{2}$，$n = \frac{1}{\sqrt{2}}$的面上的总应力、正应力及剪应力。

2-6　已知受力物体中某点的应力分量为$\sigma_x = 0$，$\sigma_y = 2a$，$\sigma_z = a$，$\tau_{xy} = a$，$\tau_{yz} = 0$，$\tau_{zx} = 2a$。试求作用在过此点的平面$x + 3y + z = 1$上沿坐标轴方向的应力分量，以及该平面上的正应力和剪应力。

# 第 3 章
# 应 变 分 析

## 3.1 位移及其分量

在外荷、温变或其他因素作用下,弹性体内各点一般要发生位置的变化,位置的变化包括两种情形,一种是整个物体由原来的位置移到了新的位置,另一种是物体内部各点之间的距离有所变化。这前一种变化叫做刚体位移,它包括物体的移动和转动,后一种则叫物体的变形。物体的位移常包括这两种情形,在本教材中,将主要研究物体的变形。物体中每点的位移是不同的,因此每点的位移都是点的函数,即 $x$、$y$、$z$ 的函数。在坐标系 $Oxyz$ 中,取物体中任意一点 $P(x,y,z)$,变形后这点移至 $P_1(x_1,y_1,z_1)$,则矢量$\boldsymbol{PP}_1$就是物体在变形过程中 $P$ 点的位移,将这一位移分别投影到 3 个坐标轴上,称为位移分量并用 $u,v,w$ 来表示,各位移分量用坐标表示为

$$u = x_1 - x \qquad v = y_1 - y \qquad w = z_1 - z$$

上式中的位移分量 $u,v,w$ 应随点不同而异,它同时是 $P$ 点到达 $P_1$ 点产生的一个位移矢量,因此 $u,v,w$ 不但是 $x,y,z$ 的函数,亦必须是单值的,即一个点位移后不得有几个新的位置。

## 3.2 应变和应变分量

物体中各点的位移必然导致其变形,物体的变形状态可用应变来表示。为研究应变,自物体中取一与各坐标平面平行的六面体,如图 3.1,这平行六面体在各坐标平面上各有一投影面,研究这 3 个投影面的变形状况就相当于描述了这个六面体的变形,此处讨论的变形情况仅适合于绪论中所假定的小变形。这 3 个投影平面的变形可从两方面考虑:①每边线段长度的变化,即线段的伸长或缩短;②相邻两线段所夹角度的改变。

现取 $Oxy$ 平面上的 $ABCD$ 投影面来考察其变形。$AB$ 的长为 $\mathrm{d}x$,$AC$ 的长为 $\mathrm{d}y$,$A$、$B$、$C$ 三点的坐标是:

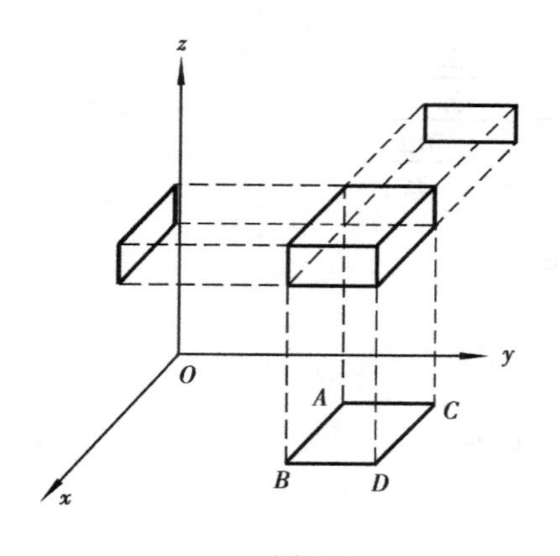


图 3.1

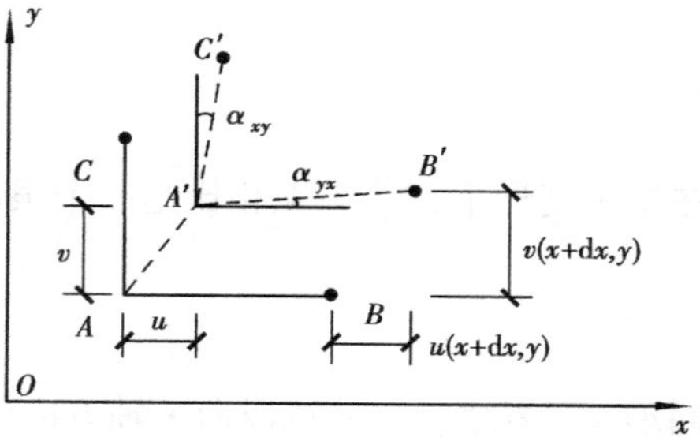

图 3.2

$$A(x,y),\quad B(x+\mathrm{d}x,y),\quad C(x,y+\mathrm{d}y)$$

各点位移后,$A$、$B$、$C$ 点分别移动到了 $A'$、$B'$、$C'$点(图 3.2),则其坐标是:

$$A'[x+u(x,y),y+v(x,y)]$$

$$B'[x+\mathrm{d}x+u(x+\mathrm{d}x,y),y+v(x+\mathrm{d}x,y)]$$

$$C'[x+u(x,y+\mathrm{d}y),y+\mathrm{d}y+v(x,y+\mathrm{d}y)]$$

对上式中的各位移,利用泰勒展式在 $A$ 点展开,并略去 $\mathrm{d}x$,$\mathrm{d}y$ 的高阶小量,则有

$$A'[x+u,y+v]$$

$$B'\left[x+\mathrm{d}x+u+\frac{\partial u}{\partial x}\mathrm{d}x,y+v+\frac{\partial v}{\partial x}\mathrm{d}x\right]$$

$$C'\left[x+u+\frac{\partial u}{\partial y}\mathrm{d}y,y+\mathrm{d}y+v+\frac{\partial v}{\partial y}\mathrm{d}y\right]$$

线段 $AB$ 增长量在 $x$ 轴上的投影是

$$\begin{aligned}\delta(\mathrm{d}x) &= A'B'-AB= \\ &u(x+\mathrm{d}x,y)-u(x,y)= \\ &\frac{\partial u}{\partial x}\mathrm{d}x\end{aligned}$$

那么按照定义 $AB$ 线段的应变为

$$\varepsilon_x=\frac{\delta(\mathrm{d}x)}{\mathrm{d}x}=\frac{\frac{\partial u}{\partial x}\mathrm{d}x}{\mathrm{d}x}=\frac{\partial u}{\partial x}\tag{3.1a}$$

同理,与 $Oy$ 及 $Oz$ 轴平行的线段的正应变分别为

$$\varepsilon_y=\frac{\partial v}{\partial y},\qquad \varepsilon_z=\frac{\partial w}{\partial z}\tag{3.1b}$$

当 $\varepsilon>0$ 时表示线段伸长,当 $\varepsilon<0$ 时表示线段缩短。

现研究相邻两线段夹角的改变,在图 3.2 中,令 $\alpha_{yx}$表示 $x$ 向的线段向 $y$ 轴方向的转动角度,那么就有

$$\alpha_{yx}\approx\tan\alpha_{yx}=\frac{v(x+\mathrm{d}x,y)-v(x,y)}{\left(x+\mathrm{d}x+u+\frac{\partial u}{\partial x}\mathrm{d}x\right)-(x+u)}=$$

$$\frac{\frac{\partial v}{\partial x}\mathrm{d}x}{\mathrm{d}x+\frac{\partial u}{\partial x}\mathrm{d}x}=\frac{\frac{\partial v}{\partial x}}{1+\frac{\partial u}{\partial x}}$$

在微小变形下,$\frac{\partial u}{\partial x}$与1相比是一个很小的量,可以略去,于是

$$\alpha_{yx}=\frac{\partial v}{\partial x}$$

同理,$\alpha_{xy}$表示 $y$ 向的线段向 $x$ 轴方向的转动角度,经同样的运算有

$$\alpha_{xy}=\frac{\partial u}{\partial y}$$

$AB$ 线段与 $AC$ 线段夹角的改变叫做剪切应变,记作 $\gamma_{xy}$。它应是 $\alpha_{yx}$ 与 $\alpha_{xy}$ 的和,故有

$$\gamma_{xy}=\frac{\partial v}{\partial x}+\frac{\partial u}{\partial y} \tag{3.2a}$$

同理,可得其余两个剪应变

$$\gamma_{yz}=\frac{\partial v}{\partial z}+\frac{\partial w}{\partial y},\quad \gamma_{zx}=\frac{\partial u}{\partial z}+\frac{\partial w}{\partial x} \tag{3.2b}$$

请注意:当 $\gamma>0$ 时,$\gamma$ 表示角度的收缩;否则反之。

至此讨论了一点形变的描述,一点的形变描述用6个应变分量,即

$$\begin{bmatrix} \varepsilon_x & \gamma_{xy} & \gamma_{xz} \\ \gamma_{yx} & \varepsilon_y & \gamma_{yz} \\ \gamma_{zx} & \gamma_{zy} & \varepsilon_z \end{bmatrix}$$

## 3.3 一点的形变状态

同讨论一点的应力状态相似,本节将用物体内一点 $P(x,y,z)$ 处的应变分量来描述该点邻域内的变形状态。如图3.3,设过 $P$ 点在 $N$ 方向上取微分线段 $PN=\mathrm{d}r$,并令 $PN$ 线段的方向余弦为$(l,m,n)$,则 $\mathrm{d}r$ 线段在各坐标轴上的投影为

$$\mathrm{d}x=l\mathrm{d}r,\quad \mathrm{d}y=m\mathrm{d}r,\quad \mathrm{d}z=n\mathrm{d}r$$

若 $P$ 点的位移为 $u(P),v(P),w(P)$,则 $N$ 点的位移如下:

$$\left.\begin{aligned} u(N)&=u(P)+\frac{\partial u}{\partial x}\mathrm{d}x+\frac{\partial u}{\partial y}\mathrm{d}y+\frac{\partial u}{\partial z}\mathrm{d}z \\ v(N)&=v(P)+\frac{\partial v}{\partial x}\mathrm{d}x+\frac{\partial v}{\partial y}\mathrm{d}y+\frac{\partial v}{\partial z}\mathrm{d}z \\ w(N)&=w(P)+\frac{\partial w}{\partial x}\mathrm{d}x+\frac{\partial w}{\partial y}\mathrm{d}y+\frac{\partial w}{\partial z}\mathrm{d}z \end{aligned}\right\} \tag{3.3}$$

线段 $PN$ 变形后变为 $P'N'$,其长度为 $\mathrm{d}r'$,则由几何关系可知,

$$(\mathrm{d}r')^2=[\mathrm{d}x+u(N)-u(P)]^2+[\mathrm{d}y+v(N)-v(P)]^2+[\mathrm{d}z+w(N)-w(P)]^2 \tag{3.4}$$

知道微线段 $PN$ 的正应变为

$$\varepsilon = \frac{dr' - dr}{dr} \tag{3.5}$$

即
$$dr' = (1 + \varepsilon)dr \tag{3.5'}$$

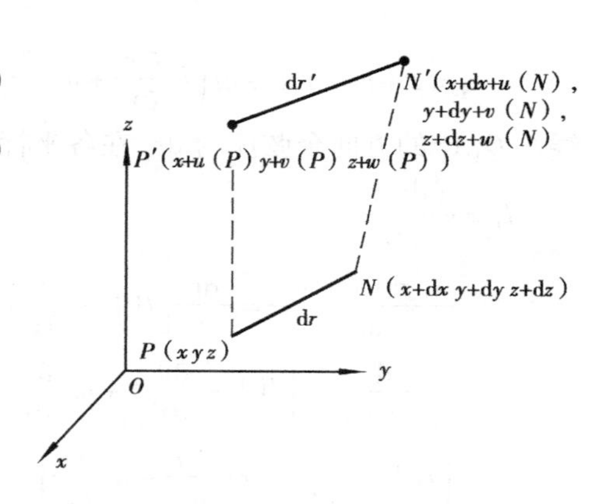


图 3.3

将式(3.3)、式(3.5′)代入式(3.4),则有

$$(dr + \varepsilon dr)^2 = \left[\left(1 + \frac{\partial u}{\partial x}\right)dx + \frac{\partial u}{\partial y}dy + \frac{\partial u}{\partial z}dz\right]^2 + \left[\frac{\partial v}{\partial x}dx + \left(1 + \frac{\partial v}{\partial y}\right)dy + \frac{\partial v}{\partial z}dz\right]^2 + \left[\frac{\partial w}{\partial x}dx + \frac{\partial w}{\partial y}dy + \left(1 + \frac{\partial w}{\partial z}\right)dz\right]^2$$

考虑到 $dx = l dr, dy = m dr, dz = n dr$,上式成为

$$(1 + \varepsilon)^2 = \left[\left(1 + \frac{\partial u}{\partial x}\right)l + \frac{\partial u}{\partial y}m + \frac{\partial u}{\partial z}n\right]^2 + \left[\frac{\partial v}{\partial x}l + \left(1 + \frac{\partial v}{\partial y}\right)m + \frac{\partial v}{\partial z}n\right]^2 + \left[\frac{\partial w}{\partial x}l + \frac{\partial w}{\partial y}m + \left(1 + \frac{\partial w}{\partial z}\right)n\right]^2$$

展开上式并略去偏微商及 $\varepsilon$ 的二阶小量,可得

$$\varepsilon = \frac{\partial u}{\partial x}l^2 + \frac{\partial v}{\partial y}m^2 + \frac{\partial w}{\partial z}n^2 + \left(\frac{\partial u}{\partial y} + \frac{\partial v}{\partial x}\right)lm + \left(\frac{\partial v}{\partial z} + \frac{\partial w}{\partial y}\right)mn + \left(\frac{\partial w}{\partial x} + \frac{\partial u}{\partial z}\right)nl = \varepsilon_x l^2 + \varepsilon_y m^2 + \varepsilon_z n^2 + \gamma_{xy}lm + \gamma_{yz}mn + \gamma_{zx}nl \tag{3.6}$$

从式(3.6)可看到,弹性体内一点任一方向的伸长变形可由此点的6个应变分量描述。

若 $PN$ 在 $x$ 轴上或与 $x$ 轴平行,则有 $l = 1, m = n = 0$,得

$$\varepsilon = \varepsilon_x$$

现在再求过 $P$ 点的两定向直线角度的变化。

取两直线 $OA$ 和 $OB$,它们的长度分别为 $dr$ 和 $dr'$,相应的方向余弦为$(l,m,n)$和$(l',m',n')$,经变形后 $OA$ 变为 $O_1A_1$,$OB$ 变为 $O_1B_1$,相应的长度是 $dr_1$ 和 $dr_1'$,方向余弦为$(l_1,m_1,n_1)$和$(l_1',m_1',n_1')$(见图3.4)。

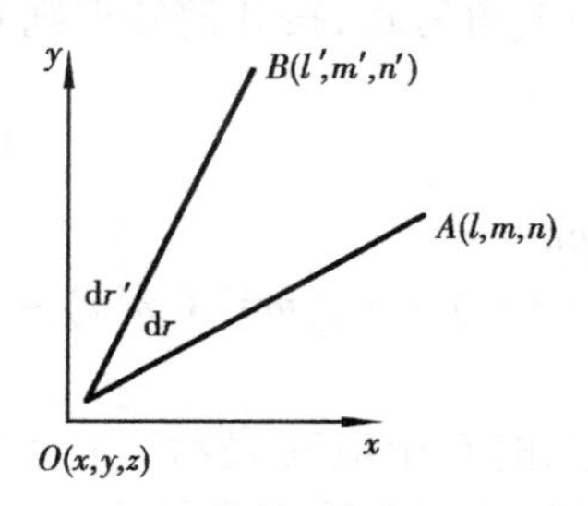


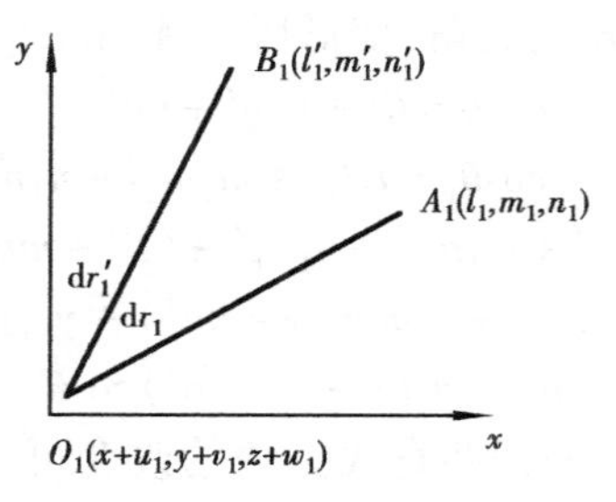


图 3.4

$O$ 点和 $O_1$ 点的坐标已标于图3.4上,$A$ 和 $A_1$ 点的坐标为

$$A(x + l dr, y + m dr, z + n dr); \quad A_1(x_1, y_1, z_1)$$

这里
$$x_1 = x + l dr + u(x + l dr, y + m dr, z + n dr) = x + l dr + u + dr\left(l\frac{\partial u}{\partial x} + m\frac{\partial u}{\partial y} + n\frac{\partial u}{\partial z}\right)$$

$$y_1 = y + m dr + v + dr\left(l\frac{\partial v}{\partial x} + m\frac{\partial v}{\partial y} + n\frac{\partial v}{\partial z}\right)$$

$$z_1 = z + n\mathrm{d}r + w + \mathrm{d}r\left(l\frac{\partial w}{\partial x} + m\frac{\partial w}{\partial y} + n\frac{\partial w}{\partial z}\right)$$

线段 $O_1A_1$ 的方向余弦应为 $\mathrm{d}r_1$ 在各坐标轴投影长度与 $\mathrm{d}r_1$ 的比值,即

$$\begin{aligned} l_1 &= \frac{(\mathrm{d}r_1)_x}{\mathrm{d}r_1} = \\ &\frac{x_1 - (x+u)}{\mathrm{d}r_1} = \frac{\mathrm{d}r}{\mathrm{d}r_1}\left[l\left(1+\frac{\partial u}{\partial x}\right) + m\frac{\partial u}{\partial y} + n\frac{\partial u}{\partial z}\right] = \\ &\frac{\mathrm{d}r}{(1+\varepsilon)\mathrm{d}r}\left[l\left(1+\frac{\partial u}{\partial x}\right) + m\frac{\partial u}{\partial y} + n\frac{\partial u}{\partial z}\right] = \\ &\left[l\left(1+\frac{\partial u}{\partial x}\right) + m\frac{\partial u}{\partial y} + n\frac{\partial u}{\partial z}\right]\left(1 - \varepsilon + 2\frac{\varepsilon^2}{2!} - \cdots\right) \end{aligned}$$

展开上式,略去 $\varepsilon$ 及与各偏微商的二阶微量可得

$$l_1 = \left(1 - \varepsilon + \frac{\partial u}{\partial x}\right)l + \frac{\partial u}{\partial y}m + \frac{\partial u}{\partial z}n$$

同理

$$\left.\begin{aligned} m_1 &= \frac{\partial v}{\partial x}l + \left(1 - \varepsilon + \frac{\partial v}{\partial y}\right)m + \frac{\partial v}{\partial z}n \\ n_1 &= \frac{\partial w}{\partial x}l + \frac{\partial w}{\partial y}m + \left(1 - \varepsilon + \frac{\partial w}{\partial z}\right)n \end{aligned}\right\} \tag{3.7}$$

对 $O_1B_1$ 线段,同样有

$$\left.\begin{aligned} l_1' &= \left(1 - \varepsilon' + \frac{\partial u}{\partial x}\right)l' + \frac{\partial u}{\partial y}m' + \frac{\partial u}{\partial z}n' \\ m_1' &= \frac{\partial v}{\partial x}l' + \left(1 - \varepsilon' + \frac{\partial v}{\partial y}\right)m' + \frac{\partial v}{\partial z}n' \\ n_1' &= \frac{\partial w}{\partial x}l' + \frac{\partial w}{\partial y}m' + \left(1 - \varepsilon' + \frac{\partial w}{\partial z}\right)n' \end{aligned}\right\} \tag{3.8}$$

$\varepsilon$ 和 $\varepsilon'$ 分别为 $OA$ 和 $OB$ 的正应变,其值可由式(3.6)求得。

若 $\theta$ 为 $OA$ 和 $OB$ 的夹角,变形后 $O_1A_1$ 和 $O_1B_1$ 的夹角为 $\theta_1$,按几何知识则有

$$\cos\theta = ll' + mm' + nn'$$

$$\cos\theta_1 = l_1l_1' + m_1m_1' + n_1n_1'$$

$$\begin{aligned} \cos\theta_1 - \cos\theta &= l_1l_1' + m_1m_1' + n_1n_1' - (ll' + mm' + nn') = \\ &2(\varepsilon_x ll' + \varepsilon_y mm' + \varepsilon_z nn') + \gamma_{xy}(lm' + l'm) + \gamma_{yz}(mn' + m'n) + \\ &\gamma_{zx}(nl' + n'l) - (\varepsilon + \varepsilon')\cos\theta \end{aligned} \tag{3.9}$$

与式(3.6)相似,一点的任两直线夹角的改变可由该点的 6 个应变表示。一点邻域内的变形情况用 6 个应变分量完全可以确定。建议读者自行推出两相互垂直线段的夹角的改变量。

## 3.4 主应变与体积应变

### 3.4.1 主应变

物体在变形过程中,过一点的线段 $PA$ 只沿着它原来的方向伸长或缩短时,该方向的应变

被称为主应变,或者说在变形过程中该线段的方向保持不变,则该方向上线段的伸长或缩短就是主应变。主应变的方向称为应变主方向。

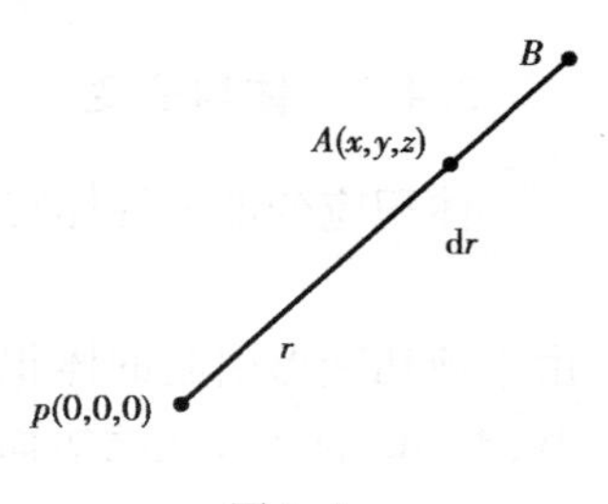

图3.5

由式(3.6)中来选择 $\varepsilon$ 的极值可求出一点的主应变。设 $\varepsilon_N$ 为主应变,它是一个未定常数,又知道 $l^2+m^2+n^2=1$,将式(3.6)变形如下

$$\varepsilon-\varepsilon_{\mathrm{N}}=\varepsilon_x l^2+\varepsilon_y m^2+\varepsilon_z n^2+\gamma_{xy}lm+\gamma_{yz}mn+\gamma_{zx}nl-\varepsilon_{\mathrm{N}}(l^2+m^2+n^2)$$

现在选择方向求出 $\varepsilon$ 的极值,即求对于 $l,m,n$ 的导数并令其为零:

$$\begin{aligned}
\frac{\partial(\varepsilon-\varepsilon_{\mathrm{N}})}{\partial l}&=2(\varepsilon_x-\varepsilon_{\mathrm{N}})l+\gamma_{xy}m+\gamma_{zx}n=0\\
\frac{\partial(\varepsilon-\varepsilon_{\mathrm{N}})}{\partial m}&=\gamma_{xy}l+2(\varepsilon_y-\varepsilon_{\mathrm{N}})m+\gamma_{yz}n=0\\
\frac{\partial(\varepsilon-\varepsilon_{\mathrm{N}})}{\partial n}&=\gamma_{zx}l+\gamma_{zy}m+2(\varepsilon_z-\varepsilon_{\mathrm{N}})n=0
\end{aligned} \tag{3.10}$$

由于 $\varepsilon_{\mathrm{N}}$ 与 $l,m,n$ 无关,求 $(\varepsilon-\varepsilon_{\mathrm{N}})$ 的极值,就是求 $\varepsilon$ 的极值。当 $\varepsilon$ 达到极值时,主应变的方向余弦 $(l,m,n)$ 应满足式(3.10),由于 $l,m,n$ 不能同时为零,所以式(3.10)对于 $l,m,n$ 的非零解条件为

$$\begin{vmatrix}2(\varepsilon_x-\varepsilon_{\mathrm{N}}) & \gamma_{xy} & \gamma_{zx}\\ \gamma_{xy} & 2(\varepsilon_y-\varepsilon_{\mathrm{N}}) & \gamma_{yz}\\ \gamma_{zx} & \gamma_{zy} & 2(\varepsilon_z-\varepsilon_{\mathrm{N}})\end{vmatrix}=0 \tag{a}$$

将式(a)展开得三次方程:

$$\varepsilon_{\mathrm{N}}{}^3-\boldsymbol{J}_1\varepsilon_{\mathrm{N}}{}^2+\boldsymbol{J}_2\varepsilon_{\mathrm{N}}-\boldsymbol{J}_3=0 \tag{3.11}$$

式中

$$\begin{aligned}
\boldsymbol{J}_1&=\varepsilon_x+\varepsilon_y+\varepsilon_z\\
\boldsymbol{J}_2&=\varepsilon_x\varepsilon_y+\varepsilon_y\varepsilon_z+\varepsilon_z\varepsilon_x-\frac{1}{4}(\gamma_{xy}{}^2+\gamma_{yz}{}^2+\gamma_{zx}{}^2)\\
\boldsymbol{J}_3&=\varepsilon_x\varepsilon_y\varepsilon_z+\frac{1}{4}(\gamma_{xy}\gamma_{yz}\gamma_{zx}-\varepsilon_x\gamma_{yz}{}^2-\varepsilon_y\gamma_{zx}{}^2-\varepsilon_z\gamma_{xy}{}^2)
\end{aligned} \tag{3.12}$$

方程(3.11)可解出3个实根,分别记为 $\varepsilon_1$、$\varepsilon_2$、$\varepsilon_3$,叫做主应变,其相应的方向余弦可从式(3.10)及条件 $l^2+m^2+n^2=1$ 求得。式(3.12)给出的 $\boldsymbol{J}_1$、$\boldsymbol{J}_2$、$\boldsymbol{J}_3$ 是应变张量的3个不变量。

由代数知识可以证明方程(3.11)一定存在3个实根。

因此有如下结论:

①所有的主应变 $\varepsilon_1$、$\varepsilon_2$、$\varepsilon_3$ 都是实的。

②与两个不同的主应变 $\varepsilon_1$ 和 $\varepsilon_2$ 对应的主方向 $N_1$ 和 $N_2$ 彼此正交。

当方程(3.11)有二重根时相应的主方向是不确定的,在满足式(3.10)的平面内有无穷多个方向,在这个平面内的任何两个正交方向都可选为主方向,而第3个方向与该平面垂直。

③若方程(3.11)有3重根,即所有根相等,则过 $P$ 点的任意3个彼此垂直的方向都可选作应变主方向,显然,此时该点邻域内的变形为均匀膨胀或均匀收缩。

### 3.4.2　体积应变

体积应变即弹性体在变形前后单位体积的改变。现考察一正平行六面微元体，其体积为

$$dV = dx \cdot dy \cdot dz$$

由于剪切变形引起的体积的改变是高阶微量，可略去不计。单位体积的改变可认为仅由于边 $dx, dy, dz$ 的伸长或缩短而引起。变形后这个平行六面微元体的体积将是

$$dx(1+\varepsilon_x) \cdot dy(1+\varepsilon_y) \cdot dz(1+\varepsilon_z)$$

单位体积的改变为

$$\theta = \frac{dx(1+\varepsilon_x)dy(1+\varepsilon_y)dz(1+\varepsilon_z) - dxdydz}{dxdydz}$$

略去高阶微量得

$$\theta = \varepsilon_x + \varepsilon_y + \varepsilon_z \tag{3.13}$$

$\theta$ 即是体积应变。体积应变等于应变张量的第一不变量。体积应变还可写成

$$\theta = \frac{\partial u}{\partial x} + \frac{\partial v}{\partial y} + \frac{\partial w}{\partial z} \tag{3.14}$$

## 3.5　协 调 方 程

6 个应变分量由 3 个位移分量确定，因此 6 个应变分量之间必存在一定的关系。

从物理性质方面来考虑这个问题，变形在弹性范围内，弹性体介质变形前后都应是连续的，而且变形前的任一点在变形后有一确定位置，即是说不产生缝隙，也不会有重叠现象，这也要求描述一点应变的 6 个应变分量必遵守一定的规律，即它们之间有一定的约束要求，这些约束关系就是变形的协调方程，现在推导这些方程。

$$\frac{\partial^2 \varepsilon_x}{\partial y^2} = \frac{\partial^3 u}{\partial x \partial y^2} \qquad \frac{\partial^2 \varepsilon_y}{\partial x^2} = \frac{\partial^3 v}{\partial y \partial x^2}$$

将上两式相加得

$$\frac{\partial^2 \varepsilon_x}{\partial y^2} + \frac{\partial^2 \varepsilon_y}{\partial x^2} = \frac{\partial^2}{\partial x \partial y}\left(\frac{\partial u}{\partial y} + \frac{\partial v}{\partial x}\right) = \frac{\partial^2 \gamma_{xy}}{\partial x \partial y} \tag{3.15a}$$

类似地可得另外两个相似方程

$$\left.\begin{aligned} \frac{\partial^2 \varepsilon_y}{\partial z^2} + \frac{\partial^2 \varepsilon_z}{\partial y^2} &= \frac{\partial^2 \gamma_{yz}}{\partial y \partial z} \\ \frac{\partial^2 \varepsilon_z}{\partial x^2} + \frac{\partial^2 \varepsilon_x}{\partial z^2} &= \frac{\partial^2 \gamma_{zx}}{\partial z \partial x} \end{aligned}\right. \tag{3.15b}$$

又知

$$\frac{\partial \gamma_{xy}}{\partial z} = \frac{\partial^2 v}{\partial x \partial z} + \frac{\partial^2 u}{\partial y \partial z}$$

$$\frac{\partial \gamma_{yz}}{\partial x} = \frac{\partial^2 w}{\partial y \partial x} + \frac{\partial^2 v}{\partial z \partial x}$$

$$\frac{\partial \gamma_{zx}}{\partial y} = \frac{\partial^2 u}{\partial z \partial y} + \frac{\partial^2 w}{\partial x \partial y}$$

上述第二、第三式相加，减去第一式，并对 $z$ 求导有

$$\frac{\partial}{\partial z}\left(\frac{\partial \gamma_{yz}}{\partial x} + \frac{\partial \gamma_{zx}}{\partial y} - \frac{\partial \gamma_{xy}}{\partial z}\right) = 2\frac{\partial^2 \varepsilon_z}{\partial x \partial y} \tag{3.15c}$$

类似地还可得到

$$\begin{aligned} \frac{\partial}{\partial y}\left(\frac{\partial \gamma_{xy}}{\partial z} + \frac{\partial \gamma_{yz}}{\partial x} - \frac{\partial \gamma_{zx}}{\partial y}\right) = 2\frac{\partial^2 \varepsilon_y}{\partial x \partial z} \\ \frac{\partial}{\partial x}\left(\frac{\partial \gamma_{xy}}{\partial z} + \frac{\partial \gamma_{zx}}{\partial y} - \frac{\partial \gamma_{zy}}{\partial x}\right) = 2\frac{\partial^2 \varepsilon_x}{\partial z \partial y} \end{aligned} \tag{3.15d}$$

式(3.15)给出的应变分量间的6个微分关系式，叫做变形的协调方程或相容方程，也称作形变连续方程。

在外荷作用下弹性体中产生应力与形变，若先求得位移 $u,v,w$，则由几何方程可计算应变分量，这时形变连续方程自然满足，因为形变连续方程是由几何方程推出的。

但是如果先求出应力，然后再求形变则所求的形变分量必须同时满足形变连续方程(3.15)，否则，形变分量之间可能互不协调，也就不可能由几何方程求得真正的位移。

这里不加证明地给出如下结论：当弹性体所占区域为单连通域时，为使物体变形后仍为连续体的充分必要条件是应变分量满足协调方程(3.15)；当式(3.15)成立时，由几何方程求得的解是坐标的单值连续函数。当弹性体为多连通域时还必须满足位移单值性条件。

## 本章小结

1. 位移、应变的定义，位移与应变的关系推导。
2. 一点的变形状态可由该点的6个坐标应变分量确定。
3. 主应变的计算及主应变方向的确定，应变不变量的表达式及意义。
4. 协调方程的推导、形式及其物理意义。

## 习　题

3-1　为什么说只有在微小变形下式(3.1)和式(3.2)才成立？

3-2　已知一点的6个应变分量中 $\varepsilon_z = \gamma_{zy} = \gamma_{zx} = 0$，试写出应变张量的不变量，并导出主应变的公式。

3-3　弹性体中一点的应变分量给定如下

$$\begin{bmatrix} 0.1 & 0.02 & -0.01 \\ 0.02 & 0.05 & -0.03 \\ -0.01 & -0.03 & -0.01 \end{bmatrix} \times 10^{-2}$$

求其主应变。

3-4　若坐标系选为主应变方向,写出此时应变张量的3个不变量的表达式。

3-5　已知应变分量为

$$\varepsilon_x = \frac{1}{E}\left(\frac{\partial^2 \varphi}{\partial y^2} - \mu \frac{\partial^2 \varphi}{\partial x^2}\right), \varepsilon_y = \frac{1}{E}\left(\frac{\partial^2 \varphi}{\partial x^2} - \mu \frac{\partial^2 \varphi}{\partial y^2}\right), \gamma_{xy} = -\frac{2(1+\mu)}{E}\frac{\partial^2 \varphi}{\partial x \partial y}, \varepsilon_z = \gamma_{zx} = \gamma_{zy} = 0。$$

当该应变状态能够存在时,试确定函数 $\varphi(x,y)$ 应满足的关系式。

3-6　已知如下位移分量

$$u = b_1 + b_2 x + b_3 y + b_4 x^2 + b_5 xy + b_6 y^2, v = b_7 + b_8 x + b_9 y + b_{10} x^2 + b_{11} xy + b_{12} y^2, w = 0。$$

式中 $b_i(i=1,2,3,\cdots,12)$ 为常数。试求应变分量,并指出它们能否满足变形协调条件。

3-7　某一长方体的位移分量为

$$u = -\frac{P(1-2\mu)}{E}x + b_3 y - b_2 z + a_1$$

$$v = -\frac{P(1-2\mu)}{E}y + b_1 z - b_3 x + a_2$$

$$w = -\frac{P(1-2\mu)}{E}z + b_2 x - b_1 y + a_3$$

其中,$a_i$,$b_i$ 为常数。试证长方体只有体积改变而无形状改变。若原点无移动,长方体无转动,求位移分量表达式中各常数。

# 第4章 应力应变关系

## 4.1 广义胡克定律

本节研究弹性物体的物理关系，即应力应变关系。这种关系一般地可以写成下面的形式

$$\left.\begin{aligned} \sigma_x &= f_1(\varepsilon_x, \varepsilon_y, \varepsilon_z, \gamma_{xy}, \gamma_{yz}, \gamma_{zx}) \\ \sigma_y &= f_2(\varepsilon_x, \varepsilon_y, \varepsilon_z, \gamma_{xy}, \gamma_{yz}, \gamma_{zx}) \\ &\vdots \\ \tau_{zx} &= f_6(\varepsilon_x, \varepsilon_y, \varepsilon_z, \gamma_{xy}, \gamma_{yz}, \gamma_{zx}) \end{aligned}\right\} \tag{4.1}$$

按前已假定的小变形，即 $\varepsilon, \gamma << 1$，可以将应力表达式在 $\varepsilon_{ij}=0$ 附近展开，略去应变分量二次以上的项，得到

$$\sigma_x = (f_1)_0 + \left(\frac{\partial f_1}{\partial \varepsilon_x}\right)_0 \varepsilon_x + \left(\frac{\partial f_1}{\partial \varepsilon_y}\right)_0 \varepsilon_y + \left(\frac{\partial f_1}{\partial \varepsilon_z}\right)_0 \varepsilon_z + \left(\frac{\partial f_1}{\partial \gamma_{xy}}\right)_0 \gamma_{xy} + \left(\frac{\partial f_1}{\partial \gamma_{yz}}\right)_0 \gamma_{yz} + \left(\frac{\partial f_1}{\partial \gamma_{zx}}\right)_0 \gamma_{zx} + \cdots \tag{4.2}$$

其中下标 0 表示是在 $\varepsilon_{ij}=0$ 处的值，$(f_1)_0$ 表示物体的初始应力，即对应于 $\varepsilon_{ij}=0$ 时的应力，若无初应力，则此项为零。各个偏导数在 $\varepsilon_{ij}=0$ 点的值应为弹性体内某点处的常数，这些常数以下用 $c_{ij}$ 表示，它们是与材料性质有关的量。于是应力应变关系如下

$$\left.\begin{aligned} \sigma_x &= c_{11}\varepsilon_x + c_{12}\varepsilon_y + c_{13}\varepsilon_z + c_{14}\gamma_{xy} + c_{15}\gamma_{yz} + c_{16}\gamma_{zx} \\ \sigma_y &= c_{21}\varepsilon_x + c_{22}\varepsilon_y + c_{23}\varepsilon_z + c_{24}\gamma_{xy} + c_{25}\gamma_{yz} + c_{26}\gamma_{zx} \\ \sigma_z &= c_{31}\varepsilon_x + c_{32}\varepsilon_y + c_{33}\varepsilon_z + c_{34}\gamma_{xy} + c_{35}\gamma_{yz} + c_{36}\gamma_{zx} \\ \tau_{xy} &= c_{41}\varepsilon_x + c_{42}\varepsilon_y + c_{43}\varepsilon_z + c_{44}\gamma_{xy} + c_{45}\gamma_{yz} + c_{46}\gamma_{zx} \\ \tau_{yz} &= c_{51}\varepsilon_x + c_{52}\varepsilon_y + c_{53}\varepsilon_z + c_{54}\gamma_{xy} + c_{55}\gamma_{yz} + c_{56}\gamma_{zx} \\ \tau_{zx} &= c_{61}\varepsilon_x + c_{62}\varepsilon_y + c_{63}\varepsilon_z + c_{64}\gamma_{xy} + c_{65}\gamma_{yz} + c_{66}\gamma_{zx} \end{aligned}\right\} \tag{4.3}$$

上式中的 $c_{ij}$ 叫弹性系数，共有 36 个，一般是 $x, y, z$ 的函数。式(4.3)为普通情况下的应力应变

关系，即广义胡克定律，又称物理方程。

## 4.2 弹性体变形过程中的能量

弹性体在变形过程中，外力做功转变为弹性体中储存的能量，同时弹性体的温度可能改变，吸入或输出热量。在时间 $\delta t$ 内，弹性体总能量的增加等于外力所做功 $\delta U$ 与被传递的热量的机械当量 $\delta Q$ 之和。另一方面，当弹性体运动时，应有动能 $K$，记弹性体的内能为 $V$。在时间 $\delta t$ 内，总能量的改变为 $\delta(K+V)$。根据能量守恒定律，应有

$$\delta K+\delta V=\delta Q+\delta U \tag{a}$$

一微小体积 $\mathrm{d}\tau$ 的质量为 $\rho\mathrm{d}\tau$，其运动速度在各坐标轴上的投影为 $\frac{\partial u}{\partial t},\frac{\partial v}{\partial t},\frac{\partial w}{\partial t}$，则其动能为

$$K=\frac{1}{2}\iiint\rho\mathrm{d}\tau\cdot\left[\left(\frac{\partial u}{\partial t}\right)^2+\left(\frac{\partial v}{\partial t}\right)^2+\left(\frac{\partial w}{\partial t}\right)^2\right] \tag{b}$$

在 $\delta t$ 时间内，位移有增量为

$$\delta u=\frac{\partial u}{\partial t}\delta t \qquad \delta v=\frac{\partial v}{\partial t}\delta t \qquad \delta w=\frac{\partial w}{\partial t}\delta t$$

那么

$$\delta K=\frac{\partial K}{\partial t}\delta t=\iiint\rho\mathrm{d}\tau\cdot\left[\frac{\partial^2 u}{\partial t^2}\delta u+\frac{\partial^2 v}{\partial t^2}\delta v+\frac{\partial^2 w}{\partial t^2}\delta w\right] \tag{c}$$

这里用了微分关系 $\frac{\partial}{\partial t}\left[\left(\frac{\partial u}{\partial t}\right)^2\right]\delta t=2\frac{\partial^2 u}{\partial t^2}\frac{\partial u}{\partial t}\delta t=2\frac{\partial^2 u}{\partial t^2}\delta u$

在时间 $\delta t$ 内，外力做的功为

$$\delta U=\delta U_1+\delta U_2$$

其中 $\delta U_1$ 是体力做的功，$\delta U_2$ 是面力做的功，分别如下

$$\delta U_1=\iiint[f_x\delta u+f_y\delta v+f_z\delta w]\mathrm{d}\tau \tag{d}$$

$$\delta U_2=\iint[F_x\delta u+F_y\delta v+F_z\delta w]\mathrm{d}s$$

$S$ 表示弹性体表面。又因表面力与应力有关系（见式(2.8)）

$$F_x=\sigma_x l+\tau_{xy}m+\tau_{xz}n$$
$$F_y=\tau_{yx}l+\sigma_y m+\tau_{yz}n$$
$$F_z=\tau_{zx}l+\tau_{zy}m+\sigma_z n$$

表面力做的功又可写为

$$\delta U_2=\iint[(\sigma_x\delta u+\tau_{yx}\delta v+\tau_{zx}\delta w)l+(\tau_{xy}\delta u+\sigma_y\delta v+\tau_{zy}\delta w)m+(\tau_{xz}\delta u+\tau_{yz}\delta v+\sigma_z\delta w)n]\mathrm{d}s$$

由高斯公式将面积分转换为体积分，得

$$\delta U_2=\iiint\left[\left(\frac{\partial\sigma_x}{\partial x}+\frac{\partial\tau_{xy}}{\partial y}+\frac{\partial\tau_{xz}}{\partial z}\right)\delta u+\left(\frac{\partial\tau_{yx}}{\partial x}+\frac{\partial\sigma_y}{\partial y}+\frac{\partial\tau_{yz}}{\partial z}\right)\delta v+\right.$$

$$\left(\frac{\partial \tau_{zx}}{\partial x}+\frac{\partial \tau_{zy}}{\partial y}+\frac{\partial \sigma_z}{\partial z}\right)\delta w\Big]\,\mathrm{d}\tau+\iiint\Big[\sigma_x\frac{\partial \delta u}{\partial x}+\sigma_y\frac{\partial \delta v}{\partial y}+\sigma_z\frac{\partial \delta w}{\partial z}+$$

$$\tau_{xy}\left(\frac{\partial \delta v}{\partial x}+\frac{\partial \delta u}{\partial y}\right)+\tau_{yz}\left(\frac{\partial \delta w}{\partial y}+\frac{\partial \delta v}{\partial z}\right)+\tau_{zx}\left(\frac{\partial \delta w}{\partial x}+\frac{\partial \delta u}{\partial z}\right)\Big]\,\mathrm{d}\tau \tag{e}$$

这里,

$$\begin{aligned}&\frac{\partial \delta u}{\partial x}=\delta\frac{\partial u}{\partial x}=\delta\varepsilon_x\quad \frac{\partial \delta v}{\partial y}=\delta\varepsilon_y\qquad \frac{\partial \delta w}{\partial z}=\delta\varepsilon_z\\&\frac{\partial \delta v}{\partial x}+\frac{\partial \delta u}{\partial y}=\delta\gamma_{xy}\quad \frac{\partial \delta w}{\partial y}+\frac{\partial \delta v}{\partial z}=\delta\gamma_{yz}\quad \frac{\partial \delta w}{\partial x}+\frac{\partial \delta u}{\partial z}=\delta\gamma_{zx}\end{aligned} \tag{f}$$

由平衡方程得

$$\begin{aligned}\frac{\partial \sigma_x}{\partial x}+\frac{\partial \tau_{xy}}{\partial y}+\frac{\partial \tau_{xz}}{\partial z}&=-\left(f_x-\rho\frac{\partial^2 u}{\partial t^2}\right)\\\frac{\partial \tau_{yx}}{\partial x}+\frac{\partial \sigma_y}{\partial y}+\frac{\partial \tau_{yz}}{\partial z}&=-\left(f_y-\rho\frac{\partial^2 v}{\partial t^2}\right)\\\frac{\partial \tau_{zx}}{\partial x}+\frac{\partial \tau_{zy}}{\partial y}+\frac{\partial \sigma_z}{\partial z}&=-\left(f_z-\rho\frac{\partial^2 w}{\partial t^2}\right)\end{aligned} \tag{g}$$

将以上的式(f)、式(g)代入式(e)得到

$$\begin{aligned}\delta U_2=&-\iiint\left[\left(f_x-\rho\frac{\partial^2 u}{\partial t^2}\right)\delta u+\left(f_y-\rho\frac{\partial^2 v}{\partial t^2}\right)\delta v+\left(f_z-\rho\frac{\partial^2 w}{\partial t^2}\right)\delta w\right]\mathrm{d}\tau+\\&\iiint[\sigma_x\delta\varepsilon_x+\sigma_y\delta\varepsilon_y+\sigma_z\delta\varepsilon_z+\tau_{xy}\delta\gamma_{xy}+\tau_{yz}\delta\gamma_{yz}+\tau_{zx}\delta\gamma_{zx}]\,\mathrm{d}\tau=\\&-\delta U_1+\delta K+\iiint\delta W\mathrm{d}\tau\end{aligned} \tag{h}$$

其中

$$\delta W=\sigma_x\delta\varepsilon_x+\sigma_y\delta\varepsilon_y+\sigma_z\delta\varepsilon_z+\tau_{xy}\delta\gamma_{xy}+\tau_{yz}\delta\gamma_{yz}+\tau_{zx}\delta\gamma_{zx} \tag{i}$$

由式(h)得　　$\delta U=\delta U_1+\delta U_2=\delta K+\iiint\delta W\mathrm{d}\tau$

考虑式(a),得基本方程

$$\delta V=\delta Q+\iiint\delta W\mathrm{d}\tau \tag{j}$$

若弹性体变形过程是绝热的,那么 $\delta Q=0$,基本方程变为

$$\delta V=\iiint\delta W\mathrm{d}\tau \tag{k}$$

在特定的变形状态下一弹性体的能量为定值,能量 $V$ 是物体状态的单值函数,所以 $\delta W$ 必是全微分,可写作

$$\mathrm{d}W=\sigma_x\mathrm{d}\varepsilon_x+\sigma_y\mathrm{d}\varepsilon_y+\sigma_z\mathrm{d}\varepsilon_z+\tau_{xy}\mathrm{d}\gamma_{xy}+\tau_{yz}\mathrm{d}\gamma_{yz}+\tau_{zx}\mathrm{d}\gamma_{zx} \tag{l}$$

若将 $W$ 看做6个应变分量的函数,$W$ 的全微分 $\mathrm{d}W$ 应为

$$\mathrm{d}W=\frac{\partial W}{\partial \varepsilon_x}\mathrm{d}\varepsilon_x+\frac{\partial W}{\partial \varepsilon_y}\mathrm{d}\varepsilon_y+\frac{\partial W}{\partial \varepsilon_z}\mathrm{d}\varepsilon_z+\frac{\partial W}{\partial \gamma_{xy}}\mathrm{d}\gamma_{xy}+\frac{\partial W}{\partial \gamma_{yz}}\mathrm{d}\gamma_{yz}+\frac{\partial W}{\partial \gamma_{zx}}\mathrm{d}\gamma_{zx} \tag{m}$$

比较(l)和(m)两式可得

$$\sigma_x=\frac{\partial W}{\partial \varepsilon_x}\quad \sigma_y=\frac{\partial W}{\partial \varepsilon_y}\quad \sigma_z=\frac{\partial W}{\partial \varepsilon_z}\quad \tau_{xy}=\frac{\partial W}{\partial \gamma_{xy}}\quad \tau_{yz}=\frac{\partial W}{\partial \gamma_{yz}}\quad \tau_{zx}=\frac{\partial W}{\partial \gamma_{zx}} \tag{4.4}$$

函数 $W$ 称为弹性位能。

## 4.3 弹性体中内力所做的功

考察从弹性体中取出的任意六面体微元,其各边长分别为 $dx,dy,dz$,先考察正应力所做的功。与 $x$ 轴所垂直的两侧面作用的应力分别为 $\sigma_x$ 和 $\sigma_x+\dfrac{\partial\sigma_x}{\partial x}dx$,在 $x$ 方向的伸长为 $\varepsilon_x dx$,$\varepsilon_x$ 的增量为 $\delta\varepsilon_x$,则伸长量的增量为 $\delta\varepsilon_x dx$,略去高阶小量,两侧面上作用着应力 $\sigma_x$,那么拉力 $\sigma_x dydz$ 在 $x$ 方向做的功为

$$\sigma_x dydz\cdot\delta\varepsilon_x dx=\sigma_x\delta\varepsilon_x dxdydz$$

同理,其他两个方向正应力所做的功分别为

$$\sigma_y\delta\varepsilon_y dxdydz \qquad \sigma_z\delta\varepsilon_z dxdydz$$

再考察各剪应力做的功,以 $\tau_{xy}$ 为例,两相对面上的剪力 $\tau_{xy}dydz$ 组成一力偶 $\tau_{xy}dydzdx$,这力偶所做的功等于力偶乘转角,若 $\gamma_{xy}$ 有增量 $\delta\gamma_{xy}$ 的话,这力偶所做的功为

$$\tau_{xy}dydzdx\cdot\delta\gamma_{xy}=\tau_{xy}\delta\gamma_{xy}dxdydz$$

同理,其他两对面上剪力所做的功分别为

$$\tau_{xz}\delta\gamma_{xz}dxdydz \qquad \tau_{yz}\delta\gamma_{yz}dxdydz$$

至此可知,边长为 $dx,dy,dz$ 的微元体上所有应力做的功为

$$\delta A=(\sigma_x\delta\varepsilon_x+\sigma_y\delta\varepsilon_y+\sigma_z\delta\varepsilon_z+\tau_{xy}\delta\gamma_{xy}+\tau_{xz}\delta\gamma_{xz}+\tau_{yz}\delta\gamma_{yz})dxdydz \tag{4.5}$$

比较式(1)和式(4.5),可以看出,$\delta W$ 就是对于单位体积内力所做的功,因此 $W$ 也称为形变能,整个弹性体的总功为

$$\delta V=\iiint\delta W dxdydz \tag{4.6}$$

## 4.4 弹性位能与弹性常数的关系

从4.2节 $\delta W$ 的表达式可得

$$W=\int[\sigma_x d\varepsilon_x+\sigma_y d\varepsilon_y+\sigma_z d\varepsilon_z+\tau_{xy}d\gamma_{xy}+\tau_{yz}d\gamma_{yz}+\tau_{zx}d\gamma_{zx}] \tag{4.7}$$

由式(4.4)和式(4.3)知

$$\frac{\partial W}{\partial\varepsilon_y}=\sigma_y=c_{21}\varepsilon_x+c_{22}\varepsilon_y+c_{23}\varepsilon_z+c_{24}\gamma_{xy}+c_{25}\gamma_{yz}+c_{26}\gamma_{zx}$$

上式对 $\gamma_{zx}$ 求导得

$$\frac{\partial^2 W}{\partial\varepsilon_y\partial\gamma_{zx}}=c_{26} \tag{a}$$

现对上式按相反次序求偏导,即

$$\frac{\partial W}{\partial\gamma_{zx}}=\tau_{zx}=c_{61}\varepsilon_x+c_{62}\varepsilon_y+c_{63}\varepsilon_z+c_{64}\gamma_{xy}+c_{65}\gamma_{yz}+c_{66}\gamma_{zx}$$

$$\frac{\partial^2 W}{\partial \gamma_{zx} \partial \varepsilon_y} = c_{62} \tag{b}$$

导数的值与微分次序无关，比较式(a)与式(b)得 $c_{26} = c_{62}$，依此类推，有一般性的结论

$$c_{mn} = c_{nm} \tag{4.8}$$

这样以来，36个弹性常数中互异的只有21个。

弹性位能的一般公式，考虑到式(4.3)和式(4.8)，由式(4.7)积分求得如下：

$$\begin{aligned}
W = &\frac{1}{2}c_{11}\varepsilon_x^2 + c_{12}\varepsilon_x\varepsilon_y + c_{13}\varepsilon_x\varepsilon_z + c_{14}\varepsilon_x\gamma_{xy} + c_{15}\varepsilon_x\gamma_{yz} + c_{16}\varepsilon_x\gamma_{zx} + \\
&\frac{1}{2}c_{22}\varepsilon_y^2 + c_{23}\varepsilon_y\varepsilon_z + c_{24}\varepsilon_y\gamma_{xy} + c_{25}\varepsilon_y\gamma_{yz} + c_{26}\varepsilon_y\gamma_{zx} + \\
&\frac{1}{2}c_{33}\varepsilon_z^2 + c_{34}\varepsilon_z\gamma_{xy} + c_{35}\varepsilon_z\gamma_{yz} + c_{36}\varepsilon_z\gamma_{zx} + \\
&\frac{1}{2}c_{44}\gamma_{xy}^2 + c_{45}\gamma_{xy}\gamma_{yz} + c_{46}\gamma_{xy}\gamma_{zx} + \\
&\frac{1}{2}c_{55}\gamma_{yz}^2 + c_{56}\gamma_{yz}\gamma_{zx} + \\
&\frac{1}{2}c_{66}\gamma_{zx}^2
\end{aligned} \tag{4.9}$$

式(4.9)也是形变能的一般公式，这表明形变能是可以由形变分量的二次齐次函数表示的。

## 4.5　各向同性体中的弹性常数

若所考虑的弹性体是均匀的各向同性体，那么在弹性体内任一点的任何方向上应力应变关系都是相同的，而且也不受坐标选取的影响。下面证明在此种情况下独立的弹性常数仅有2个。

(a)沿任意两个相反方向，弹性关系相同。

若选 $z$ 轴方向，可从正方向和负方向来看(即变180°)，如图4.1，$z$ 和 $w$ 的正、负号改为相反的符号，那么带有 $z$ 下标的两个剪应变也应改变正、负号。考察方程(4.3)的第一式，若将 $z$ 轴改为相反方向后，该式右边的前4项不变，而后2项数值不变但要改变其正、负号。但 $\sigma_x$ 又不受 $z$ 轴改变方向的影响，那么要满足此条件必定是 $c_{15} = c_{16} = 0$。

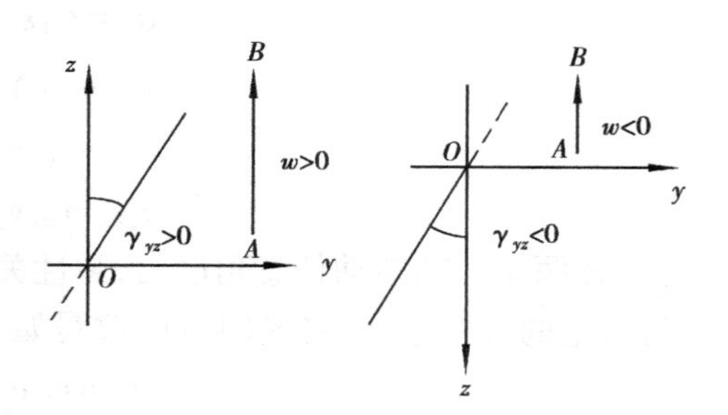


图4.1

按照上述推理，仍考察第一式，将 $x$ 轴和 $y$ 轴改变180°方向来看，就可推出 $c_{14} = c_{15} = 0$ 和 $c_{14} = c_{16} = 0$，由此可以得出结论：正应力 $\sigma_x$ 与各个剪应变无关。

对于各向同性的物体，上述结论也适用于 $\sigma_y$ 和 $\sigma_z$，又根据 $c_{mn} = c_{nm}$ 可得到：

$$c_{14} = c_{15} = c_{16} = 0$$

$$c_{24} = c_{25} = c_{26} = 0$$

$$c_{34}=c_{35}=c_{36}=0$$
$$c_{41}=c_{42}=c_{43}=0$$
$$c_{51}=c_{52}=c_{53}=0$$
$$c_{61}=c_{62}=c_{63}=0$$

这也表明剪应力与正应变无关。

再考察式(4.3)中的第4式，若将 $z$ 轴调换方向后，$\gamma_{zy}$ 和 $\gamma_{zx}$ 要改变正、负号，从而可知，$c_{45}=c_{46}=0$。依此类推，$c_{54}=c_{56}=0$；$c_{64}=c_{65}=0$。此时物理方程成为

$$\begin{aligned}
\sigma_x&=c_{11}\varepsilon_x+c_{12}\varepsilon_y+c_{13}\varepsilon_z\\
\sigma_y&=c_{21}\varepsilon_x+c_{22}\varepsilon_y+c_{23}\varepsilon_z\\
\sigma_z&=c_{31}\varepsilon_x+c_{32}\varepsilon_y+c_{33}\varepsilon_z\\
\tau_{xy}&=c_{44}\gamma_{xy}\\
\tau_{yz}&=c_{55}\gamma_{yz}\\
\tau_{zx}&=c_{66}\gamma_{zx}
\end{aligned}\tag{4.10}$$

式(4.10)是正交各向异性的情形，弹性常数有9个。

(b)沿两个相互垂直的方向，弹性关系相同。

在(a)情形中进行坐标变换，即是各坐标轴单独做180°的转动。现在可使各坐标轴旋转90°。若使 $y$ 轴与 $z$ 轴互换，$x$ 轴不变，在(4.10)的第一式中，$\sigma_x$ 不变，而此式右边的 $\varepsilon_y$ 和 $\varepsilon_z$ 彼此将互换位置，只有在 $c_{12}=c_{13}$ 时才可保持 $\sigma_x$ 不变。对(4.10)中的第二、第三式作同样讨论，并考虑到 $c_{mn}=c_{nm}$，便得

$$c_{12}=c_{13}=c_{21}=c_{23}=c_{31}=c_{32}$$

将 $x$ 轴与 $y$ 轴互换，则 $\sigma_x$ 与 $\sigma_y$ 互换，$\varepsilon_x$ 和 $\varepsilon_y$ 互换，将 $\sigma_x$ 与 $\sigma_y$ 的表达式比较可得，$c_{11}=c_{22}$，依此类推，可知 $c_{22}=c_{33}$，$c_{33}=c_{11}$。同样可推知，$c_{44}=c_{55}=c_{66}$。此时物理方程成为

$$\begin{aligned}
\sigma_x&=c_{11}\varepsilon_x+c_{12}(\varepsilon_y+\varepsilon_z)\\
\sigma_y&=c_{11}\varepsilon_y+c_{12}(\varepsilon_x+\varepsilon_z)\\
\sigma_z&=c_{11}\varepsilon_z+c_{12}(\varepsilon_x+\varepsilon_y)\\
\tau_{xy}&=c_{44}\gamma_{xy}\\
\tau_{yz}&=c_{44}\gamma_{yz}\\
\tau_{zx}&=c_{44}\gamma_{zx}
\end{aligned}\tag{4.11}$$

(c)任两坐标轴转动任意角度后，弹性关系相同。

为讨论的方便起见，将式(4.11)改写如下

$$\begin{aligned}
\sigma_x&=c_{12}\theta+(c_{11}-c_{12})\varepsilon_x\\
\sigma_y&=c_{12}\theta+(c_{11}-c_{12})\varepsilon_y\\
\sigma_z&=c_{12}\theta+(c_{11}-c_{12})\varepsilon_z\\
\tau_{xy}&=c_{44}\gamma_{xy}\\
\tau_{yz}&=c_{44}\gamma_{yz}\\
\tau_{zx}&=c_{44}\gamma_{zx}
\end{aligned}\tag{4.11′}$$

这里 $\theta=\varepsilon_x+\varepsilon_y+\varepsilon_z$ (4.12)

设在 $xyz$ 坐标系中，$z$ 轴不变，$xy$ 平面绕 $z$ 轴转一角度 $\alpha$，形成新的坐标系 $x'y'z'$，则这两坐标系的几何关系用方向余弦表示，即其方向余弦为表4.1。

那么在 $x'y'z'$ 坐标中的应力分量和应变分量可由 $xyz$ 坐标系中的相应量计算得出，以 $\tau_{xy}$ 和 $\gamma_{xy}$ 为例，计算如下

表4.1　方向余弦关系表

| | $x$ | $y$ | $z$ |
|---|---|---|---|
| $x'$ | $l_1=\cos\alpha$ | $m_1=\sin\alpha$ | $n_1=0$ |
| $y'$ | $l_2=-\sin\alpha$ | $m_2=\cos\alpha$ | $n_2=0$ |
| $z'$ | $l_3=0$ | $m_3=0$ | $n_3=1$ |

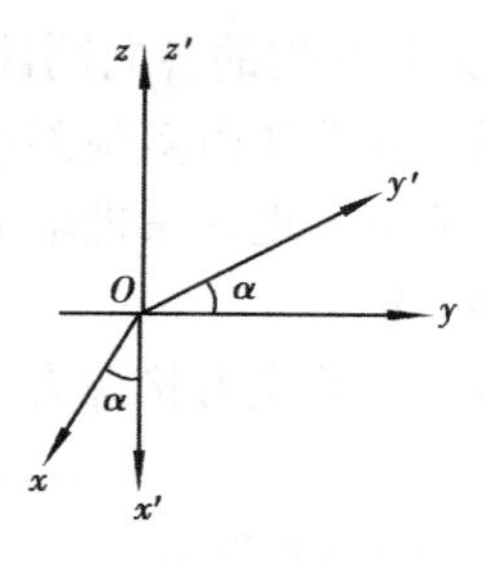


图4.2

$$\tau_{x'y'}=-(\sigma_x-\sigma_y)\sin\alpha\cos\alpha+\tau_{xy}(\cos^2\alpha-\sin^2\alpha)=-\frac{1}{2}(\sigma_x-\sigma_y)\sin2\alpha+\tau_{xy}\cos2\alpha \tag{a}$$

$$\gamma_{x'y'}=-2(\varepsilon_x-\varepsilon_y)\sin\alpha\cos\alpha+\gamma_{xy}(\cos^2\alpha-\sin^2\alpha)=-(\varepsilon_x-\varepsilon_y)\sin2\alpha+\gamma_{xy}\cos2\alpha$$

在 $x'y'z'$ 坐标中仍应有

$$\tau_{x'y'}=c_{44}\gamma_{x'y'}$$

因此，有

$$-\frac{1}{2}(\sigma_x-\sigma_y)\sin2\alpha+\tau_{xy}\cos2\alpha=c_{44}[-(\varepsilon_x-\varepsilon_y)\sin2\alpha+\gamma_{xy}\cos2\alpha]$$

因为 $\tau_{xy}=c_{44}\gamma_{xy}$，上式简化为

$$\sigma_x-\sigma_y=2c_{44}(\varepsilon_x-\varepsilon_y) \tag{b}$$

将式(4.11′)的第一式减去第二式，并考虑式(b)，得

$$c_{11}-c_{12}=2c_{44} \tag{c}$$

在式(4.11)中弹性常数只有3个，即 $c_{11}$、$c_{12}$、$c_{44}$，现在又导出了式(c)。显然，独立的弹性常数只有2个。若将 $c_{12}$ 记为 $\lambda$，$c_{44}$ 记为 $\mu$，则 $c_{11}=\lambda+2\mu$，$\lambda$ 和 $\mu$ 称为拉梅(Lame)常数。应力应变关系即物理方程成为

$$\begin{aligned}\sigma_x&=\lambda\theta+2\mu\varepsilon_x\\ \sigma_y&=\lambda\theta+2\mu\varepsilon_y\\ \sigma_z&=\lambda\theta+2\mu\varepsilon_z\\ \tau_{xy}&=\mu\gamma_{xy}\\ \tau_{yz}&=\mu\gamma_{yz}\\ \tau_{zx}&=\mu\gamma_{zx}\end{aligned} \tag{4.13}$$

## 4.6 各向同性体弹性常数间的关系

4.5 节已证明均匀的各向同性弹性体只有 2 个独立的弹性常数 $\lambda$ 和 $\mu$，还从材料力学知道均匀的各向同性弹性体由实验测得的常数有弹性模量 $E$ 及泊松比 $\nu$，那么 $\lambda$、$\mu$ 与 $E$、$\nu$ 这两者必然有一定的关系。现在来推求 $\lambda$、$\mu$ 和 $E$、$\nu$ 的关系，将从几种简单受力情形考察。

**(1) 简单拉伸**

此时受力物体的应力状态为

$$\sigma_x \neq 0, \sigma_y = \sigma_z = \tau_{xy} = \tau_{yz} = \tau_{zx} = 0$$

从式(4.13)知，物理方程为

$$\begin{aligned} \lambda\theta + 2\mu\varepsilon_x &= \sigma_x \\ \lambda\theta + 2\mu\varepsilon_y &= 0 \\ \lambda\theta + 2\mu\varepsilon_z &= 0 \end{aligned} \tag{a}$$

将上述 3 式相加，得

$$\theta = \frac{1}{3\lambda + 2\mu}\sigma_x \tag{b}$$

将(b)代入(a)中第 1 式，并与单向拉伸时的应力-应变关系

$$\sigma_x = E\varepsilon_x$$

相比较，可得

$$E = \frac{\mu(3\lambda + 2\mu)}{\lambda + \mu} \tag{4.14}$$

将(b)代入(a)中第 2、第 3 式可得

$$\varepsilon_y = \varepsilon_z = -\frac{\lambda}{2\mu(3\lambda + 2\mu)}\sigma_x \tag{c}$$

注意到 $\varepsilon_y = \varepsilon_z = -\nu\varepsilon_x$（$\nu$ 为泊松比），并利用 $\sigma_x = E\varepsilon_x$ 及式(4.14)，则得

$$\nu = \frac{\lambda}{2(\lambda + \mu)} \tag{4.15}$$

式(4.14)和式(4.15)的另一表示法为

$$\lambda = \frac{E\nu}{(1 + \nu)(1 - 2\nu)} \qquad \mu = \frac{E}{2(1 + \nu)} \tag{4.16}$$

**(2) 纯剪切的情形**

设剪应力作用在 $Oxy$ 平面内，则弹性体内的应力状态如下

$$\tau_{xy} \neq 0, \sigma_x = \sigma_y = \sigma_z = \tau_{yz} = \tau_{zx} = 0 \tag{d}$$

此时受力物体的物理方程(4.13)中有 5 个方程成为恒等式，只剩下 1 式

$$\tau_{xy} = \mu\gamma_{xy} \tag{e}$$

而纯剪切的实验给出

$$\tau_{xy} = G\gamma_{xy} \tag{f}$$

比较式(e)和式(f)可得

$$G=\mu=\frac{E}{2(1+\nu)} \tag{4.17}$$

(3)静水压力的情形

此时受力物体的应力状态为

$$\sigma_x=\sigma_y=\sigma_z=-\sigma \quad \tau_{xy}=\tau_{yz}=\tau_{zx}=0 \tag{g}$$

其中 $\sigma$ 为静水压力,将式(g)代入式(4.13),得

$$\lambda\theta+2\mu\varepsilon_x=-\sigma$$

$$\lambda\theta+2\mu\varepsilon_y=-\sigma$$

$$\lambda\theta+2\mu\varepsilon_z=-\sigma$$

将上述3式相加,可得

$$\sigma_x+\sigma_y+\sigma_z=-3\sigma=3\lambda\theta+2\mu\theta=3\left(\lambda+\frac{2}{3}\mu\right)\theta$$

令

$$\Theta=\sigma_x+\sigma_y+\sigma_z=3\left(\lambda+\frac{2}{3}\mu\right)\theta=3K\theta \tag{h}$$

其中 $\Theta$ 叫体积应力,对体积应力和体积应变的比例常数 $K$ 做如下定义:

$$K=\lambda+\frac{2}{3}\mu \tag{4.18}$$

$K$ 被称为体积模量。体积模量用 $E$、$\nu$ 表达时为

$$K=\frac{E}{3(1-2\nu)} \tag{4.19}$$

由实验知,$E>0$,由物理意义推知 $K>0$,即受静水压力的弹性体体积只会减小不会增大。即有 $1-2\nu>0$,由式(4.17)知,$1+\nu>0$,由此可得到

$$-1<\nu<\frac{1}{2} \tag{4.20}$$

根据试验一般材料 $\nu>0$,还未发现 $\nu<0$ 的材料。通常遇到的材料 $\nu$ 值多在$\frac{1}{3}\sim\frac{1}{4}$之间。

广义胡克定律(4.13)还可写为

$$\begin{aligned}
\varepsilon_x&=\frac{1}{E}[\sigma_x-\nu(\sigma_y+\sigma_z)], & \gamma_{yz}&=\frac{1}{G}\tau_{yz}\\
\varepsilon_y&=\frac{1}{E}[\sigma_y-\nu(\sigma_x+\sigma_z)], & \gamma_{zx}&=\frac{1}{G}\tau_{zx}\\
\varepsilon_z&=\frac{1}{E}[\sigma_z-\nu(\sigma_x+\sigma_y)], & \gamma_{xy}&=\frac{1}{G}\tau_{xy}
\end{aligned} \tag{4.21}$$

等价形式为

$$\begin{aligned}
\sigma_x&=\frac{E}{(1+\nu)(1-2\nu)}[(1-\nu)\varepsilon_x+\nu(\varepsilon_y+\varepsilon_z)], & \tau_{yz}&=G\gamma_{yz}\\
\sigma_y&=\frac{E}{(1+\nu)(1-2\nu)}[(1-\nu)\varepsilon_y+\nu(\varepsilon_z+\varepsilon_x)], & \tau_{zx}&=G\gamma_{zx}\\
\sigma_z&=\frac{E}{(1+\nu)(1-2\nu)}[(1-\nu)\varepsilon_z+\nu(\varepsilon_x+\varepsilon_y)], & \tau_{xy}&=G\gamma_{xy}
\end{aligned} \tag{4.22}$$

胡克定律是可以用实验证实的。弹性常数的测定一般借助于下面的3种典型试验来测

定:用拉伸试验测定 $E$ 值;用扭转实验测定 $G$(或 $\mu$)值;用压缩试验测定 $K$(或 $\nu$)值。

## 本 章 小 结

1. 广义胡克定律的一般表达式。

2. 理解弹性体作功的概念,理解式(4.4)的物理意义。

3. 一般弹性体的弹性常数有36个,理想弹性体的弹性常数简化至2个,注意在简化过程中对弹性体材料性质的要求。

4. 弹性体拉梅常数与工程常数的关系。

5. 均匀各向同性弹性体的胡克定律式(4.21)和式(4.22)。

## 习 题

4-1 一般弹性体的弹性常数为36个,在怎样的条件下弹性常数减至2个?

4-2 试导出轴对称问题的胡克定律(物理方程)。

4-3 本节中式(4.3)所给出的物理关系是精确的吗?为什么?

4-4 式(4.3)中的弹性系数 $c_{mn}$ 一定是常数吗?若是常数的话,弹性体材料应满足什么条件?

4-5 推导第5节的式(a)。

4-6 试证明在弹性范围内剪应力不产生体积改变。

# 第 5 章 弹性力学问题的建立

## 5.1 弹性力学的基本方程

由前几章的讨论已经得出了弹性力学的全部基本方程，这些方程包括：平衡方程、物理方程、几何方程和协调方程。请读者注意所有这些方程是在第 1 章基本假定的条件下导出的，也即是说，只有满足线弹性基本假定的材料才能适用。现将这些方程罗列于下：

①平衡方程

$$
\begin{aligned}
&\frac{\partial \sigma_x}{\partial x}+\frac{\partial \tau_{xy}}{\partial y}+\frac{\partial \tau_{xz}}{\partial z}+f_x=0 \\
&\frac{\partial \tau_{yx}}{\partial x}+\frac{\partial \sigma_y}{\partial y}+\frac{\partial \tau_{yz}}{\partial z}+f_y=0 \\
&\frac{\partial \tau_{zx}}{\partial x}+\frac{\partial \tau_{zy}}{\partial y}+\frac{\partial \sigma_z}{\partial z}+f_z=0
\end{aligned}
\tag{5.1}
$$

②物理方程

$$
\begin{aligned}
&\varepsilon_x=\frac{1}{E}[\sigma_x-\nu(\sigma_y+\sigma_z)], \qquad \gamma_{yz}=\frac{2(1+\nu)}{E}\tau_{yz} \\
&\varepsilon_y=\frac{1}{E}[\sigma_y-\nu(\sigma_z+\sigma_x)], \qquad \gamma_{zx}=\frac{2(1+\nu)}{E}\tau_{zx} \\
&\varepsilon_z=\frac{1}{E}[\sigma_z-\nu(\sigma_x+\sigma_y)], \qquad \gamma_{xy}=\frac{2(1+\nu)}{E}\tau_{xy}
\end{aligned}
\tag{5.2}
$$

③几何方程

$$\varepsilon_x = \frac{\partial u}{\partial x}, \qquad \gamma_{yz} = \frac{\partial w}{\partial y} + \frac{\partial v}{\partial z}$$

$$\varepsilon_y = \frac{\partial v}{\partial y}, \qquad \gamma_{zx} = \frac{\partial u}{\partial z} + \frac{\partial w}{\partial x} \tag{5.3}$$

$$\varepsilon_z = \frac{\partial w}{\partial z}, \qquad \gamma_{xy} = \frac{\partial v}{\partial x} + \frac{\partial u}{\partial y}$$

协调方程(变形连续性方程)

$$\frac{\partial^2 \varepsilon_x}{\partial y^2} + \frac{\partial^2 \varepsilon_y}{\partial x^2} = \frac{\partial^2 \gamma_{xy}}{\partial x \partial y}, \quad \frac{\partial}{\partial x}\left(-\frac{\partial \gamma_{yz}}{\partial x} + \frac{\partial \gamma_{zx}}{\partial y} + \frac{\partial \gamma_{xy}}{\partial z}\right) = 2\frac{\partial^2 \varepsilon_x}{\partial y \partial z}$$

$$\frac{\partial^2 \varepsilon_y}{\partial z^2} + \frac{\partial^2 \varepsilon_z}{\partial y^2} = \frac{\partial^2 \gamma_{yz}}{\partial y \partial z}, \quad \frac{\partial}{\partial y}\left(\frac{\partial \gamma_{yz}}{\partial x} - \frac{\partial \gamma_{zx}}{\partial y} + \frac{\partial \gamma_{xy}}{\partial z}\right) = 2\frac{\partial^2 \varepsilon_y}{\partial x \partial z} \tag{5.4}$$

$$\frac{\partial^2 \varepsilon_z}{\partial x^2} + \frac{\partial^2 \varepsilon_x}{\partial z^2} = \frac{\partial^2 \gamma_{zx}}{\partial z \partial x}, \quad \frac{\partial}{\partial z}\left(\frac{\partial \gamma_{yz}}{\partial x} + \frac{\partial \gamma_{zx}}{\partial y} - \frac{\partial \gamma_{xy}}{\partial z}\right) = 2\frac{\partial^2 \varepsilon_z}{\partial x \partial y}$$

## 5.2　边界条件的提法及求解途径

弹性力学基本方程已建立,为求得问题的解,必须给出定解条件——边界条件。基本方程与边界条件的结合称为弹性力学的边值问题。其边界条件有 2 种情形,即应力边界条件和位移边界条件。

首先讨论应力边界条件。在物体表面任一点 $P$ 的附近取一表面元素 $dS$,其法线为 $N$,方向余弦记为 $(l,m,n)$,作用在 $P$ 点的外力为 $\boldsymbol{F}_N$,其分量记为 $F_x,F_y,F_z$,因此,由前式(2.8)知,在边界上 $P$ 点处应力与外力的平衡关系应为:

$$\begin{aligned} \sigma_x l + \tau_{xy} m + \tau_{xz} n &= F_x \\ \tau_{yx} l + \sigma_y m + \tau_{yz} n &= F_y \\ \tau_{zx} l + \tau_{zy} m + \sigma_z n &= F_z \end{aligned} \tag{5.5}$$

此式为弹性体的应力边界条件,即在弹性体边界处面力与此处应力的关系。

对在物体表面 $S$ 上指定位移的情况,位移边界条件将成为

$$u|_S = u^*, \quad v|_S = v^*, \quad w|_S = w^* \tag{5.6}$$

其中 $u^*,v^*,w^*$ 是在表面上给定的在 $x,y,z$ 轴向的位移分量,式(5.6)称为位移边界条件。

在弹性力学问题中,所求得的变形状态要满足 15 个方程,即式(5.1)、式(5.2)、式(5.3)以及边界条件式(5.5)及式(5.6),此解答将是惟一的,证明略去。在这些方程中共有 15 个未知量:3 个位移量,6 个应力量及 6 个应变量,而方程恰是 15 个,所以问题是适定的。

边界条件式(5.5)也可通过应力应变关系用位移分量来表示。弹性力学的边值问题按边界条件的给定情况可分为 3 类:

①当作用于物体内部的体力及它的表面力已知时,此为应力边界问题;

②当作用于物体内部的体力及它表面上各点的位移已知时,此为位移边界问题;

③前面两种情况的混合形式,便是在边界上,部分表面面力已知,部分表面位移已知,也有时在部分表面上有已知的外力和位移关系(即弹性支承的边界条件),此为混合边界条件

问题。

求解一个弹性力学问题时，通常有 3 条途径：

1）位移求解法　以位移作为基本未知量，即物体内每点有 3 个未知量

$$u(x,y,z),\quad v(x,y,z),\quad w(x,y,z)$$

求解时先将应力应变关系（5.2）代入平衡方程（5.1），然后利用几何方程（5.3）将应变分量用位移分量表示，这就得到了 3 个只有位移分量的平衡方程：

$$\begin{aligned}
\frac{E}{2(1+\mu)(1-2\mu)}\frac{\partial\theta}{\partial x}+\frac{E}{2(1+\mu)}\nabla^2 u+f_x&=0\\
\frac{E}{2(1+\mu)(1-2\mu)}\frac{\partial\theta}{\partial y}+\frac{E}{2(1+\mu)}\nabla^2 v+f_y&=0\\
\frac{E}{2(1+\mu)(1-2\mu)}\frac{\partial\theta}{\partial z}+\frac{E}{2(1+\mu)}\nabla^2 w+f_z&=0
\end{aligned}\tag{5.7}$$

其中 $\nabla^2=\frac{\partial^2}{\partial x^2}+\frac{\partial^2}{\partial y^2}+\frac{\partial^2}{\partial z^2}$

式（5.7）被称为拉梅-纳维叶（Lame-Navier）方程。

该方程组是考虑了几何方程和物理方程的平衡方程。当给定边界条件时，由该方程组求解位移是适定的。若给定的边界条件是位移边界条件时则可直接求解；若给定的边界条件是应力边界条件时则需转换为用位移表示的边界条件后求解。

2）应力求解法　以应力分量作为基本未知量，即对于物体内每点有 6 个未知量：

$$\sigma_x(x,y,z),\sigma_y(x,y,z),\sigma_z(x,y,z),\tau_{yz}(x,y,z),\tau_{zx}(x,y,z),\tau_{xy}(x,y,z)$$

所用的基本方程有：平衡方程（5.1）和应力形式的变形协调方程。

现导出应力求解的基本方程。为此，将应变协调方程（5.4）改用应力表示。如考虑（5.4）中第三式：

$$\frac{\partial^2\varepsilon_y}{\partial z^2}+\frac{\partial^2\varepsilon_z}{\partial y^2}=\frac{\partial^2\gamma_{yz}}{\partial y\partial z}\tag{a}$$

将式（a）中的应变分量用物理方程式（5.2）代入，得

$$(1+\mu)\left(\frac{\partial^2\sigma_y}{\partial z^2}+\frac{\partial^2\sigma_z}{\partial y^2}\right)-\mu\left(\frac{\partial^2\Theta}{\partial z^2}+\frac{\partial^2\Theta}{\partial y^2}\right)=2(1+\mu)\frac{\partial^2\tau_{yz}}{\partial y\partial z}\tag{b}$$

再利用平衡方程式（5.1），式（b）可写为

$$\left(\frac{\partial^2}{\partial y^2}+\frac{\partial^2}{\partial z^2}\right)\left[\frac{\mu}{1+\mu}\Theta-(\sigma_z+\sigma_y)\right]=\frac{\partial}{\partial x}\left(\frac{\partial\tau_{zx}}{\partial z}+\frac{\partial\tau_{xy}}{\partial y}\right)+\frac{\partial f_z}{\partial z}+\frac{\partial f_y}{\partial y}\tag{c}$$

同理，考虑（5.4）中的一、五式，可得类似于（c）的二个方程，将此三式相加得

$$\nabla^2\Theta=-\frac{1+\mu}{1-\mu}\left(\frac{\partial f_x}{\partial x}+\frac{\partial f_y}{\partial y}+\frac{\partial f_z}{\partial z}\right)\tag{d}$$

将式（d）代入式（c）整理后得

$$\nabla^2\sigma_x+\frac{1}{1+\mu}\frac{\partial^2\Theta}{\partial x^2}=\frac{-\mu}{1-\mu}\left(\frac{\partial f_x}{\partial x}+\frac{\partial f_y}{\partial y}+\frac{\partial f_z}{\partial z}\right)-2\frac{\partial f_x}{\partial x}$$

类似求得其他 5 个方程，于是得到用应力表示的协调方程组

$$\nabla^2\sigma_x+\frac{1}{1+\mu}\frac{\partial^2\Theta}{\partial x^2}=-\frac{\mu}{1-\mu}\left(\frac{\partial f_x}{\partial x}+\frac{\partial f_y}{\partial y}+\frac{\partial f_z}{\partial z}\right)-2\frac{\partial f_x}{\partial x}$$

$$\nabla^2\sigma_y+\frac{1}{1+\mu}\frac{\partial^2\Theta}{\partial y^2}=-\frac{\mu}{1-\mu}\left(\frac{\partial f_x}{\partial x}+\frac{\partial f_y}{\partial y}+\frac{\partial f_z}{\partial z}\right)-2\frac{\partial f_y}{\partial y}$$

$$\nabla^2\sigma_z+\frac{1}{1+\mu}\frac{\partial^2\Theta}{\partial z^2}=-\frac{\mu}{1-\mu}\left(\frac{\partial f_x}{\partial x}+\frac{\partial f_y}{\partial y}+\frac{\partial f_z}{\partial z}\right)-2\frac{\partial f_z}{\partial z}$$

$$\nabla^2\tau_{xy}+\frac{1}{1+\mu}\frac{\partial^2\Theta}{\partial x\partial y}=-\left(\frac{\partial f_y}{\partial x}+\frac{\partial f_x}{\partial y}\right) \tag{5.8a}$$

$$\nabla^2\tau_{yz}+\frac{1}{1+\mu}\frac{\partial^2\Theta}{\partial y\partial z}=-\left(\frac{\partial f_z}{\partial y}+\frac{\partial f_y}{\partial z}\right) \tag{5.8b}$$

$$\nabla^2\tau_{zx}+\frac{1}{1+\mu}\frac{\partial^2\Theta}{\partial x\partial z}=-\left(\frac{\partial f_x}{\partial z}+\frac{\partial f_z}{\partial x}\right) \tag{5.8c}$$

式(5.8)被称为贝尔特拉米-米歇尔(Beltrami-Michell)方程。此方程组是应力求解的基本方程组。当不计体力时,该方程组的形式较为简单,这里不再写出。

3)混合求解法　以各点的位移分量和各点的一部分应力分量作为基本未知量。

## 5.3　圣维南原理

在5.2节讨论了边界条件,在弹性力学边值问题中,严格地说,在物体表面上给定的应力边界条件或位移边界条件应该是逐点被满足的。若在边界上给定不同的外力和位移,则在同一弹性体中引起的响应是不同的,即产生不同的应力场和位移场。事实上,在实际的工程问题中,有时只知道作用于物体表面某小部分区域上的合力和合力矩,难于用解析表达式精确给出每点的应力表达式。例如,杆件受拉时,在其端部有集中力的作用,只知它在端部的大小,而不知道端部各点的应力分布,但可以肯定端部力的分布方式不论如何(图5.1),在远离端部的杆中间段应力分布是基本相同的,因而对于工程实际而言是可以采用的,实际上在材料力学课程中,已经默认了这一结果。

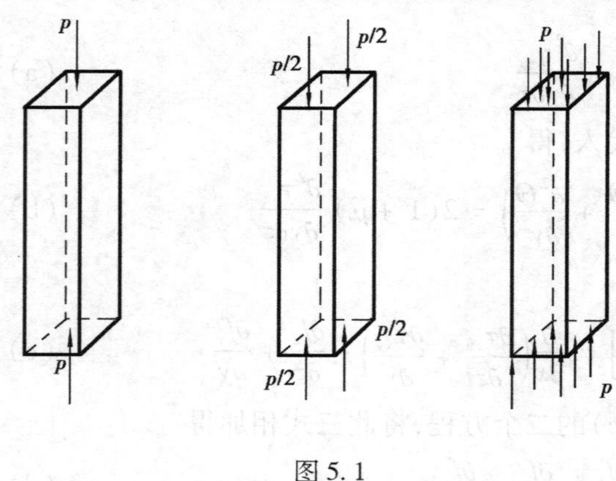

图5.1

根据大量的实践及计算,圣维南总结出了如下的原则:作用在物体表面上一个局部区域内的力系,可以用一个与其静力等效的任意力系来代替,由它们产生的应力分布在力系作用区域的范围内有显著不同,在离开力系作用区域相当远的范围内,其应力分布几乎是相同的。这一原理被称为**圣维南原理**。

这里需要再说明的是,圣维南原理强调了力系作用的静力等效和力系作用范围是局部的。还有一点也值得提请读者注意,若在所考虑弹性体边界表面上的边界条件按圣维南原理给出时,这块表面应是该弹性体表面的一小部分,不能是大部分表面。

用钳子夹截一根直杆是说明圣维南原理的一个直观、生动的例子。由图5.2可见,当钳子夹紧直杆以后,相当于直杆在此局部区域作用一个平衡力系,除图中虚线范围以外几乎没有应

图5.2

力产生，甚至将直杆夹断也是如此。研究表明，影响区的大小大致与等效外力作用区的大小相当。有了圣维南原理就可将一些较为复杂的边值问题化为较简单的边值问题来处理，这样的例子将在以后的章节中见到。

## 5.4　两个简单问题的解

本节仅对几个最简单的弹性力学问题求解，以此说明求解弹性力学问题的基本过程。更一般的问题及某些典型问题的求解和其他一些特殊解法将在以后的各章逐一介绍。

**(1)长方体在均匀压力作用下的变形**

设给定长方体如图5.3所示，不计该长方体体积力作用，在它的各表面上受均匀压力 $\boldsymbol{P}$ 作用，这种物体表面任一点都受到不变正压力作用的情形也叫做静力压力，现在求出该长方体的变形。

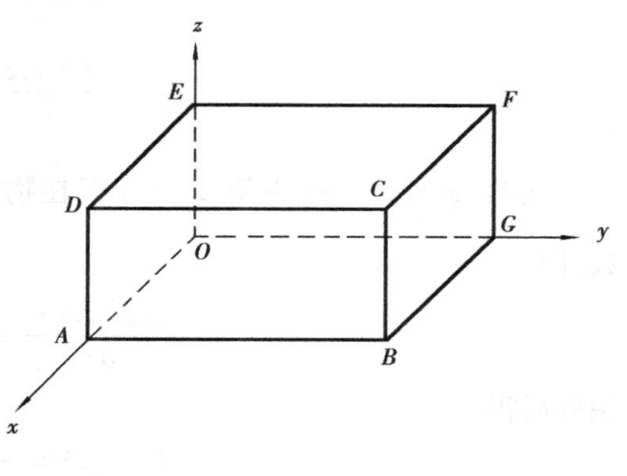


(a)

图5.3

该问题的边界条件(全为力边界条件)：

$ABCD$ 面：　$\sigma_x = -p,\quad \tau_{xy} = \tau_{xz} = 0$

$EFOG$ 面：　$\sigma_x = -p,\quad \tau_{xy} = \tau_{xz} = 0$

$AOED$ 面：　$\sigma_y = -p,\quad \tau_{yx} = \tau_{yz} = 0$

$CFGB$ 面：　$\sigma_y = -p,\quad \tau_{yx} = \tau_{yz} = 0$

$ABGO$ 面：　$\sigma_z = -p,\quad \tau_{zx} = \tau_{zy} = 0$

$EFDC$ 面：　$\sigma_z = -p,\quad \tau_{zx} = \tau_{zy} = 0$

由表面的受力不难想到，该问题的应力分量为：

$$\sigma_x = \sigma_y = \sigma_z = -p,\quad \tau_{yz} = \tau_{zx} = \tau_{xy} = 0 \tag{5.9}$$

该应力场能满足全部平衡方程、应力协调方程及边界条件。现求出应变分量和位移分量。由应力应变关系有

$$\begin{aligned}
\varepsilon_x &= \frac{1}{E}(-p + 2\nu p) = -\frac{1-2\nu}{E}p,\quad \gamma_{yz} = 0 \\
\varepsilon_y &= \frac{1}{E}(-p + 2\nu p) = -\frac{1-2\nu}{E}p,\quad \gamma_{zx} = 0 \\
\varepsilon_z &= \frac{1}{E}(-p + 2\nu p) = -\frac{1-2\nu}{E}p,\quad \gamma_{xy} = 0
\end{aligned} \tag{b}$$

由几何方程有

$$\frac{\partial u}{\partial x}=\frac{\partial v}{\partial y}=\frac{\partial w}{\partial z}=-\frac{1-2\nu}{E}p$$
$$\frac{\partial w}{\partial y}+\frac{\partial v}{\partial z}=0\quad \frac{\partial w}{\partial x}+\frac{\partial u}{\partial z}=0\quad \frac{\partial u}{\partial y}+\frac{\partial v}{\partial x}=0 \tag{c}$$

由上式中前 3 式分别对 $x,y,z$ 积分可得

$$u=-\frac{1-2\nu}{E}px+f_1(y,z)$$
$$v=-\frac{1-2\nu}{E}py+f_2(x,z) \tag{d}$$
$$w=-\frac{1-2\nu}{E}pz+f_3(x,y)$$

式中 $f_1(y,z)$,$f_2(x,z)$ 和 $f_3(x,y)$ 都是待定函数,将上式代入(c)的后 3 式,则可得决定 $f_1$,$f_2$ 和 $f_3$ 的方程

$$\frac{\partial f_2(x,z)}{\partial z}+\frac{\partial f_3(x,y)}{\partial y}=0$$
$$\frac{\partial f_3(x,y)}{\partial x}+\frac{\partial f_1(y,z)}{\partial z}=0 \tag{e}$$
$$\frac{\partial f_1(y,z)}{\partial y}+\frac{\partial f_2(x,z)}{\partial x}=0$$

显然,欲使式(e)中第 2 个方程在物体内任意点都成立,$\frac{\partial f_1}{\partial z}$ 和 $\frac{\partial f_3}{\partial x}$ 都必须只是 $y$ 的函数,即

$$\frac{\partial f_3(x,y)}{\partial x}=-\frac{\partial f_1(y,z)}{\partial z}=F_1(y)$$

积分后得

$$f_1(y,z)=-F_1(y)z+G_2(y)+\alpha_1$$
$$f_3(x,y)=F_1(y)x+G_1(y)+\alpha_3 \tag{f}$$

式中 $\alpha_1$ 和 $\alpha_3$ 为待定常数,同理由式(e)的第 3 式可得

$$\frac{\partial f_1(y,z)}{\partial y}=-\frac{\partial f_2(x,z)}{\partial x}=F_2(z)$$

积分可得

$$f_1(y,z)=F_2(z)y+H_1(z)+\beta_1$$
$$f_2(x,z)=-F_2(z)x+H_2(z)+\beta_2 \tag{g}$$

式中 $\beta_1$ 和 $\beta_2$ 为待定常数,将 $f_2(x,z)$ 和 $f_3(x,y)$ 代入式(e)的第 1 式,得

$$[F'_1(y)-F'_2(z)]x+[G'_1(y)+H'_2(z)]=0$$

此式对于任何的 $x$ 都成立,必须

$$F'_1(y)=F'_2(z)=A$$
$$H'_2(z)=-G'_1(y)=C_1$$

式中 $A$ 和 $C_1$ 为待定常数,将上式积分得

$$F_1(y)=Ay+C_2\qquad F_2(z)=Az+C_3$$

$$H_2(z)=C_1z+\gamma_2 \qquad G_1(y)=-C_1y+\gamma_3$$

式(f)和式(g)中的$f_1(y,z)$应恒等,必须有

$$A=0 \qquad H_1(z)=-C_2z \qquad G_2(y)=C_3y \qquad \alpha_1=\beta_1$$

从而得出

$$f_1(y,z)=C_3y-C_2z+\alpha_1$$
$$f_2(x,z)=C_1z-C_3x+\alpha_2$$
$$f_3(x,y)=C_2x-C_1y+\alpha_3$$

至此,得到该长方体的位移场

$$\begin{aligned} u&=-\frac{1-2\nu}{E}Px+C_3y-C_2z+\alpha_1 \\ v&=-\frac{1-2\nu}{E}Py+C_1z-C_3x+\alpha_2 \\ w&=-\frac{1-2\nu}{E}Pz+C_2x-C_1y+\alpha_3 \end{aligned} \tag{5.10}$$

显然,$\alpha_1,\alpha_2,\alpha_3$表示刚体平动,$C_1,C_2,C_3$与$x,y,z$的乘积均表示刚体转动。

**(2)柱体的均匀拉伸**

给定图示等直柱体(图5.4),设其长度为$l$,截面面积为$S$,设柱体不受体积力作用,而在两端受拉力$T$作用,该拉力沿柱体的轴线方向,通过形心。取坐标如图5.4。

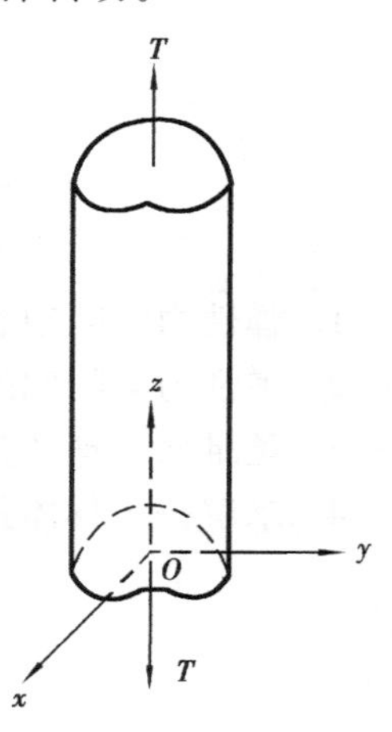

图5.4

此种情况下,设应力分布均匀,并设应力场如下

$$\sigma_z=\frac{T}{S}=P \tag{5.11}$$

$$\sigma_x=\sigma_y=\tau_{xy}=\tau_{yz}=\tau_{zx}=0$$

可以验证上述应力场满足平衡方程和协调方程,只要再能满足边界条件,即为真实的解答。该问题的边界条件如下:

在侧面上,外法线$\mathbf{N}=(l,m,o)$,因而边界条件为

$$F_x=\sigma_xl+\tau_{xy}m+\tau_{xz}n=\sigma_xl+\tau_{xy}m=0$$
$$F_y=\tau_{xy}l+\sigma_ym+\tau_{yz}n=\tau_{xy}l+\sigma_ym=0$$
$$F_z=\tau_{xz}l+\tau_{yz}m+\sigma_zn=\tau_{xz}l+\tau_{yz}m=0$$

在两端头,即$z=0,l$处,此处$\mathbf{N}=(0,0,\mp1)$,故有

$$F_x=F_y=0 \qquad F_z=\mp\frac{T}{S}$$

即 $\tau_{xz}=0,\quad \tau_{yz}=0,\quad \sigma_z=\dfrac{T}{S}$

显然,该条件是在圣维南意义下的边界条件。

由应力应变关系可求出应变场如下:

$$\varepsilon_x=-\frac{\nu}{E}P \qquad \varepsilon_y=-\frac{\nu}{E}P \qquad \varepsilon_z=\frac{1}{E}P$$
$$\gamma_{xy}=0 \qquad \gamma_{yz}=0 \qquad \gamma_{zx}=0$$

再由几何关系知

$$\frac{\partial u}{\partial x}=-\frac{\nu}{E}P \qquad \frac{\partial v}{\partial y}=-\frac{\nu}{E}P \qquad \frac{\partial w}{\partial z}=\frac{1}{E}P$$

$$\frac{\partial v}{\partial x}+\frac{\partial u}{\partial y}=0 \qquad \frac{\partial w}{\partial y}+\frac{\partial v}{\partial z}=0 \qquad \frac{\partial u}{\partial z}+\frac{\partial w}{\partial x}=0$$

由此前3式求出 $u,v,w$ 的函数形式,其中待定函数由后3式定,容易求出

$$u=-\frac{\nu}{E}Px+C_1y-C_2z+\alpha_1$$

$$v=-\frac{\nu}{E}Py-C_3z-C_1x+\alpha_2$$

$$w=\frac{1}{E}Pz+C_2x+C_3y+\alpha_3$$

其中,$\alpha_1,\alpha_2,\alpha_3$ 表示刚体平移,$C_1,C_2,C_3$ 表示刚体转动。该6个常数应由柱体的边界条件定。设柱体变形中无转动则知 $C_1=C_2=C_3=0$,若柱体在 $x=y=z=0$ 处,$u=v=w=0$,则 $\alpha_1=\alpha_2=\alpha_3=0$,此时柱体各点的位移即成为

$$u=-\frac{\nu}{E}Px \qquad v=-\frac{\nu}{E}Py \qquad w=\frac{1}{E}Pz \tag{5.12}$$

## 本章小结

1. 弹性力学问题的基本方程,即平衡方程、物理方程、几何方程。
2. 弹性力学问题的边界条件提法及求解途径。
3. 圣维南原理,它是一种给出近似边界条件的理论依据。
4. 求解一个具体弹性力学问题的步骤和完整解答。

## 习题

5-1 对于平面问题,即不计 $\sigma_z$、$\tau_{xz}$、$\tau_{yz}$ 和 $F_z$ 时,写出此时边界条件(5.5)的相应形式。

5-2 考察一弹性体,若不计体力,应力分量为

$$\sigma_x=a[y^2+\nu(x^2-y^2)] \qquad \tau_{yz}=0$$

$$\sigma_y=a[x^2+\nu(y^2-x^2)] \qquad \tau_{zx}=0$$

$$\sigma_z=a\nu(x^2-y^2) \qquad \tau_{xy}=-2a\nu xy$$

式中 $a$ 为常数,试问所给应力分布是否为弹性力学问题的解?

5-3 给定下面两组位移分量

① $u=a_1+a_2x+a_3y$, $v=a_4+a_5x+a_6y$, $w=0$

② $u=b_1+b_2x+b_3y+b_4x^2+b_5xy+b_6y^2$

$v=c_1+c_2x+c_3y+c_4x^2+c_5xy+c_6y^2$

$w=0$

式中 $a_i,b_i,c_i$ 为常数。试求应变分量,并考察变形协调条件。

5-4　设物体的应变给定如下：

$$\varepsilon_x = a_0 + a_1(x^2 + y^2) + x^4 + y^4$$
$$\varepsilon_y = b_0 + b_1(x^2 + y^2) + x^4 + y^4$$
$$\gamma_{xy} = c_0 + c_1(x^2 + y^2) + c_2 xy(x^2 + y^2)$$
$$\varepsilon_z = \gamma_{zy} = \gamma_{zx} = 0$$

为使这组应变成为可能的，试问这些系数应有什么要求？

5-5　若已知单连通弹性体的应变为

$$\varepsilon_x = \frac{\nu}{a}x \qquad \varepsilon_y = \frac{\nu}{a}x \qquad \varepsilon_z = -\frac{1}{a}x$$
$$\gamma_{xy} = \gamma_{yz} = \gamma_{zx} = 0$$

式中 $a,\nu$ 为常数，试求其位移分量。

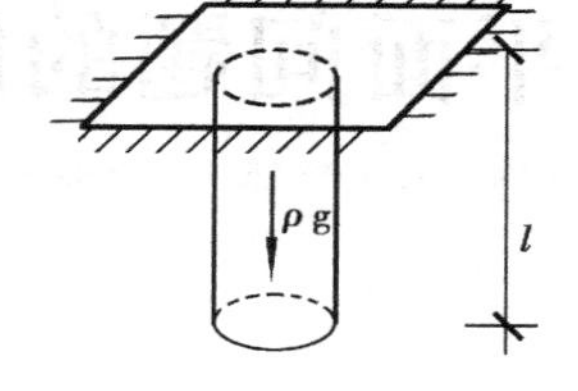

题 5-6 图

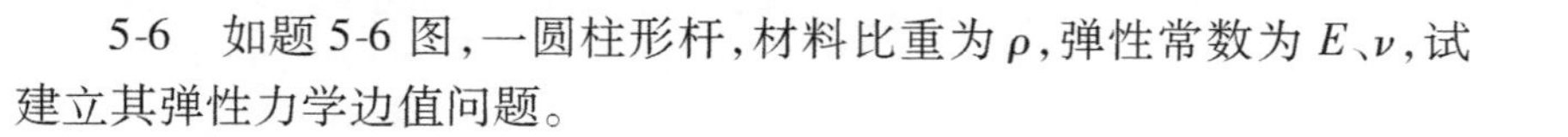

5-6　如题 5-6 图，一圆柱形杆，材料比重为 $\rho$，弹性常数为 $E$、$\nu$，试建立其弹性力学边值问题。

5-7　试证明式(5.10)中 $c_1,c_2,c_3$ 表示刚体转动。

5-8　如题 5-8 图所示，完全置于水中的梯形截面的墙体，试写出 $AA'$，$BB'$，$AB$ 上的力边界条件（水的比重为 $\gamma$）。

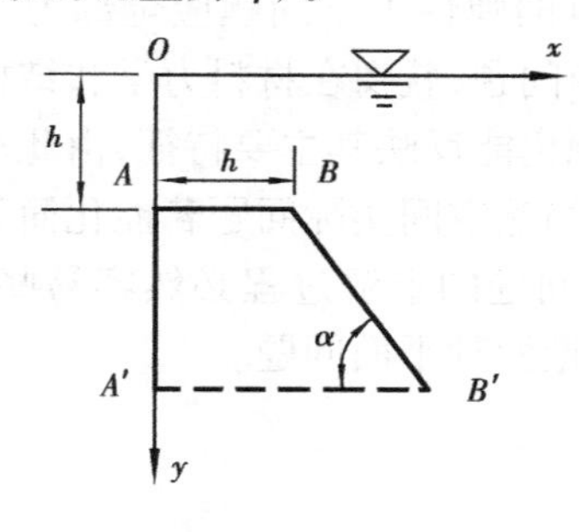

题 5-8 图

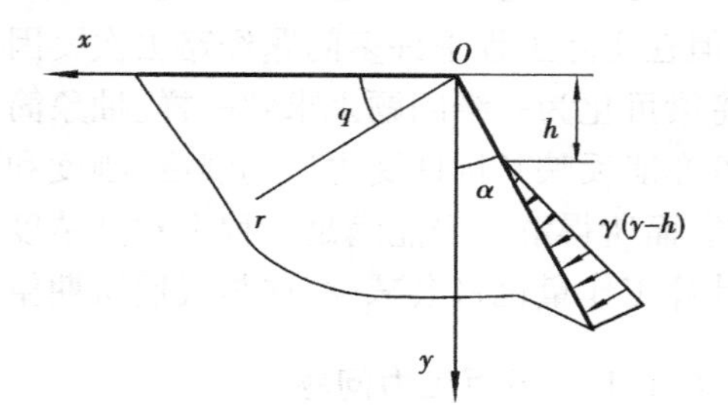

题 5-9 图

5-9　试分别用直角坐标和柱坐标形式，写出题 5-9 图所示水坝的应力边界条件，设水的容重为 $\gamma$，$z$ 轴垂直于纸面。

# 第6章 平面问题的解法

## 6.1 平面应力问题和平面应变问题

工程中所遇到的弹性体都是空间物体，严格地说，所有的弹性力学问题应全部为空间问题，但在实际工程中许多问题经略去次要因素可化简为平面问题，就像在材料力学和结构力学中将梁可化为一维问题来求解一样。抽象简化后的力学问题仍能反映其主要特征，由此求得的解答亦能反映其构件受力后的强度、刚度和稳定性的分析。当然空间实际问题若能化简为平面问题，而所得解答仍能满足工程上对其精度的要求，而平面问题的求解过程必然容易些，分析和计算工作量也将会减少，这是我们所期望的情形。下面讨论两种平面问题。

### 6.1.1 平面应力问题

设所考察的弹性体为一平板状区域，且其所受外荷载全部平行于该板面并不沿厚度变化，同时要求体力也平行于板面并不沿厚度变化。取坐标 $Oxy$ 平面为板平面，$z$ 方向为板厚度方向，并设板的厚度为 $t$ 如图 6.1。

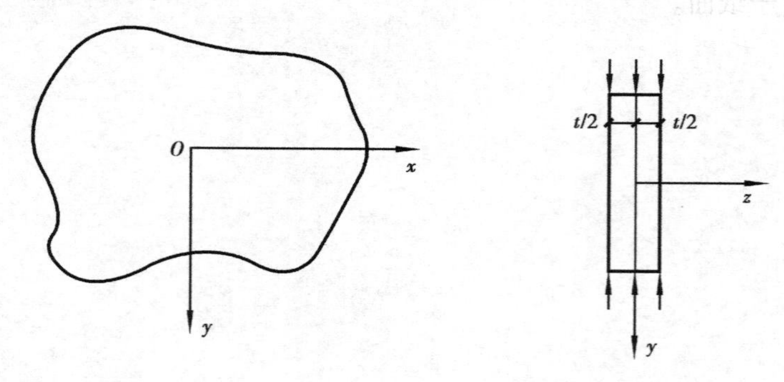


图 6.1

显然，这类问题在板两侧面上的边界条件为

在 $z=\pm\frac{t}{2}$ 时，$\sigma_z=0 \quad \tau_{xz}=0 \quad \tau_{yz}=0$

由于上述对该类问题的外荷限制，在板的边沿上也有 $\tau_{xz}=\tau_{yz}=0$，又由于板很薄，外力又不沿厚度变化，应力沿着板的厚度又是连续分布的，故可认为在整个薄板的所有各点应有

$$\sigma_z=0 \quad \tau_{xz}=0 \quad \tau_{yz}=0$$

这样以来，空间6个应力分量仅剩3个，即 $\sigma_x$、$\sigma_y$、$\tau_{xy}$，同时在求解形变分量和位移分量时都可认为这些量是不沿板厚度变化的，即所有应力、应变及位移函数均与 $z$ 坐标无关。由于应力分量全部与 $z$ 无关，故称此类问题为平面应力问题。其平衡方程、物理方程、几何方程成为

① **平衡方程**

$$\begin{aligned}\frac{\partial\sigma_x}{\partial x}+\frac{\partial\tau_{xy}}{\partial y}+f_x=0\\ \frac{\partial\sigma_y}{\partial y}+\frac{\partial\tau_{xy}}{\partial x}+f_y=0\end{aligned}\tag{6.1}$$

② **物理方程**（应力-应变关系）

$$\begin{aligned}\varepsilon_x&=\frac{1}{E}(\sigma_x-\nu\sigma_y)\\ \varepsilon_y&=\frac{1}{E}(\sigma_y-\nu\sigma_x)\\ \gamma_{xy}&=\frac{1}{G}\tau_{xy}\\ \varepsilon_z&=-\frac{\nu}{E}(\sigma_x+\sigma_y)\end{aligned}\tag{6.2}$$

③ **几何方程**

$$\varepsilon_x=\frac{\partial u}{\partial x} \quad \varepsilon_y=\frac{\partial v}{\partial y} \quad \gamma_{xy}=\frac{\partial u}{\partial y}+\frac{\partial v}{\partial x}\tag{6.3}$$

### 6.1.2　平面应变问题

设所考察的弹性体为一等截面柱形体，且外荷载沿柱体长度不变，同时体力也不沿长度变化，并且这些荷载平行于柱体的横截面。这里需强调一点，虽在2种平面问题中对体力另作了说明，实际上体力也是外荷载。取坐标 $Oxy$ 面平行于柱体横截面，$z$ 轴为柱体的纵轴线，如图6.2。

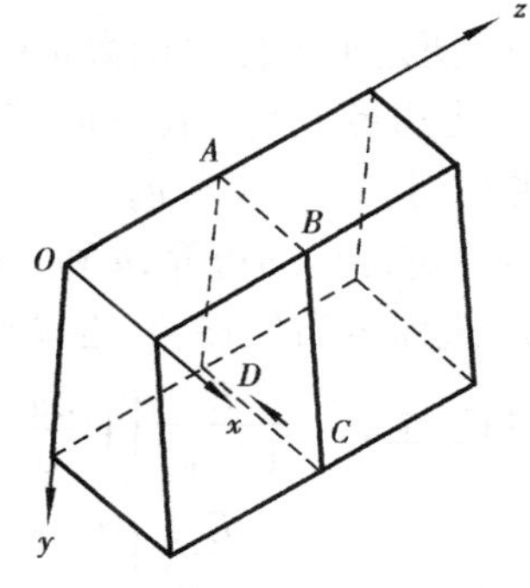

图6.2

由于柱体的纵向尺寸比横截面尺寸大得多，可设纵向为无限长，在此种情况下，可知柱体的任一横截面都是对称面，应力分量、形变分量和位移分量都不沿 $z$ 方向变化，而只能是 $x$，$y$ 的函数。在图6.2中取 $ABCD$ 面，由于对称性该面上的任一点不可能向左或右移动，上面已经提到任一横截面为对称面，故 $w$ 必为零。至此3个位移量剩下2个量，且为 $x$、$y$ 的函数。若图6.2中 $ABCD$ 平面将柱体截为左右2块，则该截面上的剪应力为 $\tau_{zx}$ 和 $\tau_{zy}$，由于条件对称，而剪应力为反对称应力，故 $\tau_{zx}$

和 $\tau_{zy}$ 必为零。因为 $w$ 为 0,$\varepsilon_z$ 必为零。这类问题称为平面位移问题,但习惯上称为平面应变问题。

该类问题的平衡方程和几何方程与平面应力问题相同,其物理方程如下

$$
\begin{aligned}
\varepsilon_x &= \frac{1-\nu^2}{E}\left(\sigma_x - \frac{\nu}{1-\nu}\sigma_y\right) \\
\varepsilon_y &= \frac{1-\nu^2}{E}\left(\sigma_y - \frac{\nu}{1-\nu}\sigma_x\right) \\
\gamma_{xy} &= \frac{1}{G}\tau_{xy} \\
\sigma_z &= \nu(\sigma_x + \sigma_y)
\end{aligned} \tag{6.4}
$$

两类平面问题有这样的特征:所有待求量均为 $x,y$ 的函数,其主要物理量为 8 个,即 $u,v,\varepsilon_x,\varepsilon_y,\gamma_{xy},\sigma_x,\sigma_y,\tau_{xy}$;2 类问题具有相似的基本方程,本构方程的不同处只是其系数不同而已。在平面应力问题中 $\varepsilon_z$ 不为零,这一量是薄板厚度的变化量;在平面应变问题中 $\sigma_z$ 不为零,这是由于柱体在保持平面应变状态时,两端存在的端部应力所致。

## 6.2 平面弹性力学基本边值问题的解法

与空间问题解法相似,平面问题求解一般有 3 类方法,即位移解法、应力解法和混合解法,下面简述这些方法的求解过程。

**(1) 位移解法**

以位移 $u,v$ 为基本未知量的解法。因为由位移经几何方程必可求出应变分量,通过物理关系又可求出应力分量,而应力分量是必须满足平衡方程的,按照这样一个过程,则可得到用位移函数表示的平衡方程

$$
\begin{aligned}
\frac{E}{1-\nu^2}\left(\frac{\partial^2 u}{\partial x^2} + \frac{1-\nu}{2}\frac{\partial^2 u}{\partial y^2} + \frac{1+\nu}{2}\frac{\partial^2 v}{\partial x \partial y}\right) + f_x = 0 \\
\frac{E}{1-\nu^2}\left(\frac{\partial^2 v}{\partial y^2} + \frac{1-\nu}{2}\frac{\partial^2 v}{\partial x^2} + \frac{1+\nu}{2}\frac{\partial^2 u}{\partial x \partial y}\right) + f_y = 0
\end{aligned} \tag{6.5}
$$

式(6.5)便是求解位移函数 $u$ 和 $v$ 的基本方程,欲求解上述偏微分方程还必须给定边界上的定解条件,当边界上给定位移时有

$$
\text{在 } C_u \text{ 上}, \quad u = \bar{u}, \quad v = \bar{v} \tag{a}
$$

$C_u$ 表示给定位移的边界,$\bar{u}$ 和 $\bar{v}$ 表示在边界 $C_u$ 上给定的位移;若为应力边界条件则可由应力表示应变,进而表出位移,其边界条件将成为

$$
\begin{aligned}
\text{在 } C_\sigma \text{ 上}, \quad \frac{E}{1-\nu^2}\left[\left(\frac{\partial u}{\partial x} + \nu\frac{\partial v}{\partial y}\right)l + \frac{1-\nu}{2}\left(\frac{\partial u}{\partial y} + \frac{\partial v}{\partial x}\right)m\right] = F_x \\
\frac{E}{1-\nu^2}\left[\left(\frac{\partial v}{\partial y} + \nu\frac{\partial u}{\partial x}\right)m + \frac{1-\nu}{2}\left(\frac{\partial u}{\partial y} + \frac{\partial v}{\partial x}\right)l\right] = F_y
\end{aligned} \tag{b}
$$

$C_\sigma$ 表示给定力的边界。

基本方程(6.5)在边界条件(a)和(b)下可求出弹性体的位移函数 $u$、$v$,之后经由几何方程求得应变,再经由物理方程求出应力,至此问题将全部解决。

**(2) 应力解法**

在这种解法中，取应力分量 $\sigma_x,\sigma_y,\tau_{xy}$ 为基本未知量，它们必须满足平衡方程

$$\begin{aligned} \frac{\partial \sigma_x}{\partial x} + \frac{\partial \tau_{xy}}{\partial y} + f_x = 0 \\ \frac{\partial \tau_{xy}}{\partial x} + \frac{\partial \sigma_y}{\partial y} + f_y = 0 \end{aligned} \tag{6.6}$$

平衡方程只有 2 个，而待求函数为 3 个，因此，欲求其解还必须再补充一个方程。这个补充方程则应该保证物体变形后仍然是连续的，即变形是协调的，那么这个方程被称为协调条件或相容方程，在第 3 章中已导出 6 个协调方程，其中含现在平面问题应变分量 $\varepsilon_x,\varepsilon_y,\gamma_{xy}$ 的为第 1 式，该方程为

$$\frac{\partial^2 \varepsilon_x}{\partial y^2} + \frac{\partial^2 \varepsilon_y}{\partial x^2} = \frac{\partial^2 \gamma_{xy}}{\partial x \partial y} \tag{6.7}$$

若用应力表示，则成为

$$\frac{\partial^2}{\partial y^2}(\sigma_x - \nu\sigma_y) + \frac{\partial^2}{\partial x^2}(\sigma_y - \nu\sigma_x) = 2(1+\nu)\frac{\partial^2 \tau_{xy}}{\partial x \partial y} \tag{c}$$

并考虑平衡方程，整理后得

$$\nabla^2(\sigma_x + \sigma_y) = -(1+\nu)\left(\frac{\partial f_x}{\partial x} + \frac{\partial f_y}{\partial y}\right) \tag{6.8}$$

式中 $\nabla^2 = \frac{\partial^2}{\partial x^2} + \frac{\partial^2}{\partial y^2}$ 称为调和算子，式(6.6)、式(6.8)即为按平面应力求解时的基本方程，此时3个方程3个基本未知量。此外，应力分量在边界上还应当满足应力边界条件。位移边界条件一般是无法改用应力分量及其导数来表示的，因此对于位移边界问题和混合边界问题，一般不可能按应力求解得出精确解答。

在上面已给出了平面问题的求解过程及定解条件，但对于求解的区域即所考虑的弹性体形状未做任何要求和限制，实际上求解与弹性体的形状(即区域)有关，也即该弹性体是单连通域还是多连通域有关。单连通域是只具有一个连续边界的弹性体，多连通域则是具有 2 个或 2 个以上的连续边界的物体，更直观地说就是有孔口的弹性体。平面问题如果满足平衡微分方程和协调方程，同时还能满足应力边界条件，那么，在单连通域的情况下，应力分量也就完全确定了。但在多连通域的情况下，则应力分量的表达式中通常还留有待定函数，必须补充位移单值条件才能完全确定应力分量，以上给出的结论未加证明，有兴趣的读者请参考程昌钧编《弹性力学》及其他有关的文献。

## 6.3　应 力 函 数

虽然相对于三维问题，平面问题要简单得多，但求解的数学问题仍是一个二阶的偏微分方程组，大多问题不能求出其解析解。鉴于此，在实际求解过程中还必须寻求某些特殊方法，求取问题的精确解或近似解。下面将引入应力函数使问题得到较方便的解决。

由 6.2 节的讨论已知，按应力求解应力边界问题时，应力分量 $\sigma_x,\sigma_y,\tau_{xy}$ 应当满足平衡方

程和协调方程。

在绝大多数的工程问题里,体力是常量,即体力不随坐标$(x,y)$变化,在此种情形下平衡方程和协调方程变为

$$\begin{aligned}\frac{\partial\sigma_x}{\partial x}+\frac{\partial\tau_{xy}}{\partial y}+f_x=0\\ \frac{\partial\tau_{xy}}{\partial x}+\frac{\partial\sigma_y}{\partial y}+f_y=0\end{aligned}\tag{a}$$

$$\left(\frac{\partial^2}{\partial x^2}+\frac{\partial^2}{\partial y^2}\right)(\sigma_x+\sigma_y)=0\tag{b}$$

先考察式(a),这是一个非齐次微分方程组,其解答由齐次方程通解和非齐次方程特解组成。

特解可取

$$\sigma_x=-f_x x,\quad \sigma_y=-f_y y,\quad \tau_{xy}=0\tag{c}$$

也可取为

$$\sigma_x=0,\quad \sigma_y=0,\quad \tau_{xy}=-f_x y-f_y x$$

和

$$\sigma_x=-f_x x-f_y y,\quad \sigma_y=-f_x x-f_y y,\quad \tau_{xy}=0$$

及其他各种形式,只要它们都能满足式(a)即可。

为求得齐次微分方程组

$$\begin{aligned}\frac{\partial\sigma_x}{\partial x}+\frac{\partial\tau_{xy}}{\partial y}=0\\ \frac{\partial\tau_{xy}}{\partial x}+\frac{\partial\sigma_y}{\partial y}=0\end{aligned}\tag{d}$$

的通解,可将第一个方程写为

$$\frac{\partial\sigma_x}{\partial x}=\frac{\partial}{\partial y}(-\tau_{xy})$$

根据微分方程理论,必有一个函数$A(x,y)$,使得

$$\sigma_x=\frac{\partial A}{\partial y}\qquad -\tau_{xy}=\frac{\partial A}{\partial x}\tag{e}$$

同样,对第二个方程改写为

$$\frac{\partial\sigma_y}{\partial y}=\frac{\partial}{\partial x}(-\tau_{xy})$$

必定存在一个函数$B(x,y)$,使得

$$\sigma_y=\frac{\partial B}{\partial x}\qquad -\tau_{xy}=\frac{\partial B}{\partial y}\tag{f}$$

比较(e)和(f)两式,可知

$$\frac{\partial A}{\partial x}=\frac{\partial B}{\partial y}$$

同理,对$A$、$B$来说,必定有一函数$\varphi(x,y)$,使得

$$A=\frac{\partial\varphi}{\partial y}\qquad B=\frac{\partial\varphi}{\partial x}\tag{g}$$

再替代回去,即可得到应力分量与函数 $\varphi(x,y)$ 的关系

$$\sigma_x = \frac{\partial^2\varphi}{\partial y^2} \quad \sigma_y = \frac{\partial^2\varphi}{\partial x^2} \quad \tau_{xy} = -\frac{\partial^2\varphi}{\partial x\partial y} \tag{h}$$

上式便是齐次方程组(d)的通解,将其与任一特解叠加,例如与式(c)叠加,那么便得到了方程(a)的通解

$$\sigma_x = \frac{\partial^2\varphi}{\partial y^2} - f_x x \quad \sigma_y = \frac{\partial^2\varphi}{\partial x^2} - f_y y \quad \tau_{xy} = -\frac{\partial^2\varphi}{\partial x\partial y} \tag{6.9}$$

不论 $\varphi(x,y)$ 如何,式(6.9)所表示的应力分量总能满足平衡微分方程(a),这一函数是艾雷(Airy)1862年首先引进的,故也称为艾雷应力函数。

若式(6.9)是问题的解,那么式(6.9)同时还要满足协调方程式(b),即对应力函数 $\varphi(x,y)$ 是有要求的。将式(6.9)代入式(b)得到

$$\left(\frac{\partial^2}{\partial x^2} + \frac{\partial^2}{\partial y^2}\right)\left(\frac{\partial^2\varphi}{\partial y^2} + \frac{\partial^2\varphi}{\partial x^2} - f_x x - f_y y\right) = 0$$

若体力为常量(以后在未加说明时,体力均为常量),则上式可简化为

$$\left(\frac{\partial^2}{\partial x^2} + \frac{\partial^2}{\partial y^2}\right)\left(\frac{\partial^2\varphi}{\partial x^2} + \frac{\partial^2\varphi}{\partial y^2}\right) = 0$$

或

$$\frac{\partial^4\varphi}{\partial x^4} + 2\frac{\partial^4\varphi}{\partial x^2\partial y^2} + \frac{\partial^4\varphi}{\partial y^4} = 0 \tag{6.10}$$

式(6.10)就是用应力函数表示的协调方程。按数学上的叫法,该方程为双调和方程,并可简记为

$$\nabla^4\varphi = 0$$

于是求解应力边值问题时,需由微分方程(6.10)求解应力函数 $\varphi(x,y)$,然后利用式(6.9)求出应力分量,这些分量在边界上须满足应力边界条件。在多连通域时还要考虑位移单值条件。

## 6.4　平面问题的逆解法、半逆解法与多项式解答

由6.3节已知,求解应力边值问题已归结为求解偏微分方程(6.10),可这一方程的通解不能写成有限项数的形式,因此,不能直接求解问题,只能采用逆解法和半逆解法。

逆解法就是先设定应力函数的各种形式,要求其满足协调方程(6.10),由此求出应力分量,根据应力边界条件考察该应力场在各种形状的弹性体上对应于什么样的面力(外荷载),能解决什么样的问题。

半逆解法则是根据所考虑问题的边界受力状况,假设部分或全部应力分量,由此推求应力函数的具体形式,再考察其能否满足式(6.10),若能满足则自然就是正确解答了;否则可另作假设或改变其中某个应力分量表达式再重复上述步骤,直至得出其正确解答。

以下将用逆解法求解一些简单区域的平面问题。

### 6.4.1 具有矩形区域的简单问题

若弹性体为一矩形形状,设应力函数为二次多项式,即

$$\varphi(x,y) = c_1x^2 + c_2xy + c_3y^2 + c_4x + c_5y + c_6$$

经验证此应力函数 $\varphi(x,y)$ 满足相容方程 $\nabla^4\varphi = 0$,在无体力作用时,由式(6.9) 求出相应的应力分量为

$$\sigma_x = \frac{\partial^2\varphi}{\partial y^2} = 2c_3 \quad \sigma_y = \frac{\partial^2\varphi}{\partial x^2} = 2c_1 \quad \tau_{xy} = -\frac{\partial^2\varphi}{\partial x\partial y} = -c_2$$

容易看出,这个应力场满足图 6.3 所示矩形的应力边界条件,即是说图 6.3 所示弹性体的应力状态为均匀应力状态,它由二次多项式应力函数给出,并且还看到:

① $\varphi(x,y)$ 的线性项不影响应力分量,对于单连通区域可以不予考虑。

② 按叠加原理,可将 $\varphi(x,y)$ 中的三项二次项分别单独考虑,可得如下 3 种应力状态

(a) $\varphi(x,y) = c_3y^2$ 时,对应于 $x$ 方向的简单拉伸问题

$$\sigma_x = 2c_3 \quad \sigma_y = 0 \quad \tau_{xy} = 0$$

(b) $\varphi(x,y) = c_1x^2$ 时,对应于 $y$ 方向的简单拉伸问题

$$\sigma_x = 0 \quad \sigma_y = 2c_1 \quad \tau_{xy} = 0$$

(c) $\varphi(x,y) = c_2xy$ 时,对应于纯剪切问题

$$\sigma_x = 0 \quad \sigma_y = 0 \quad \tau_{xy} = -c_2$$

以上考察了应力函数为二次多项式时能解决的问题,下面再设应力函数为三次齐式,即

$$\varphi(x,y) = a_1x^3 + a_2x^2y + a_3xy^2 + a_4y^3$$

易知,$\varphi(x,y)$ 满足协调方程 $\nabla^4\varphi = 0$,其对应的应力分量为

$$\sigma_x = \frac{\partial^2\varphi}{\partial y^2} = 2a_3x + 6a_4y$$

$$\sigma_y = \frac{\partial^2\varphi}{\partial x^2} = 6a_1x + 2a_2y$$

$$\tau_{xy} = -\frac{\partial^2\varphi}{\partial x\partial y} = -2a_2x - 2a_3y$$

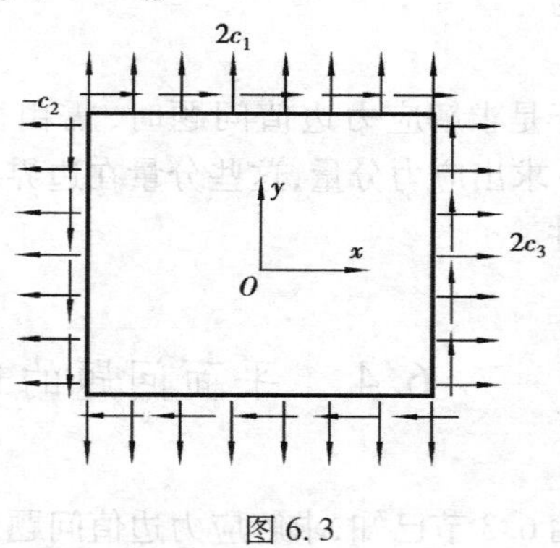

图 6.3

仍然考察矩形域,若令 $a_1$、$a_2$、$a_3$ 为零,则上述应力场成为 $\sigma_x = 6a_4y, \sigma_y = 0, \tau_{xy} = 0$,将此种情况绘于图 6.4。

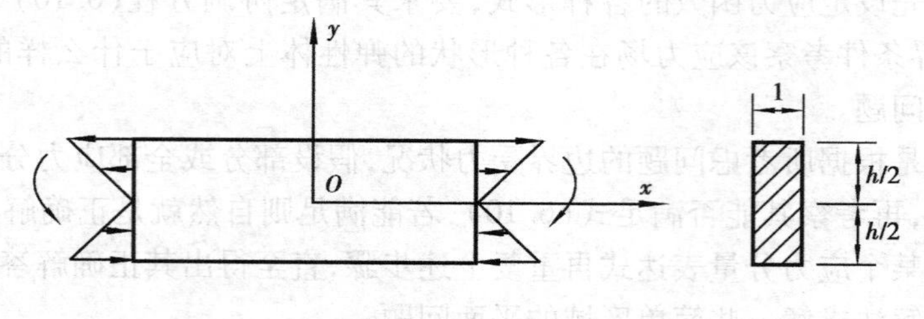

图 6.4

这就是材料力学中已求解过的矩形截面梁的纯弯曲问题。根据材料力学中纯弯曲梁的平

截面假设,可得 $6a_4 = \frac{M}{J}$,其中 $J = \frac{1}{12}h^3$ 为截面的惯性矩,最后应力场为

$$\sigma_x = \frac{M}{J}y \qquad \sigma_y = 0 \qquad \tau_{xy} = 0$$

此解答是纯弯曲梁的精确解答,但梁两端的面力分布须按图6.4中的线性分布。如果两端的面力按其他方式分布则该解答是有误差的。按圣维南原理,解答的误差范围应与梁端高度 $h$ 的尺寸范围相当,在离开梁端较远处误差可以不计。

由此上推,还可考虑取四次、五次、…… 以上多项式作应力函数,这些多项式在满足 $\nabla^4\varphi = 0$ 的条件时,多项式的系数不是独立的,它们之间必须满足一定的关系。与此同时,由 $\varphi(x,y)$ 求出的相应应力分量还须满足边界条件,由这些关系和条件可确定这些系数,从而给出特定问题的解。

### 6.4.2　悬臂梁的弯曲问题

所考察的悬臂梁如图6.5所示,横截面为矩形,单位厚度。此问题在材料力学中已求得解答,当时借助于梁的截面在变形过程中仍保持为平面的假设,得出应力分量为

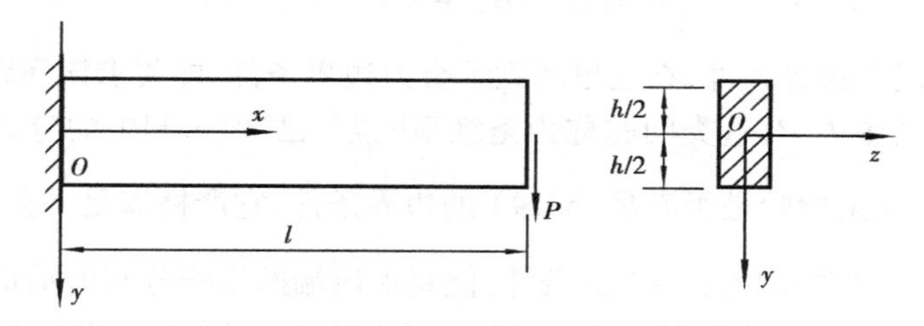


图6.5

$$\sigma_x = \frac{M}{J}y = -\frac{P(l-x)}{J}y, \quad \sigma_y = 0, \quad \tau_{xy} = \frac{P}{2J}\left(\frac{h^2}{4} - y^2\right) \tag{6.11}$$

式中 $M$ 是梁任一截面上的弯矩,$J$ 是梁横截面关于 $z$ 轴的转动惯量。对这一材料力学中的结果,现在可以用弹性力学的理论加以验证。先来讨论该结果是否满足基本方程,即求出一个应力函数且满足协调方程即可。

由式(6.9)和式(6.11)可知

$$\begin{aligned}
\sigma_x &= \frac{\partial^2\varphi}{\partial y^2} = -\frac{P(l-x)}{J}y = -\frac{Pl}{J}y + \frac{P}{J}xy \\
\sigma_y &= \frac{\partial^2\varphi}{\partial x^2} = 0 \\
\tau_{xy} &= -\frac{\partial^2\varphi}{\partial x\partial y} = \frac{Ph^2}{8J} - \frac{P}{2J}y^2
\end{aligned} \tag{6.12}$$

将(6.12)第一式连续积分两次,有

$$\varphi(x,y) = -\frac{Pl}{6J}y^3 + \frac{P}{6J}xy^3 + f_1(x)y + f_2(x)$$

其中 $f_1(x)$ 和 $f_2(x)$ 是待定函数,将 $\varphi(x,y)$ 代入(6.12)中的第2、第3式,即得

$$f_1''(x)y + f_2''(x) = 0$$

$$-\frac{P}{2J}y^2 - f_1'(x) = \frac{Ph^2}{8J} - \frac{P}{2J}y^2$$

由上述条件可定出

$$f_1(x) = -\frac{Ph^2}{8J}x + A \qquad f_2(x) = Bx + C$$

其中 $A$、$B$、$C$ 是待定常数。

已经知道一次式的应力函数对应于零应力场，所以可略去应力函数中的一次项，故有

$$\varphi(x,y) = -\frac{Pl}{6J}y^3 + \frac{P}{6J}xy^3 - \frac{Ph^2}{8J}xy \tag{6.13}$$

本问题的边界条件如下

$$x = 0 \text{ 时} \qquad u = 0 \qquad v = 0$$

$$x = l \text{ 时} \qquad \sigma_x = 0 \qquad \int_{-\frac{h}{2}}^{\frac{h}{2}} \tau_{xy} \mathrm{d}y = P \tag{6.14}$$

$$y = \pm\frac{1}{2}h \text{ 时} \qquad \sigma_y = 0 \qquad \tau_{xy} = 0$$

此边界条件为混合边界条件，在这里遇到了合力边界条件，即要求该问题在梁的自由端处剪应力的合力等于集中力 $P$，这类问题称为圣维南问题。已知(6.11) 的应力场满足平衡微分方程和协调方程，现在来检验是否满足(6.14) 的边界条件，它严格满足 $y = \pm\frac{1}{2}h$ 两上下边的边界条件，还满足 $x = l$ 端正应力为零的条件，但要求该端抛物线分布的剪应力合力须是集中力 $P$。按式(6.11) 显然 $x = 0$ 端也有按抛物线分布的剪应力，其合力亦必为 $P$(向上)，使得整体满足力的平衡条件，同时从式(6.11) 还看到在 $x = 0$ 端有按直线分布的应力 $\sigma_x = -\frac{P}{J}ly$，由此组成的弯矩 $M = Pl$。如果分布严格符合(6.11)，则该解即为该问题的精确解。但实际上在 $x = 0$ 端的边界条件却是位移边界条件，须研究其位移场才能证明之。

现在来求出该问题的位移场，由物理方程知

$$\varepsilon_x = \frac{1}{E}(\sigma_x - \nu\sigma_y) = -\frac{P}{EJ}(l - x)y$$

$$\varepsilon_y = \frac{1}{E}(\sigma_y - \nu\sigma_x) = \frac{\nu P}{EJ}(l - x)y$$

$$\gamma_{xy} = \frac{1}{G}\tau_{xy} = \frac{2(1+\nu)}{E}\tau_{xy} = \frac{(1+\nu)P}{EJ}\left(\frac{h^2}{4} - y^2\right)$$

由几何方程知

$$\frac{\partial u}{\partial x} = \varepsilon_x = -\frac{P}{EJ}(l - x)y$$

$$\frac{\partial v}{\partial y} = \varepsilon_y = \frac{\nu P}{EJ}(l - x)y$$

$$\frac{\partial u}{\partial y} + \frac{\partial v}{\partial x} = \gamma_{xy} = \frac{(1+\nu)P}{EJ}\left(\frac{h^2}{4} - y^2\right)$$

由上述第 1、2 式求出 $u(x,y)$ 和 $v(x,y)$，并要求其满足第 3 式就得到

$$u(x,y) = -\frac{Pl}{EJ}xy + \frac{P}{2EJ}x^2y + \frac{\nu P}{6EJ}y^3 - \frac{(1+\nu)P}{3EJ}y^3 + \frac{(1+\nu)P}{EJ}\frac{h^2}{4}y + Ay + B$$

$$v(x,y) = \frac{\nu Pl}{2EJ}y^2 - \frac{\nu P}{2EJ}xy^2 + \frac{Pl}{2EJ}x^2 - \frac{P}{6EJ}x^3 - Ax + C$$

其中 $A$、$B$、$C$ 是待定常数,由固定端的位移条件决定。
在点(0,0) 处　$u=0, v=0$,于是

$$B = 0 \qquad C = 0$$

还知道在 $x=0$ 处梁端被固定,其轴线 $y=0$ 不会转动,按剪应变的定义可知 $\frac{\partial v}{\partial x}=0$,由此可得

$$A = 0$$

至此,位移场被确定,即

$$u(x,y) = \frac{P}{EJ}\left[-\left(l-\frac{x}{2}\right)xy - \frac{2+\nu}{6}y^3 + \frac{(1+\nu)h^2}{4}y\right]$$

$$v(x,y) = \frac{P}{EJ}\left[\frac{\nu}{2}(l-x)y^2 + \frac{l}{2}x^2 - \frac{1}{6}x^3\right]$$

在上述 $v$ 的表达式中取 $y=0$,即可得材料力学中的挠度曲线

$$v(x,0) = \frac{P}{6EJ}(3l-x)x^2$$

该结果与材料力学所求结果相吻合。

再来考察梁变形后各截面的变形状况,取变形前的任一横截面 $x=x_0$,在变形后该截面成为 $x_0+u(x_0,y)$,该横截面现在的形状成为:

$$x = x_0 + u(x_0,y) = x_0 + \frac{P}{EJ}\left[-\left(l-\frac{x_0}{2}\right)x_0y - \frac{2+\nu}{6}y^3 + \frac{(1+\nu)h^2}{4}y\right]$$

显然该截面已成为一个三次曲线,并非平面。

梁在弯曲后,原来和轴线垂直的线段 d$y$,转过的角度为

$$\left.\frac{\partial u}{\partial y}\right|_{y=0} = \frac{P}{EJ}\left[-lx + \frac{1}{2}x^2 + \frac{1+\nu}{4}h^2\right]$$

显然最大的转角在 $x=l$ 端处,在固定端处有

$$\left.\frac{\partial u}{\partial y}\right|_{x=0,y=0} = \frac{(1+\nu)P}{4EJ}h^2 > 0$$

上面在确定位移场中常数 $A$ 时,曾假定了 $\left.\frac{\partial v}{\partial x}\right|_{x=0,y=0}=0$,当然也可以换用条件 $\left.\frac{\partial u}{\partial y}\right|_{x=0,y=0}=0$ 来确定 $A$,此时

$$A = -\frac{(1+\nu)}{EJ}\frac{h^2}{4}P$$

这样一来,会使 $v(x,y)$ 增加一个增量

$$\Delta v = \frac{(1+\nu)}{4EJ}h^2Px$$

该值也被称为剪应力的挠度增值。读者看到,为确定常数 $A$ 可提两种端部边界条件。实际上悬臂梁的固定端条件不会是这两种中的任何一种,因为没有完全满足(6.14) 中的第一式,它的变形要复杂得多。

### 6.4.3 简支梁受均布荷载的作用

再举一例来说明圣维南问题的解，求解如图6.6所示简支梁在均布荷载$q$作用下的应力场和位移场。

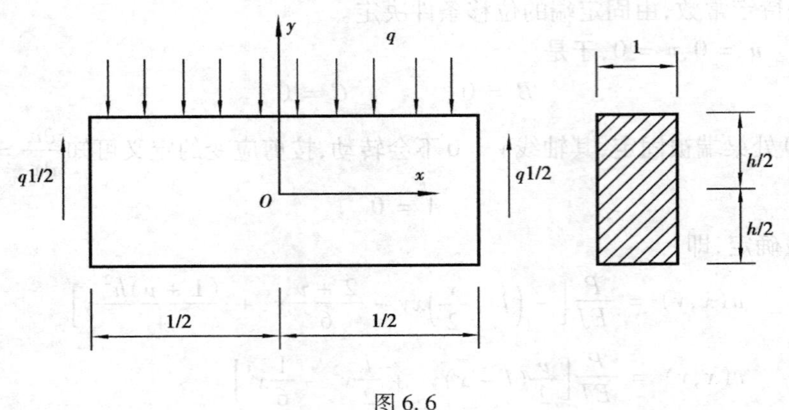


图6.6

按应力函数来求解，则有如下的边值问题

$$
\begin{cases}
\nabla^4\varphi = 0 \\
\tau_{xy}\big|_{y=\pm h/2} = 0, \sigma_y\big|_{y=h/2} = -q, \sigma_y\big|_{y=-h/2} = 0 \\
\int_{-h/2}^{h/2}\sigma_x\Big|_{x=\pm\frac{l}{2}}\mathrm{d}y = 0, \quad \int_{-h/2}^{h/2}\sigma_x\Big|_{x=\pm\frac{l}{2}}y\mathrm{d}y = 0 \\
\int_{-h/2}^{h/2}\tau_{xy}\Big|_{x=\pm\frac{l}{2}}\mathrm{d}y = \pm\dfrac{1}{2}ql
\end{cases}
\tag{6.15}
$$

在上式中$x = \pm\dfrac{l}{2}$端给出的是圣维南边界条件，即静力等效的条件。$\sigma_x$由弯矩引起，$\tau_{xy}$由剪力引起，挤压应力$\sigma_y$由分布荷载$q$引起。考虑到$\sigma_y$应只是$y$的函数，可以假设

$$\sigma_y = \frac{\partial^2\varphi}{\partial x^2} = f_0(y)$$

所以

$$\varphi(x,y) = \frac{x^2}{2}f_0(y) + xf_1(y) + f_2(y)$$

式中，$f_0(y)$、$f_1(y)$和$f_2(y)$均为$y$的待定函数。由$\varphi(x,y)$应满足的基本方程$\nabla^4\varphi = 0$得

$$\frac{1}{2}x^2 f_0^{(4)}(y) + xf_1^{(4)}(y) + f_2^{(4)}(y) + 2f''_0(y) = 0$$

由$\varphi(x,y)$与应力函数的关系得应力分量

$$\sigma_x = \frac{1}{2}x^2 f''_0(y) + xf''_1(y) + f''_2(y)$$

$$\sigma_y = f_0(y)$$

$$\tau_{xy} = -\left[xf'_0(y) + f'_1(y)\right]$$

由图6.6可知，$\sigma_x$和$\sigma_y$关于$y$轴应对称，而$\tau_{xy}$应反对称，即知$\sigma_x$和$\sigma_y$为$x$的偶函数，$\tau_{xy}$是$x$的奇函数，从而推出

$$f_1''(y) = 0 \qquad f_1'(y) = 0$$

所以，$f_1(y)$ 应为常数，因为各应力分量中不含 $f_1(y)$，说明不论 $f_1(y)$ 取任何一个常数不影响应力分量，可取 $f_1(y) = 0$ 不失一般性。此时应力函数满足的基本方程形式成为

$$\frac{1}{2}x^2 f_0^{(4)}(y) + f_2^{(4)}(y) + 2f_0''(y) = 0$$

若要此式成立的话，关于变量 $x$ 的各次项的系数必为 0，由此可得：

$$f_0(y) = a_1 y^3 + b_1 y^2 + c_1 y + d_1$$

$$f_2(y) = -\frac{1}{10}a_1 y^5 - \frac{1}{6}b_1 y^4 + a_2 y^3 + b_2 y^2$$

求得应力场如下

$$\sigma_x = a_1(3x^2 y - 2y^3) + b_1(x^2 - 2y^2) + 6a_2 y + 2b_2$$

$$\sigma_y = a_1 y^3 + b_1 y^2 + c_1 y + d_1$$

$$\tau_{xy} = -(3a_1 y^2 + 2b_1 y + c_1)x$$

由式(6.15)中的边界条件确定积分常数。由 $y = \pm\frac{h}{2}$ 上的边界条件定出

$$a_1 = \frac{2q}{h^3} \qquad b_1 = 0 \qquad c_1 = -\frac{3q}{2h} \qquad d_1 = -\frac{1}{2}q$$

将这些常数代入 $\tau_{xy}$ 的表达式，可验证 $x = \pm\frac{l}{2}$ 端的边界条件 $\int_{-h/2}^{h/2}\tau_{xy}\mathrm{d}y = \pm\frac{1}{2}ql$ 满足，而由正应力 $\sigma_x$ 给出的边界条件

$$\int_{-h/2}^{h/2}\sigma_x \mathrm{d}y = 0 \qquad \int_{-h/2}^{h/2}\sigma_x y\mathrm{d}y = 0$$

可定出

$$b_2 = 0 \qquad a_2 = -\frac{ql^2}{4h^3} + \frac{q}{10h}$$

至此应力分量被确定，其应力场如下

$$\left.\begin{aligned}
\sigma_x &= \frac{6q}{h^3}\left(x^2 - \frac{l^2}{4}\right)y - \frac{4q}{h^3}y\left(y^2 - \frac{3}{20}h^2\right) \\
\sigma_y &= \frac{2q}{h^3}(y - h)\left(y + \frac{1}{2}h\right)^2 \\
\tau_{xy} &= \frac{6q}{h^3}\left(\frac{1}{4}h^2 - y^2\right)x
\end{aligned}\right\} \tag{6.16}$$

应指出应力场(6.16)是在 $x = \pm\frac{l}{2}$ 端满足给定的合力及合力矩的条件下得到的解。若梁内的应力分布精确地按式(6.15)给出，则解为精确解，否则只能是圣维南解。对于 $\frac{l}{h}$ 较大的梁来说，在离开端部较远(该距离大于 $h$)的区域内解才具有足够的精度。

## 6.5　楔形体受重力和液体压力的解

设有三角形等截面的水坝如图 6.7，承受上游水压力及自身重量，设水的密度为 $\gamma$，在深度

$y$ 处的水压力等于 $\gamma gy$，坝的单位体积重量为 $p$，$p=\rho g$，其中 $\rho$ 为坝的密度。坝身很长，除端部外坝的任何横截面中的变形相同，因此该问题应为平面应变问题。

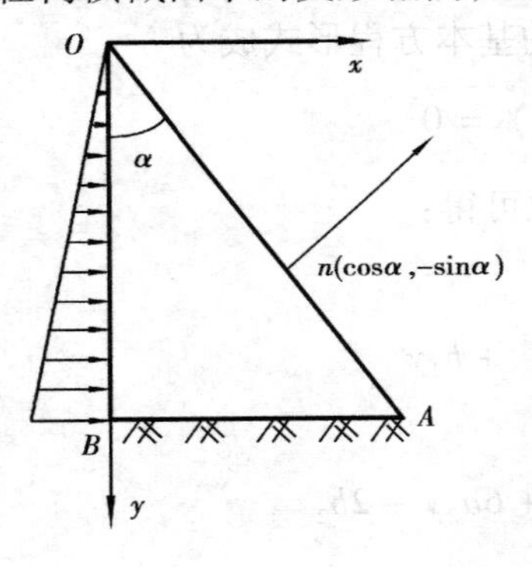


图 6.7

按图 6.7 可写出该问题的边界条件：

$$\left.\begin{aligned} x=0(OB\text{ 边})：&\quad \sigma_x=-\gamma gy \qquad \tau_{xy}=0 \\ x=y\tan\alpha(OA\text{ 边})：&\quad \sigma_x\cos\alpha-\tau_{xy}\sin\alpha=0 \\ &\quad \tau_{xy}\cos\alpha-\sigma_y\sin\alpha=0 \end{aligned}\right\} \tag{a}$$

现对应力场进行分析。坝体内任意一点的任一应力分量都将由其自重和水压力引起，所以应力分量应当与 $\rho g$（或 $p$）和 $\gamma g$ 成正比，另外应力分量还应与 $\alpha, x, y$ 有关。现利用量纲分析的方法来确定应力分量的形式：由于应力的量纲是[力][长度]$^{-2}$，构成应力的各因素有如下量纲，$[\rho g]=$[力][长度]$^{-3}$，$[\gamma g]=$[力][长度]$^{-3}$，$[\alpha]$ 无量纲，$[x]=$[长度]，$[y]=$[长度]。因此，若设应力分量具有多项式解的话，那么应力分量表达式只会是 $A\rho gx, B\rho gy, C\gamma gx, D\gamma gy$ 的组合，其中的 $A$、$B$、$C$、$D$ 是常数，只与 $\alpha$ 有关。由此可推知应力函数应是 $x, y$ 的纯三次式：

$$\varphi(x,y)=Ax^3+Bx^2y+Cxy^2+Dy^3 \tag{b}$$

在这里体力分量为 $f_x=0$，$f_y=\rho g$，于是

$$\left.\begin{aligned} \sigma_x&=\frac{\partial^2\varphi}{\partial y^2}-f_x x=2Cx+6Dy \\ \sigma_y&=\frac{\partial^2\varphi}{\partial x^2}-f_y y=6Ax+2By-\rho gy \\ \tau_{xy}&=-\frac{\partial^2\varphi}{\partial x\partial y}=-2Bx-2Cy \end{aligned}\right\} \tag{c}$$

考察以上应力场满足应力边界条件的情况。将（c）代入（a）中第一式，得到

$$D=-\frac{1}{6}\gamma g, \quad C=0$$

应力场成为

$$\left.\begin{aligned} \sigma_x&=-\gamma gy \\ \sigma_y&=6Ax+2By-\rho gy \\ \tau_{xy}&=-2Bx \end{aligned}\right\} \tag{d}$$

将（d）代入（a）中的第二、三式可得

$$A=\frac{1}{6}\rho g\cot\alpha-\frac{1}{3}\gamma g\cot^3\alpha$$

$$B=\frac{1}{2}\gamma g\cot^2\alpha$$

至此可确定最终的应力场

$$\left.\begin{aligned} \sigma_x&=-\gamma gy \\ \sigma_y&=(\rho g\cot\alpha-2\gamma g\cot^3\alpha)x+(\gamma g\cot^2\alpha-\rho g)y \\ \tau_{xy}&=-\gamma gx\cot^2\alpha \end{aligned}\right\} \tag{6.17}$$

以上用量纲分析的方法求出该问题的应力场。还可以这样来分析，将坝体看作一悬臂梁，受三角形的均布荷载作用，坝内各水平截面主要受压力和弯曲的联合作用，通过第3节对应力函数为多项式的分析也可推知应力函数将是 $x,y$ 的三次多项式，由此亦可求出应力场。

按材料力学计算任一截面（$y$ = 常数）上的应力 $\sigma_y$ 和 $\tau_{xy}$ 的公式为

$$\sigma_y = \frac{N}{F} \pm \frac{M}{J}\left(x - \frac{b}{2}\right) \qquad (b \text{ 为截面的宽})$$

$$\tau_{xy} = \frac{QS}{J} \qquad (Q \text{ 为剪力} \quad S \text{ 为面积矩})$$

比较材料力学和弹性力学的结果，我们发现，应力 $\sigma_y$ 完全相同，$\tau_{xy}$ 按材料力学计算为抛物线分布，与弹性力学结果不同；$\sigma_x$ 在材料力学中被忽略了。

还须指出，如在坝底面应力 $\sigma_y$ 和 $\tau_{xy}$ 是按式(6.17)分布，则解答(6.17)在整个坝体中是其精确解答，但实际上坝底面与地基相联结，此处应力分布与(6.17)不同，类似的问题已在悬臂梁问题中讨论过。因此解答(6.17)不适用于接近地基部分；由圣维南原理可知，底端的影响是局部性的，离底端较远处可以忽略。若坝底宽度与坝的高度之比不小，则这影响不容忽视。此类问题目前大都由有限元分析完成。

取应力函数 $\varphi(x,y)$ 为六次多项式，可求出矩形截面水坝（图6.8）中的应力场，其应力分量如下

$$\begin{aligned}
\sigma_x &= -\frac{\gamma g}{2}y + \gamma g y\left(\frac{3}{4c}x - \frac{1}{4c^3}x^3\right) \\
\sigma_y &= -\frac{\gamma g}{4c^3}xy^3 + \frac{\gamma g}{4c^3}\left(2x^3y - \frac{6c^2}{5}xy\right) - \rho g y \\
\tau_{xy} &= \frac{3\gamma g}{8c^3}y^2(c^2 - x^2) - \frac{\gamma g}{8c^3}(c^4 - x^4) + \frac{3\gamma g}{20c}(c^2 - x^2)
\end{aligned} \tag{6.18}$$

式中，$\gamma$、$\rho$ 分别为水和坝体材料的密度。式(6.18)中 $\sigma_y$ 和 $\tau_{xy}$ 的第一项是由材料力学求得的应力，以后各项为弹性力学给出的修正项。

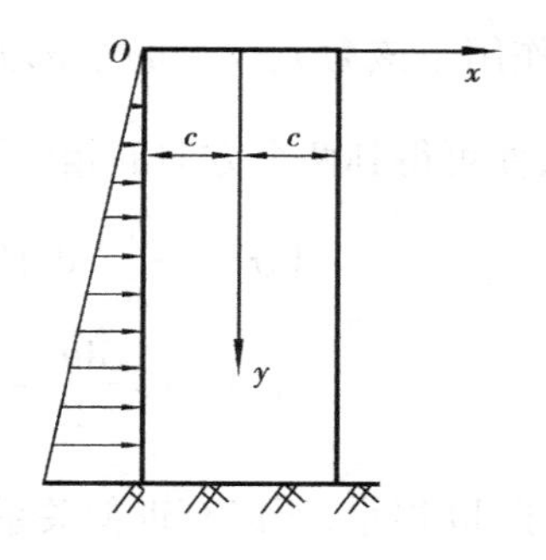

图6.8

应力场(6.18)满足坝的上下游二侧面（$x = \pm c$）上的边界条件，在坝顶面（$y = 0$）上，满足 $\sigma_y = 0$ 的条件，但不满足 $\tau_{xy} = 0$ 的条件，剪应力在坝顶面为

$$\tau_{xy} = -\frac{\gamma g}{8c^3}(c^4 - x^4) + \frac{3\gamma g}{20c}(c^2 - x^2)$$

虽不等于零但其值很小，并且可验证合力为零，按圣维南原理其影响是局部的。

在前述几节中对用直角坐标解平面问题作了较全面的介绍，其主要的解法有逆解法、半逆解法和量纲分析法，实际上量纲分析法也是一种半逆解法，其最终目的都是要求出应力函数 $\varphi(x,y)$ 的具体形式。这些方法的运用也借助了材料力学的一些知识和结论。还应告诉读者平面问题除以上的解法外还有三角级数解法，由于篇幅所限，不再介绍，有兴趣的读者可参阅铁摩辛柯、钱伟长、王龙甫等人的著作。

由前几节已看到，有4个问题都为圣维南问题，这些问题的求解都是在所考虑的弹性体次要边界上利用圣维南原理将边值问题简化，次要边界是指在所有边界上只占很少一部分的边

界。若在主要边界上(即大部分边界上)利用圣维南原理提边界条件会有什么问题呢?如在求楔形体受液体压力作用时的应力场,若楔形体的下边界(图6.7中$AB$边)长度与$OB$边相当的话,因为按误差影响范围估算的话,那么$AB$边对解的影响范围近乎全部区域(即$\triangle OAB$),此时求得的解析解已无实际意义。

任一弹性力学边值问题应该是在平衡微分方程、几何方程及物理方程下,给出问题的边界条件,求解这样一个微分方程组的边值问题,在本章中已将这样的提法转换成应力函数的边界问题(见6.4节(6.15)),实际上这是一种数学处理,该提法与第4章的提法是一致的。

## 6.6 圆对称的平面问题

在许多工程问题中,常能遇到诸如圆形、环形、楔形、圆弧形等结构构件,分析这些构件在受荷后的应力场和位移场时,利用极坐标来求解问题通常是比较方便的。为此将所有在直角坐标下的基本方程通过坐标转换化成极坐标形式。

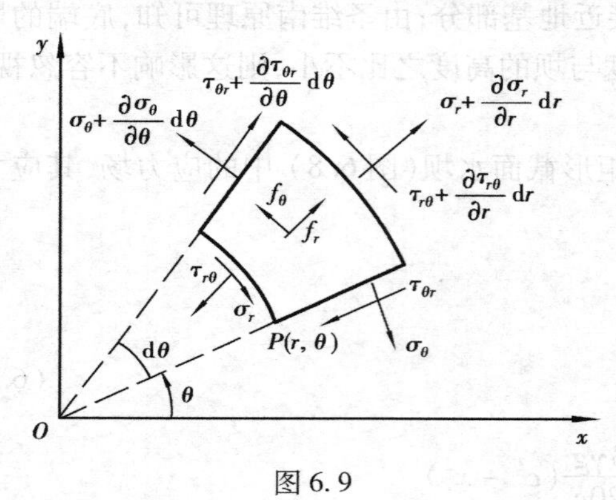

图6.9

首先推导极标系中的平衡方程。取坐标如图6.9,在极坐标中过$P(r,\theta)$点取一微元体,按第2章对应力的规定,各应力分量示于图6.9中,其中体力记为$(f_r,f_\theta)$。

在此假设厚度为1,这只是为了方便,并不失一般性。现在考虑微元体的平衡,应将作用于该微元体上的全部力在$\left(r+\dfrac{\mathrm{d}r}{2},\theta+\dfrac{\mathrm{d}\theta}{2}\right)$处向$r$方向和$\theta$方向投影,并令其合力为零,便可得到两个方向的相应平衡方程。若考虑$r$方向的平衡则有

$$\left(\sigma_r+\frac{\partial\sigma_r}{\partial r}\mathrm{d}r\right)(r+\mathrm{d}r)\mathrm{d}\theta-\sigma_r r\mathrm{d}\theta+\left(\tau_{\theta r}+\frac{\partial\tau_{\theta r}}{\partial\theta}\mathrm{d}\theta\right)\mathrm{d}r\cos\frac{\mathrm{d}\theta}{2}-$$
$$\tau_{\theta r}\mathrm{d}r\cos\frac{\mathrm{d}\theta}{2}-\left(\sigma_\theta+\frac{\partial\sigma_\theta}{\partial\theta}\mathrm{d}\theta\right)\mathrm{d}r\sin\frac{\mathrm{d}\theta}{2}-\sigma_\theta\mathrm{d}r\sin\frac{\mathrm{d}\theta}{2}+f_r r\mathrm{d}r\mathrm{d}\theta=0$$

由于$\mathrm{d}\theta$很小,所以有近似关系$\sin\dfrac{\mathrm{d}\theta}{2}\approx\dfrac{\mathrm{d}\theta}{2}$,$\cos\dfrac{\mathrm{d}\theta}{2}\approx1$,同时略去高阶小量,则得到

$$\frac{\partial\sigma_r}{\partial r}+\frac{\sigma_r-\sigma_\theta}{r}+\frac{1}{r}\frac{\partial\tau_{r\theta}}{\partial\theta}+f_r=0\tag{6.19a}$$

同样,考虑$\theta$方向平衡有

$$\left(\sigma_\theta+\frac{\partial\sigma_\theta}{\partial\theta}\mathrm{d}\theta\right)\mathrm{d}r\cos\frac{\mathrm{d}\theta}{2}-\sigma_\theta\mathrm{d}r\cos\frac{\mathrm{d}\theta}{2}+\left(\tau_{\theta r}+\frac{\partial\tau_{\theta r}}{\partial\theta}\mathrm{d}\theta\right)\mathrm{d}r\sin\frac{\mathrm{d}\theta}{2}+$$
$$\tau_{\theta r}\mathrm{d}r\sin\frac{\mathrm{d}\theta}{2}+\left(\tau_{r\theta}+\frac{\partial\tau_{r\theta}}{\partial r}\mathrm{d}r\right)(r+\mathrm{d}r)\mathrm{d}\theta-\tau_{r\theta}r\mathrm{d}\theta+f_\theta r\mathrm{d}r\mathrm{d}\theta=0$$

整理后得

$$\frac{1}{r}\frac{\partial\sigma_\theta}{\partial\theta}+\frac{\partial\tau_{r\theta}}{\partial r}+2\frac{\tau_{\theta r}}{r}+f_\theta=0 \tag{6.19b}$$

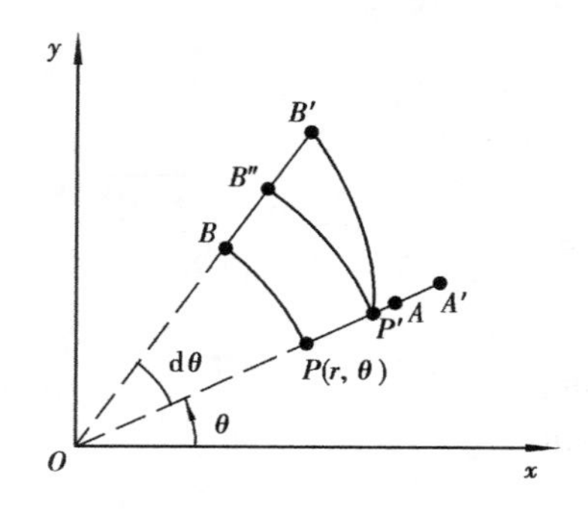

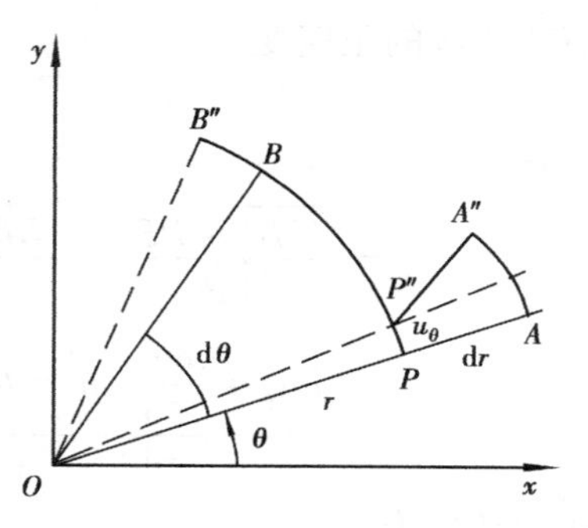


图6.10

式(6.19)即为极坐标系中的平衡微分方程。

现讨论极坐标系中的几何方程和物理方程。按第3章的规定,用$u_r$、$u_\theta$分别表示在极坐标中沿$r$和$\theta$两个方向的位移,而$\varepsilon_r$、$\varepsilon_\theta$和$\gamma_{r\theta}=\gamma_{\theta r}$分别表示径向正应变、切向正应变及剪应变。分析变形过程,如图6.10,过$P(r,\theta)$点分别取径向微线段$\overline{PA}=\mathrm{d}r$,切向微线段$\overline{PB}=r\mathrm{d}\theta$。变形后$P$、$A$、$B$三点分别移到$P'$、$A'$和$B'$点,将这一位移过程分为2种情形讨论,一是只有径向($r$向)位移,一是只有环向($\theta$向)位移。

在仅有径向位移时,$\overline{PP'}=u_r$,$\overline{AA'}=u_r+\frac{\partial u_r}{\partial r}\mathrm{d}r$,$\overline{BB'}=u_r+\frac{\partial u_r}{\partial\theta}\mathrm{d}\theta$。

对上述位移按定义可推得$r$方向的正应变

$$\varepsilon_r=\frac{\overline{P'A'}-\overline{PA}}{\overline{PA}}=\frac{\overline{AA'}-\overline{PP'}}{\overline{PA}}=$$

$$\frac{\left(u_r+\frac{\partial u_r}{\partial r}\mathrm{d}r\right)-u_r}{\mathrm{d}r}=\frac{\partial u_r}{\partial r} \tag{a}$$

环向的正应变为

$$\varepsilon_\theta=\frac{\overline{P'B'}-\overline{PB}}{\overline{PB}}=\frac{(r+u_r)\mathrm{d}\theta-r\mathrm{d}\theta}{r\mathrm{d}\theta}=\frac{u_r}{r} \tag{b}$$

径向线段$\overline{PA}$的转角为

$$\alpha_{r\theta}=0 \tag{c}$$

环向线段$\overline{PB}$的转角为

$$\alpha_{\theta r}=\frac{\overline{BB'}-\overline{PP'}}{\overline{PB}}=\frac{\overline{B'B''}}{\overline{PB}}=\frac{\left(u_r+\frac{\partial u_r}{\partial\theta}\mathrm{d}\theta\right)-u_r}{r\mathrm{d}\theta}=\frac{1}{r}\frac{\partial u_r}{\partial\theta} \tag{d}$$

剪应变为

$$\gamma_{r\theta}=\alpha_{r\theta}+\alpha_{\theta r}=\frac{1}{r}\frac{\partial u_r}{\partial\theta} \tag{e}$$

在仅有环向位移的情况下径向线段$\overline{PA}$移到了$\overline{P''A''}$,$\overline{PB}$移到了$\overline{P''B''}$。原来$P$、$A$及$B$三点的位移分别为

$$\overline{PP''} = u_\theta,\quad \overline{AA''} = u_\theta + \frac{\partial u_\theta}{\partial r}\mathrm{d}r,\quad \overline{BB''} = u_\theta + \frac{\partial u_\theta}{\partial \theta}\mathrm{d}\theta$$

按定义求出$\overline{PA}$线段的正应变

$$\varepsilon_r = 0 \tag{f}$$

$\overline{PB}$线段的正应变

$$\varepsilon_\theta = \frac{\overline{P''B''} - \overline{PB}}{\overline{PB}} = \frac{\overline{BB''} - \overline{PP''}}{\overline{PB}} = \frac{\left(u_\theta + \frac{\partial u_\theta}{\partial \theta}\mathrm{d}\theta\right) - u_\theta}{r\mathrm{d}\theta} = \frac{1}{r}\frac{\partial u_\theta}{\partial \theta} \tag{g}$$

径向线段$\overline{PA}$的转角为

$$\alpha_{r\theta} = \frac{\overline{AA''} - \overline{PP''}}{\overline{PA}} = \frac{\left(u_\theta + \frac{\partial u_\theta}{\partial r}\mathrm{d}r\right) - u_\theta}{\mathrm{d}r} = \frac{\partial u_\theta}{\partial r} \tag{h}$$

环向线段$\overline{PB}$的转角为

$$\alpha_{\theta r} = -\angle POP'' = -\frac{\overline{PP''}}{\overline{OP}} = -\frac{u_\theta}{r} \tag{i}$$

剪应变为

$$\gamma_{r\theta} = \alpha_{r\theta} + \alpha_{\theta r} = \frac{\partial u_\theta}{\partial r} - \frac{u_\theta}{r} \tag{j}$$

综合以上2种情况,利用叠加法可得到极坐标下的几何方程

$$\varepsilon_r = \frac{\partial u_r}{\partial r},\quad \varepsilon_\theta = \frac{u_r}{r} + \frac{1}{r}\frac{\partial u_\theta}{\partial \theta},\quad \gamma_{r\theta} = \frac{1}{r}\frac{\partial u_r}{\partial \theta} + \frac{\partial u_\theta}{\partial r} - \frac{u_\theta}{r} \tag{6.20}$$

物理关系在正交坐标系的变换下形式不变,所以由直角坐标下的物理方程可直接写出极坐标下的物理方程。对于平面应力问题

$$\begin{aligned}\varepsilon_r &= \frac{1}{E}(\sigma_r - \nu\sigma_\theta)\\ \varepsilon_\theta &= \frac{1}{E}(\sigma_\theta - \nu\sigma_r)\\ \gamma_{r\theta} &= \frac{2(1+\nu)}{E}\tau_{r\theta}\end{aligned} \tag{6.21a}$$

或

$$\begin{aligned}\sigma_r &= \frac{E}{1-\nu^2}(\varepsilon_r + \nu\varepsilon_\theta)\\ \sigma_\theta &= \frac{E}{1-\nu^2}(\varepsilon_\theta + \nu\varepsilon_r)\\ \tau_{r\theta} &= \frac{E}{2(1+\nu)}\gamma_{r\theta}\end{aligned} \tag{6.21b}$$

对于平面应变问题

$$\varepsilon_r = \frac{1-\nu^2}{E}\left(\sigma_r - \frac{\nu}{1-\nu}\sigma_\theta\right)$$
$$\varepsilon_\theta = \frac{1-\nu^2}{E}\left(\sigma_\theta - \frac{\nu}{1-\nu}\sigma_r\right) \tag{6.22a}$$
$$\gamma_{r\theta} = \frac{2(1+\nu)}{E}\tau_{r\theta}$$

或

$$\sigma_r = \frac{(1-\nu)E}{(1+\nu)(1-2\nu)}\left(\varepsilon_r + \frac{\nu}{1-\nu}\varepsilon_\theta\right)$$
$$\sigma_\theta = \frac{(1-\nu)E}{(1+\nu)(1-2\nu)}\left(\varepsilon_\theta + \frac{\nu}{1-\nu}\varepsilon_r\right) \tag{6.22b}$$
$$\tau_{r\theta} = \frac{E}{2(1+\nu)}\gamma_{r\theta}$$

再讨论直角坐标与极坐标下的应力转换。在弹性体中取三角形微元，如图6.11，考虑该两微元上的受力平衡则可得到两个坐标系中的应力分量转换关系。

$$\sigma_r = \sigma_x\cos^2\theta + \sigma_y\sin^2\theta + 2\tau_{xy}\cos\theta\sin\theta$$
$$\sigma_\theta = \sigma_x\sin^2\theta + \sigma_y\cos^2\theta - 2\tau_{xy}\cos\theta\sin\theta \tag{6.23a}$$
$$\tau_{\theta r} = \tau_{r\theta} = (\sigma_y - \sigma_x)\cos\theta\sin\theta + \tau_{xy}(\cos^2\theta - \sin^2\theta)$$

或

$$\sigma_x = \sigma_r\cos^2\theta + \sigma_\theta\sin^2\theta - 2\tau_{r\theta}\cos\theta\sin\theta$$
$$\sigma_y = \sigma_r\sin^2\theta + \sigma_\theta\cos^2\theta + 2\tau_{r\theta}\cos\theta\sin\theta \tag{6.23b}$$
$$\tau_{xy} = \tau_{yx} = (\sigma_r - \sigma_\theta)\cos\theta\sin\theta + \tau_{r\theta}(\cos^2\theta - \sin^2\theta)$$

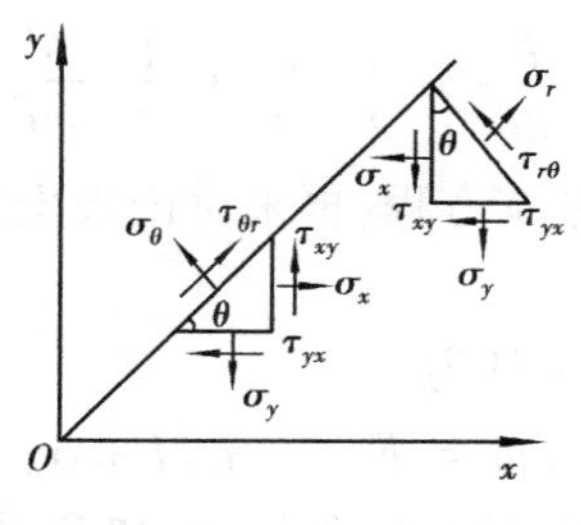


图6.11

接下来推导极坐标中应力函数$\varphi(r,\theta)$与$\sigma_r$、$\sigma_\theta$及$\tau_{r\theta}$的关系及相容方程。利用两种坐标下的关系

$$x = r\cos\theta \qquad y = r\sin\theta \qquad r^2 = x^2 + y^2 \qquad \theta = \arctan\frac{y}{x}$$

考虑如下的偏导关系

$$\frac{\partial\varphi}{\partial x} = \frac{\partial\varphi}{\partial r}\frac{\partial r}{\partial x} + \frac{\partial\varphi}{\partial\theta}\frac{\partial\theta}{\partial x} = \cos\theta\frac{\partial\varphi}{\partial r} - \frac{\sin\theta}{r}\frac{\partial\varphi}{\partial\theta}$$
$$\frac{\partial\varphi}{\partial y} = \frac{\partial\varphi}{\partial r}\frac{\partial r}{\partial y} + \frac{\partial\varphi}{\partial\theta}\frac{\partial\theta}{\partial y} = \sin\theta\frac{\partial\varphi}{\partial r} + \frac{\cos\theta}{r}\frac{\partial\varphi}{\partial\theta}$$

从而

$$\sigma_y = \frac{\partial^2\varphi}{\partial x^2} = \frac{\partial}{\partial x}\left(\frac{\partial\varphi}{\partial x}\right) = \left(\cos\theta\frac{\partial}{\partial r} - \frac{\sin\theta}{r}\frac{\partial}{\partial\theta}\right)^2\varphi =$$

$$\cos^2\theta\frac{\partial^2\varphi}{\partial r^2} + 2\frac{\sin\theta\cos\theta}{r^2}\frac{\partial\varphi}{\partial\theta} - 2\frac{\sin\theta\cos\theta}{r}\frac{\partial^2\varphi}{\partial r\partial\theta} + \frac{\sin^2\theta}{r}\frac{\partial\varphi}{\partial r} + \frac{\sin^2\theta}{r^2}\frac{\partial^2\varphi}{\partial\theta^2}$$

$$\sigma_x = \frac{\partial^2\varphi}{\partial y^2} = \frac{\partial}{\partial y}\left(\frac{\partial\varphi}{\partial y}\right) = \left(\sin\theta\frac{\partial}{\partial r} + \frac{\cos\theta}{r}\frac{\partial}{\partial\theta}\right)^2\varphi =$$

$$\sin^2\theta\frac{\partial^2\varphi}{\partial r^2} - 2\frac{\sin\theta\cos\theta}{r^2}\frac{\partial\varphi}{\partial\theta} + 2\frac{\sin\theta\cos\theta}{r}\frac{\partial^2\varphi}{\partial r\partial\theta} + \frac{\cos^2\theta}{r}\frac{\partial\varphi}{\partial r} + \frac{\cos^2\theta}{r^2}\frac{\partial^2\varphi}{\partial\theta^2}$$

$$-\tau_{xy} = \frac{\partial^2\varphi}{\partial x\partial y} = \frac{\partial}{\partial x}\left(\frac{\partial\varphi}{\partial y}\right) = \left(\cos\theta\frac{\partial}{\partial r} - \frac{\sin\theta}{r}\frac{\partial}{\partial\theta}\right)\left(\sin\theta\frac{\partial}{\partial r} + \frac{\cos\theta}{r}\frac{\partial}{\partial\theta}\right)\varphi =$$

$$\sin\theta\cos\theta\left(\frac{\partial^2\varphi}{\partial r^2} - \frac{1}{r}\frac{\partial\varphi}{\partial r} - \frac{1}{r^2}\frac{\partial^2\varphi}{\partial\theta^2}\right) - (\cos^2\theta - \sin^2\theta)\left(\frac{1}{r^2}\frac{\partial\varphi}{\partial\theta} - \frac{1}{r}\frac{\partial^2\varphi}{\partial r\partial\theta}\right)$$

将上式的应力分量与应力函数的关系代入应力转换式(6.23),得

$$\sigma_r = \frac{1}{r}\frac{\partial\varphi}{\partial r} + \frac{1}{r^2}\frac{\partial^2\varphi}{\partial\theta^2}$$

$$\sigma_\theta = \frac{\partial^2\varphi}{\partial r^2} \tag{6.24}$$

$$\tau_{r\theta} = \tau_{\theta r} = \frac{1}{r^2}\frac{\partial\varphi}{\partial\theta} - \frac{1}{r}\frac{\partial^2\varphi}{\partial r\partial\theta} = -\frac{\partial}{\partial r}\left(\frac{1}{r}\frac{\partial\varphi}{\partial\theta}\right)$$

最后,推求极坐标下的相容方程。由数学推导可知

$$\frac{\partial^2}{\partial x^2} + \frac{\partial^2}{\partial y^2} = \frac{\partial^2}{\partial r^2} + \frac{1}{r}\frac{\partial}{\partial r} + \frac{1}{r^2}\frac{\partial^2}{\partial\theta^2}$$

那么,在体积力为常量的情况下,相容方程为

$$\nabla^4\varphi = \left(\frac{\partial^2}{\partial r^2} + \frac{1}{r}\frac{\partial}{\partial r} + \frac{1}{r^2}\frac{\partial^2}{\partial\theta^2}\right)^2\varphi = 0 \tag{6.25}$$

至此,导出了极坐标下所有的基本方程。再来讨论极坐标系中的边界条件。一般来说有如下两类:

① 给定边界外力,则力的边界条件为

$$\sigma_r l + \tau_{r\theta} m = F_r \qquad \tau_{r\theta} l + \sigma_\theta m = F_\theta \tag{6.26}$$

其中$(l,m)$是所考虑边界点处外法线的方向余弦;$F_r$和$F_\theta$是边界上该点处在$r$和$\theta$两个方向的面力,它们是边界点的已知函数。

② 给定边界位移。则有边界位移条件

$$u_r = \overline{u}_r \qquad u_\theta = \overline{u}_\theta \tag{6.27}$$

其中$\overline{u}_r$和$\overline{u}_\theta$是边界上给定的位移,是边界点的已知函数。

## 6.7 轴对称问题的一般解

轴对称问题,即问题关于$z$轴对称,在平面上是关于点对称,就是说弹性体为一个圆域,且外荷也关于$Z$轴对称,其应力函数$\varphi$与$\theta$无关,此时应力函数满足下面的方程

$$\nabla^4\varphi = \left(\frac{d^2}{dr^2}+\frac{1}{r}\frac{d}{dr}\right)^2\varphi = 0 \tag{6.28a}$$

或

$$\left(\frac{d^4}{dr^4}+\frac{2}{r}\frac{d^3}{dr^3}-\frac{1}{r^2}\frac{d}{dr^2}+\frac{1}{r^3}\frac{d}{dr}\right)\varphi = 0 \tag{6.28b}$$

这是一个四阶的常微分方程,其通解为

$$\varphi = A\,r^2\ln r + B\ln r + C\,r^2 + D \tag{6.29}$$

其中 $A$、$B$、$C$、$D$ 为常数。

相应的应力场为

$$\begin{aligned}\sigma_r &= A(1+2\ln r)+\frac{B}{r^2}+2C\\ \sigma_\theta &= A(3+2\ln r)-\frac{B}{r^2}+2C\\ \tau_{r\theta} &= \tau_{\theta r} = 0\end{aligned} \tag{6.30}$$

由物理方程可求出应变场

$$\varepsilon_r = \frac{1}{E}\left[(1-3\nu)A+2(1-\nu)A\ln r+(1+\nu)\frac{B}{r^2}+2(1-\nu)C\right]$$

$$\varepsilon_\theta = \frac{1}{E}\left[(3-\nu)A+2(1-\nu)A\ln r-(1+\nu)\frac{B}{r^2}+2(1-\nu)C\right]$$

$$\gamma_{r\theta} = 0$$

由几何方程可求出位移场。由 $\varepsilon_r$ 对 $r$ 积分得

$$u_r = \frac{1}{E}\left[(1-3\nu)A\,r+2(1-\nu)A\,r(\ln r-1)-(1+\nu)\frac{B}{r}+2(1-\nu)Cr\right]+f(\theta)$$

其中 $f(\theta)$ 为任意函数。由下式

$$\varepsilon_\theta = \frac{u_r}{r}+\frac{1}{r}\frac{\partial u_\theta}{\partial\theta}$$

可求出

$$u_\theta = \frac{4A}{E}r\,\theta-\int f(\theta)\,d\theta+g(r)$$

$g(r)$ 为任意函数。由 $\gamma_{r\theta} = \frac{1}{r}\frac{\partial u_r}{\partial\theta}+\frac{\partial u_\theta}{\partial r}-\frac{u_\theta}{r} = 0$ 的条件给出

$$g(r)-r\frac{dg}{dr} = \frac{df}{d\theta}+\int f(\theta)\,d\theta = D$$

上式左边为 $r$ 的函数,而右边为 $\theta$ 的函数,若要左右恒等,必须左右分别为常数 $D$,因此

$$g(r) = H\,r+D$$

$$\int f(\theta)\,d\theta = D+I\sin\theta-J\cos\theta$$

求得位移场如下

$$u_r = \frac{1}{E}\left[(1-3\nu)A\,r+2(1-\nu)A\,r(\ln r-1)-(1+\nu)\frac{B}{r}+2(1-\nu)C\,r\right]+I\cos\theta+J\sin\theta$$

$$u_\theta = \frac{4A}{E} r\,\theta + H\,r - I\sin\theta + J\cos\theta \tag{6.31}$$

式(6.31)中 $I\cos\theta + J\sin\theta$ 和 $-I\sin\theta + J\cos\theta$ 代表弹性体的刚体平移,而 $H\,r$ 则代表弹性体绕 $Z$ 轴的转动。若不计刚体位移可令 $I = J = H = 0$,则位移场为

$$u_r = \frac{1}{E}\left[(1-3\nu)A\,r + 2(1-\nu)A\,r(\ln r - 1) - (1+\nu)\frac{B}{r} + 2(1-\nu)C\,r\right]$$

$$u_\theta = \frac{4A}{E} r\,\theta$$

位移 $u_\theta$ 表示绕 $Z$ 轴(即平面的中心 $O$ 点)转动一个角度 $\frac{4A}{E}\theta$ 所产生的位移。对于闭合的轴对称物体,所受外力或几何条件对称时,$u_\theta$ 必为零,即弹性体中任一点都不会有环向位移。由此可知,$A = 0$。还可以这样来理解,坐标 $(r,\theta)$ 和坐标 $(r, 2\pi+\theta)$ 表示弹性体中同一点,但它们却有不同的环向位移 $\frac{4A}{E} r\,\theta$ 和 $\frac{4A}{E} r(\theta + 2\pi)$,这是不可能的,因此也应有 $A = 0$。这时有

$$\begin{aligned}
u_r &= \frac{1}{E}\left[-(1+\nu)\frac{B}{r} + 2C(1-\nu)r\right] \\
u_\theta &= 0 \\
\sigma_r &= \frac{B}{r^2} + 2C \\
\sigma_\theta &= -\frac{B}{r^2} + 2C \\
\tau_{r\theta} &= 0
\end{aligned} \tag{6.32}$$

此为平面应力问题之解,若为平面应变问题,需要将弹性常数作以替换,即将 $E$ 换为 $\frac{E}{1-\nu^2}$,$\nu$ 换为 $\frac{\nu}{1-\nu}$,同时还有

$$\sigma_z = \nu(\sigma_r + \sigma_\theta)$$

## 6.8 受内外压的厚壁圆筒

一圆筒如图 6.12,内外半径分别为 $a$ 和 $b$,受到内外均匀压强的作用,其强度分别为 $P_1$ 和 $P_2$,现来求解其应力场和位移场。显然,此为轴对称问题,可利用(6.32)求解。

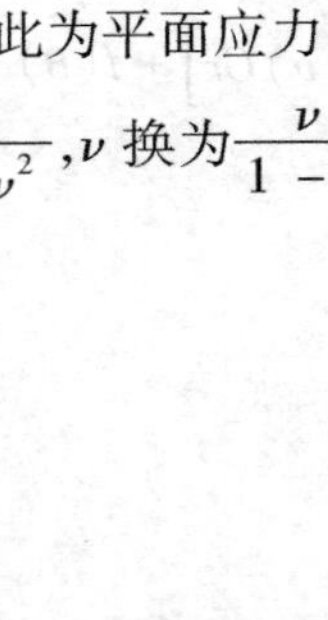

该问题的边界条件是

$$\begin{aligned}
r = a\ \text{时},\quad \sigma_r &= -P_1,\quad \tau_{r\theta} = 0; \\
r = b\ \text{时},\quad \sigma_r &= -P_2,\quad \tau_{r\theta} = 0
\end{aligned} \tag{a}$$

将式(a)代入式(6.32)得

$$B = \frac{a^2 b^2 (P_2 - P_1)}{b^2 - a^2} \qquad 2C = \frac{P_1 a^2 - P_2 b^2}{b^2 - a^2} \tag{b}$$

图 6.12

因为是轴对称问题,$\tau_{r\theta} = 0$,剪应力边界条件恒满足。将式(b)的常数代入式(6.32),则得问题的解

$$
\begin{aligned}
\sigma_r &= \frac{a^2b^2(P_2 - P_1)}{b^2 - a^2}\frac{1}{r^2} + \frac{P_1a^2 - P_2b^2}{b^2 - a^2} \\
\sigma_\theta &= -\frac{a^2b^2(P_2 - P_1)}{b^2 - a^2}\frac{1}{r^2} + \frac{P_1a^2 - P_2b^2}{b^2 - a^2} \\
\sigma_z &= \nu(\sigma_r + \sigma_\theta) = 2\nu\frac{P_1a^2 - P_2b^2}{b^2 - a^2} \\
\tau_{r\theta} &= 0 \\
u_r &= \frac{1 - \nu^2}{E}\left[\left(\frac{1 - 2\nu}{1 - \nu}\right)\frac{P_1a^2 - P_2b^2}{b^2 - a^2}r - \left(\frac{1}{1 - \nu}\right)\frac{a^2b^2(P_2 - P_1)}{b^2 - a^2}\frac{1}{r}\right] \\
u_\theta &= 0
\end{aligned}
\tag{6.33}
$$

内外受压的厚壁筒问题称为拉梅(Lame)问题,其解答(6.33)显然是精确解。这个问题还可采用位移解法,对于该问题,显然有 $u_r = u_r(r)$,$u_\theta = 0$,故极坐标中位移形式的平衡方程为

$$
\frac{d^2u_r}{dr^2} + \frac{1}{r}\frac{du_r}{dr} - \frac{u_r}{r^2} = 0 \tag{6.34}
$$

式(6.34)的通解为

$$
u_r = C_1 r + C_2\frac{1}{r}
$$

由几何方程可求出应变分量,再由物理方程求出应力分量,最后利用边界条件决定积分常数 $C_1$ 和 $C_2$,由此得到的结果与(6.33)相同。由于是位移解法,所以不需要考虑位移单值性条件。

## 6.9　曲梁的弯曲

首先讨论曲梁的纯弯曲情形,即有一段圆弧形曲梁,其两端受力矩 $M$ 作用,使得梁在曲率平面内弯曲的问题,如图 6.13。设曲梁的内外半径为 $a$ 和 $b$,将坐标原点取在曲率中心。

在此情形下,可以认为曲梁的任一截面($\theta$ = 常数)上的力矩都相同,由此可推知每个截面上的应力分布相同。这种情况即是轴对称问题,于是可取式(6.29)的应力函数形式,即

$$
\varphi = A r^2\ln r + B\ln r + C r^2 + D
$$

由此求得的应力分量和位移分量为

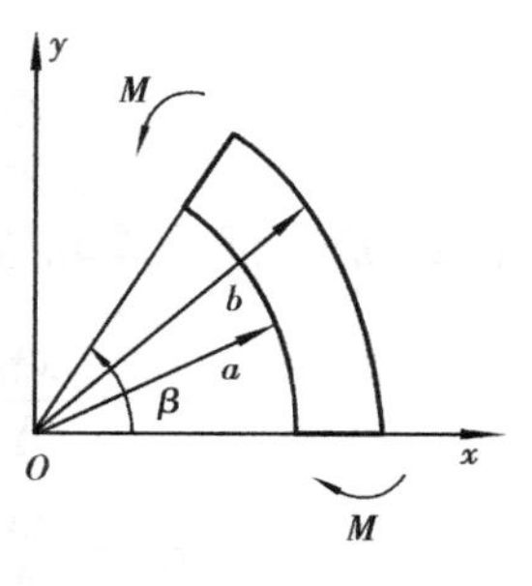


图 6.13

$$
\begin{aligned}
\sigma_r &= A(1 + 2\ln r) + \frac{B}{r^2} + 2C \\
\sigma_\theta &= A(3 + 2\ln r) - \frac{B}{r^2} + 2C \\
\tau_{r\theta} &= 0 \\
u_r &= \frac{1}{E}\Big[(1 - 3\nu)A r + 2(1 - \nu)A r(\ln r - 1) - \\
&\quad (1 + \nu)\frac{B}{r} + 2C(1 - \nu)r\Big]
\end{aligned}
$$

$$u_\theta = \frac{4A}{E} r\,\theta \tag{6.35}$$

该问题的边界条件为

$$r = a \text{ 时}, \quad \sigma_r = 0, \quad \tau_{r\theta} = 0;$$
$$r = b \text{ 时}, \quad \sigma_r = 0, \quad \tau_{r\theta} = 0 \tag{a}$$

$$\theta = 0 \text{ 时}, \quad \int_a^b \sigma_\theta \mathrm{d}r = 0, \quad \int_a^b \sigma_\theta r \mathrm{d}r = M, \quad \tau_{r\theta} = 0;$$
$$\theta = \beta \text{ 时}, \quad \int_a^b \sigma_\theta \mathrm{d}r = 0, \quad \int_a^b \sigma_\theta r \mathrm{d}r = M, \quad \tau_{r\theta} = 0 \tag{b}$$

由边界条件(a) 得到

$$A(1 + 2\ln a) + \frac{B}{a^2} + 2C = 0$$
$$A(1 + 2\ln b) + \frac{B}{b^2} + 2C = 0 \tag{c}$$

端部条件(b) 要求

$$\int_a^b \sigma_\theta \mathrm{d}r = \int_a^b \frac{\mathrm{d}^2\varphi}{\mathrm{d}r^2}\mathrm{d}r = \frac{\mathrm{d}\varphi}{\mathrm{d}r}\bigg|_a^b = (r\sigma_r)\big|_a^b = 0$$

$$\int_a^b \sigma_\theta r \mathrm{d}r = \int_a^b \frac{\mathrm{d}^2\varphi}{\mathrm{d}r^2} r\mathrm{d}r = \left(r\frac{\mathrm{d}\varphi}{\mathrm{d}r}\right)\bigg|_a^b - \int_a^b \frac{\mathrm{d}\varphi}{\mathrm{d}r}\mathrm{d}r =$$
$$-\varphi\big|_a^b = -[\varphi(b) - \varphi(a)] = M$$

即

$$A(b^2\ln b - a^2\ln a) + B\ln\frac{b}{a} + C(b^2 - a^2) = -M \tag{d}$$

联立式(c) 和式(d) 可解出

$$A = \frac{2M}{N}(b^2 - a^2) \qquad B = \frac{4M}{N}a^2b^2\ln\frac{b}{a}$$
$$C = -\frac{M}{N}[b^2 - a^2 + 2(b^2\ln b - a^2\ln a)]$$

式中 $N = (b^2 - a^2)^2 - 4a^2b^2\left(\ln\frac{b}{a}\right)^2$。该问题的应力场和位移场如下

$$\begin{aligned}
\sigma_r &= \frac{4M}{N}\left(\frac{a^2b^2}{r^2}\ln\frac{b}{a} + b^2\ln\frac{r}{a} + a^2\ln\frac{a}{r}\right) \\
\sigma_\theta &= \frac{4M}{N}\left(-\frac{a^2b^2}{r^2}\ln\frac{b}{a} + b^2\ln\frac{r}{a} + a^2\ln\frac{a}{r} + b^2 - a^2\right) \\
\tau_{r\theta} &= 0 \\
u_r &= \frac{4M}{EN}\Big\{(1-\nu)(b^2 - a^2)r\ln r - (1+\nu)\frac{a^2b^2}{r}\ln\frac{b}{a} - \\
&\quad [b^2 - a^2 - (1-\nu)(b^2\ln b - a^2\ln a)]r\Big\} \\
u_\theta &= \frac{8M}{EN}(b^2 - a^2)\theta\, r
\end{aligned} \tag{6.36}$$

考虑到端部条件(b) 为圣维南条件,所以只有当曲梁内的应力分布严格地按式(6.36) 分

布时，上述解才是精确解，否则只是一种圣维南解。

现在讨论曲梁的一般弯曲。如图6.14所示矩形等截面曲梁，一端固定一端作用有集中力$P$。

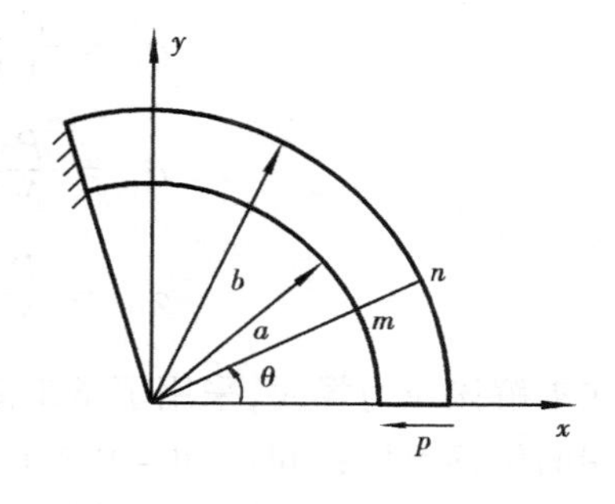

图6.14

用一假想截面截开梁的任一截面$m-n$，该截面上的弯矩与$\sin\theta$成正比，此弯矩应是曲梁该截面的正应力$\sigma_\theta$所形成，由$\sigma_\theta$与应力函数$\varphi(r,\theta)$的关系，可设

$$\varphi(r,\theta)=f(r)\sin\theta$$

因为$\varphi(r,\theta)$应满足相容方程

$$\nabla^4\varphi(r,\theta)=\left(\frac{\partial^2}{\partial r^2}+\frac{1}{r}\frac{\partial}{\partial r}+\frac{1}{r^2}\frac{\partial^2}{\partial\theta^2}\right)^2\varphi=0$$

由此得到$f(r)$应满足的常微分方程

$$\left(\frac{\mathrm{d}^2}{\mathrm{d}r^2}+\frac{1}{r}\frac{\mathrm{d}}{\mathrm{d}r}-\frac{1}{r^2}\right)^2 f=0$$

仿照方程(6.28)的解法，可求得

$$f(r)=Ar^3+\frac{B}{r}+Cr+Dr\ln r$$

式中$A$、$B$、$C$、$D$为积分常数。由此可得应力函数和应力场

$$\begin{aligned}
\varphi(r,\theta)&=\left(Ar^3+\frac{B}{r}+Cr+Dr\ln r\right)\sin\theta\\
\sigma_r&=\frac{1}{r}\frac{\partial\varphi}{\partial r}+\frac{1}{r^2}\frac{\partial^2\varphi}{\partial\theta^2}=\left(2Ar-\frac{2B}{r^3}+\frac{D}{r}\right)\sin\theta\\
\sigma_\theta&=\frac{\partial^2\varphi}{\partial r^2}=\left(6Ar+\frac{2B}{r^3}+\frac{D}{r}\right)\sin\theta\\
\tau_{r\theta}&=-\frac{\partial}{\partial r}\left(\frac{1}{r}\frac{\partial\varphi}{\partial\theta}\right)=-\left(2Ar-\frac{2B}{r^3}+\frac{D}{r}\right)\cos\theta
\end{aligned}\tag{6.37}$$

曲梁的边界条件为

$$\begin{aligned}
&r=a\text{ 时}, &&\sigma_r=0 &&\tau_{r\theta}=0\\
&r=b\text{ 时}, &&\sigma_r=0 &&\tau_{r\theta}=0\\
&\theta=0\text{ 端}, &&\sigma_\theta=0 &&\int_a^b\tau_{r\theta}\mathrm{d}r=P
\end{aligned}$$

由此条件可定出积分常数

$$A=\frac{P}{2N}\qquad B=-\frac{a^2b^2}{2N}P\qquad D=-\frac{a^2+b^2}{N}P$$

其中　$N=a^2-b^2+(a^2+b^2)\ln\dfrac{b}{a}$。至此得到了应力场

$$\sigma_r = \frac{P}{N}\left(r - \frac{a^2 + b^2}{r} + \frac{a^2 b^2}{r^3}\right)\sin\theta$$

$$\sigma_\theta = \frac{P}{N}\left(3r - \frac{a^2 + b^2}{r} - \frac{a^2 b^2}{r^3}\right)\sin\theta \tag{6.38}$$

$$\tau_{r\theta} = \frac{P}{N}\left(r - \frac{a^2 + b^2}{r} + \frac{a^2 b^2}{r^3}\right)\cos\theta$$

在求解该应力场时,采用了圣维南边界条件,通过该应力场求得的位移场不会严格地满足固定端的位移条件;同时在$\theta = 0$端$\tau_{r\theta}$的分布形式也不严格满足式(6.38)。但在离开两端部稍远些的部位,该解具有足够的精度。

## 6.10 半无限楔体和半无限平面问题

如图6.15为一半无限楔形体,在其顶部受有集中力$P$作用,楔体的顶角为$2\alpha$,集中力$P$的作用方向与楔体轴线成$\beta$角,若取楔体厚度为1,$P$是单位厚度上的作用力,求其应力分布。该问题称为米歇尔(Michell)问题。

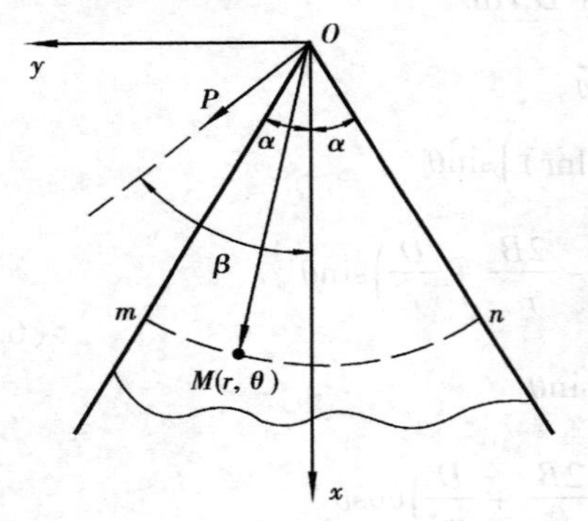


图6.15

首先,对该楔体的应力规律作些分析。楔体中任一点$M(r,\theta)$的径向应力$\sigma_r$离$O$点愈远则愈小,同时$\sigma_r$还与$\theta$有关,按分离变量法的推测,可假设

$$\sigma_r = K\frac{P}{r}F(\theta)$$

其中$K$为常数。由应力分量与应力函数的关系可推知

$$\varphi(r,\theta) = rf(\theta)$$

应力函数$\varphi(r,\theta)$需满足协调方程,得下列常微分方程

$$\frac{d^4 f}{d\theta^4} + 2\frac{d^2 f}{d\theta^2} + f = 0$$

解此方程可得

$$f(\theta) = A\cos\theta + B\sin\theta + C\,\theta\cos\theta + D\,\theta\sin\theta$$

式中$A$、$B$、$C$、$D$为常数,因此有

$$\varphi(r,\theta) = A\,r\cos\theta + B\,r\sin\theta + C\,r\theta\cos\theta + D\,r\theta\sin\theta$$

上式前两项可化为$Ax + By$,这是线性项,不影响应力场,故删去。此时

$$\varphi(r,\theta) = C\,r\,\theta\cos\theta + D\,r\,\theta\sin\theta$$

相应的应力场为

$$\sigma_r = -2C\frac{\sin\theta}{r} + 2D\frac{\cos\theta}{r}$$

$$\sigma_\theta = 0$$

$$\tau_{r\theta} = 0$$

该问题的边界条件为

$$\theta = \alpha \text{ 时}, \quad \sigma_\theta = 0 \quad \tau_{r\theta} = 0$$

$$\theta = -\alpha \text{ 时}, \quad \sigma_\theta = 0 \quad \tau_{r\theta} = 0$$

由此条件不能确定常数 $C$ 和 $D$。为确定 $C$ 和 $D$ 取一柱面 $mn$,考虑 $Omn$ 楔体的平衡,建立 $x$ 和 $y$ 方向的平衡方程有

$$\int_{-\alpha}^{\alpha}\sigma_r\cos\theta\, r\mathrm{d}\theta = -P\cos\beta$$

$$\int_{-\alpha}^{\alpha}\sigma_r\sin\theta\, r\mathrm{d}\theta = -P\sin\beta$$

由于应力场中 $\sigma_\theta$ 和 $\tau_{r\theta}$ 恒为零,故力矩平衡条件恒满足。
由上二式可确定常数

$$C = \frac{P\sin\beta}{2\alpha - \sin 2\alpha} \qquad D = -\frac{P\cos\beta}{2\alpha + \sin 2\alpha}$$

应力场如下

$$\left.\begin{aligned} \sigma_r &= -\frac{2P}{r}\left(\frac{\cos\beta\cos\theta}{2\alpha + \sin 2\alpha} + \frac{\sin\beta\sin\theta}{2\alpha - \sin 2\alpha}\right) \\ \sigma_\theta &= 0 \\ \tau_{r\theta} &= 0 \end{aligned}\right. \tag{6.39}$$

在解答(6.39)的基础上,讨论下面的特殊情形:

半无限平面受集中力的问题。只要在(6.39)中取 $\alpha = \frac{\pi}{2}$ 便得到半平面受集中力作用时的应力场

$$\left.\begin{aligned} \sigma_r &= -\frac{2P}{\pi r}(\cos\beta\cos\theta + \sin\beta\sin\theta) \\ \sigma_\theta &= 0 \\ \tau_{r\theta} &= 0 \end{aligned}\right. \tag{6.40}$$

经常遇到的问题是边界上的集中力垂直作用于边界上,只要取 $\beta = 0$,便得到该情形下的应力场

$$\left.\begin{aligned} \sigma_r &= -\frac{2P}{\pi}\frac{\cos\theta}{r} \\ \sigma_\theta &= 0 \\ \tau_{r\theta} &= 0 \end{aligned}\right. \tag{6.41}$$

下面,求解(6.41)的位移场。由物理方程和几何方程得

$$\varepsilon_r = \frac{\partial u_r}{\partial r} = -\frac{2P}{\pi E r}\cos\theta$$

$$\varepsilon_\theta = \frac{u_r}{r} + \frac{1}{r}\frac{\partial u_\theta}{\partial \theta} = \frac{2\nu P}{\pi E\, r}\cos\theta \tag{6.42}$$

$$\gamma_{r\theta} = \frac{1}{r}\frac{\partial u_r}{\partial \theta} + \frac{\partial u_\theta}{\partial r} - \frac{u_\theta}{r} = 0$$

由式(6.42)的前两式积分得

$$u_r = -\frac{2P}{\pi E}\cos\theta\ln r + f(\theta)$$

$$u_\theta = \frac{2P}{\pi E}(\nu + \ln r)\sin\theta - \int f(\theta)\,\mathrm{d}\theta + g(r)$$

由 $u_r$ 和 $u_\theta$ 满足式(6.42)的第3式得到

$$\int f(\theta)\,\mathrm{d}\theta = \frac{(1-\nu)}{\pi E}(\theta\cos\theta - \sin\theta) + I\sin\theta - J\cos\theta + K$$

$$g(r) = H\,r + K$$

式中 $H$、$I$、$J$、$K$ 均为任意常数。此时位移场为

$$u_r = -\frac{2P}{\pi E}\cos\theta\ln r - \frac{(1-\nu)P}{\pi E}\theta\sin\theta + I\cos\theta + J\sin\theta$$

$$u_\theta = \frac{2P}{\pi E}\sin\theta\ln r + \frac{(1+\nu)P}{\pi E}\sin\theta - \frac{(1-\nu)P}{\pi E}\theta\cos\theta + H\,r - I\sin\theta + J\cos\theta$$

由于位移关于 $Ox$ 轴对称,所以,在 $Ox$ 轴上 $u_\theta = 0$,因此 $H = J = 0$。若半平面不受沿铅直方向的约束,则常数 $I$ 不能确定,因为 $I$ 代表铅直方向的刚体位移。可设在对称轴上 $r = d$ 处 $u_r = 0$,则 $I = \dfrac{2P}{\pi E}\ln d$,这样位移场成为

$$u_r = -\frac{2P}{\pi E}\cos\theta\ln\frac{r}{d} - \frac{(1-\nu)P}{\pi E}\theta\sin\theta$$

$$u_\theta = \frac{2P}{\pi E}\sin\theta\ln\frac{r}{d} + \frac{(1+\nu)P}{\pi E}\sin\theta - \frac{(1-\nu)P}{\pi E}\theta\cos\theta \tag{6.43}$$

该问题称为布西涅斯克(Boussinesq)问题。为工程应用和讨论问题方便起见,给出其直角坐标下的应力分量(由应力转换公式(6.23)计算)

$$\sigma_x = \frac{2P}{\pi}\frac{x^3}{(x^2+y^2)^2}$$

$$\sigma_y = -\frac{2P}{\pi}\frac{xy^2}{(x^2+y^2)^2} \tag{6.44}$$

$$\tau_{xy} = -\frac{2P}{\pi}\frac{x^2y}{(x^2+y^2)^2}$$

下面对上述结果进行一些讨论:

① 与边界上 $O$ 点(力作用点)相切,且直径为 $d_0$ 的圆,该圆方程为 $r = d_0\cos\theta$,在该圆周上各点的径向应力由式(6.41)求得

$$\sigma_r = -\frac{2P}{\pi d_0}$$

这表明,任何与 $Oy$ 轴相切于 $O$ 点的圆上各点径向应力相同。此圆称为应力圆(也称布西涅斯克圆)。

② 在任一水平面($x = h$)上的应力分布由式(6.44)给出。当 $y = 0$ 时,$|\sigma_x|$ 达到最大值,且 $|\sigma_x|_{\max} = \dfrac{2P}{\pi h}$;当 $y = \pm\dfrac{1}{\sqrt{3}}h$ 时,$|\tau_{xy}|$ 达到最大值,$|\tau_{xy}|_{\max} = \dfrac{9P}{8\sqrt{3}\pi h}$。

③ 半平面边界上任一点(与 $O$ 点距离为 $r_0$)的竖向位移,工程上称为沉陷,由式(6.43)求出

$$-u_\theta\big|_{\theta=\frac{\pi}{2}} = u_\theta\big|_{\theta=-\frac{\pi}{2}} = -\frac{2P}{\pi E}\ln\frac{r_0}{d} - \frac{1+\nu}{\pi E}P \tag{6.45}$$

沉陷量与 $d$ 有关。若在边界上另选一点 $K$,$K$ 点距 $O$ 点距离为 $r_1$,那么 $K$ 点的沉陷量为

$$-\frac{2P}{\pi E}\ln\frac{r_1}{d} - \frac{1+\nu}{\pi E}P$$

若将 $K$ 点作为基点(可以选得离 $O$ 点足够远),那么任意点(距 $O$ 点距离为 $r_0$)对于基点 $K$ 的相对沉陷量为

$$\eta = \left[-\frac{2P}{\pi E}\ln\frac{r_0}{d} - \frac{1+\nu}{\pi E}P\right] - \left[-\frac{2P}{\pi E}\ln\frac{r_1}{d} - \frac{1+\nu}{\pi E}P\right] = \frac{2P}{\pi E}\ln\frac{r_1}{r_0} \tag{6.46}$$

④ 可通过叠加原理得出在半无限平面边界上作用有分布力时的应力分布和边界沉陷计算公式。

如图6.16,半平面体在边界 $AB$ 段上受铅直分布力 $q(y)$ 作用。

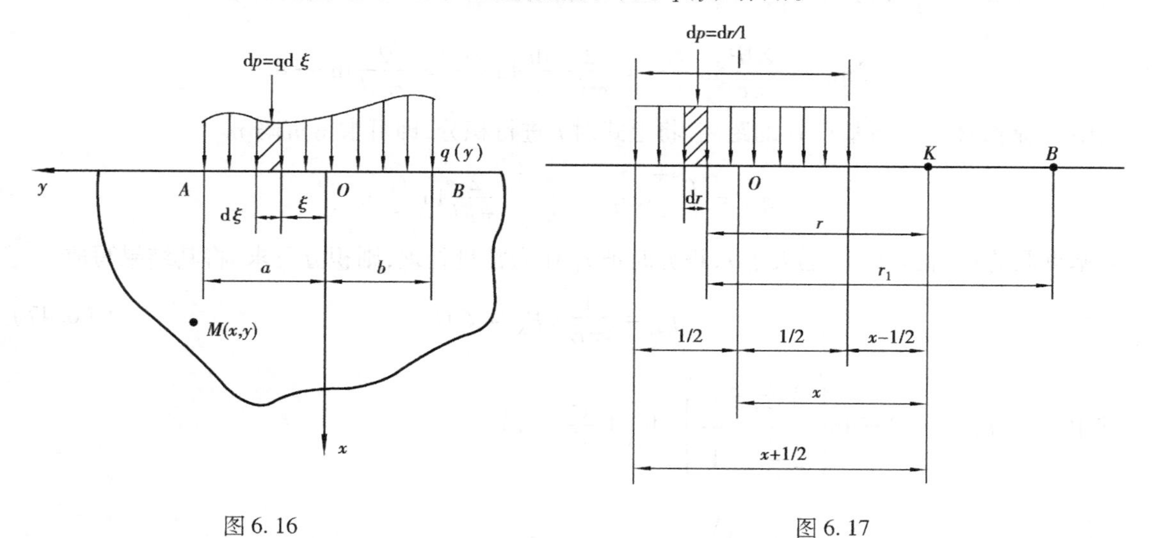


图6.16　　　　图6.17

求出 $M(x,y)$ 点的应力分布。在$\overline{AB}$段内取一微小段 $d\xi$,此点距 $O$ 点为 $\xi$,将 $d\xi$ 段内所受分布力看做一个微小集中力 $dP = qd\xi$,这一微小集中力引起 $M$ 点的应力可由式(6.44)求出。注意到公式(6.44)中之 $x$、$y$ 和 $P$ 应由 $x$、$y-\xi$ 和 $qd\xi$ 代替,则这一微集中力 $dP$ 在 $M$ 点引起的应力为

$$d\sigma_x = -\frac{2q d\xi}{\pi}\frac{x^3}{[x^2+(y-\xi)^2]^2}$$

$$d\sigma_y = -\frac{2q d\xi}{\pi}\frac{x(y-\xi)^2}{[x^2+(y-\xi)^2]^2}$$

$$d\tau_{xy} = -\frac{2q d\xi}{\pi}\frac{x^2(y-\xi)}{[x^2+(y-\xi)^2]^2}$$

若将上述三式对 $\xi$ 由 $-b$ 到 $a$ 积分,便可得到 $\overline{AB}$ 段分布荷载对 $M$ 点引起的应力,即为此种情况下的应力场

$$\sigma_x = -\frac{2}{\pi}\int_{-b}^{a}\frac{x^3 q(\xi)}{[x^2+(y-\xi)^2]^2}d\xi$$

$$\sigma_y = -\frac{2}{\pi}\int_{-b}^{a}\frac{x(y-\xi)^2 q(\xi)}{[x^2+(y-\xi)^2]^2}d\xi$$

$$\tau_{xy} = -\frac{2}{\pi}\int_{-b}^{a}\frac{x^2(y-\xi)q(\xi)}{[x^2+(y-\xi)^2]^2}d\xi$$

再来导出该种情形下(图6.16),半平面边界上一点的沉陷公式。设有单位力均匀分布在半平面边界的长度 $l$ 上(分布集度为 $\frac{1}{l}$),如图6.17。求距均布力中点 $O$ 为 $x$ 的 $K$ 点的沉陷,套用沉陷公式(6.46),须将任一点分布力化为微集中力,类似求应力分量的做法方可求出。此处微集中力为 $dP = \frac{1}{l}dr$,其中 $r$ 为该微分力至 $K$ 点的距离,那么 $dP$ 引起的沉陷为

$$d\eta_{Ki} = \frac{2dP}{\pi E}\ln\frac{r_1}{r_0} = \frac{2}{\pi E}\frac{dr}{l}\ln\frac{r_1}{r} = \frac{2}{\pi El}\ln\frac{r_1}{r}dr$$

其中 $r_1$ 是微集中力与基点 $B$ 的距离。将上式对 $r$ 进行积分,即可求得沉陷 $\eta_{Ki}$

$$\eta_{Ki} = \int_{x-\frac{l}{2}}^{x+\frac{l}{2}} d\eta_{Ki} = \int_{x-\frac{l}{2}}^{x+\frac{l}{2}}\frac{2}{\pi El}\ln\frac{r_1}{r}dr$$

若基点取的相当远,即 $r_1$ 远大于 $r$,积分时把 $r_1$ 作为常量处理,则积分可求。将其结果写成

$$\eta_{Ki} = \frac{1}{\pi E}(F_{Ki} + C) \tag{6.47}$$

其中 $$F_{Ki} = -2\frac{x}{l}\ln\left(\frac{2\frac{x}{l}+1}{2\frac{x}{l}-1}\right) - \ln\left(4\frac{x^2}{l^2}-1\right)$$

$$C = 2\left(\ln\frac{r_1}{l} + \ln 2 + 1\right)$$

若 $K$ 点在均布力中点($x=0$)时,则此处沉陷为

$$\eta_{Ki} = \frac{2}{\pi El}\cdot 2\int_0^{\frac{l}{2}}\ln\frac{r_1}{r}dr = \frac{1}{\pi E}(F_{Ki} + C) \tag{6.48}$$

其中 $F_{Ki} = 0 \qquad C = 2\left(\ln\frac{r_1}{l} + \ln 2 + 1\right)$

$F_{Ki}$ 的计算太冗繁,通常的工程问题有表可查。

## 6.11　无限大板中圆孔附近的应力集中

取一无限大板，其在 $x$ 方向受均匀拉力，强度为 $q$，在板的中间开有一小孔，其半径为 $a$，如图6.18所示。研究该小孔附近的应力状况。

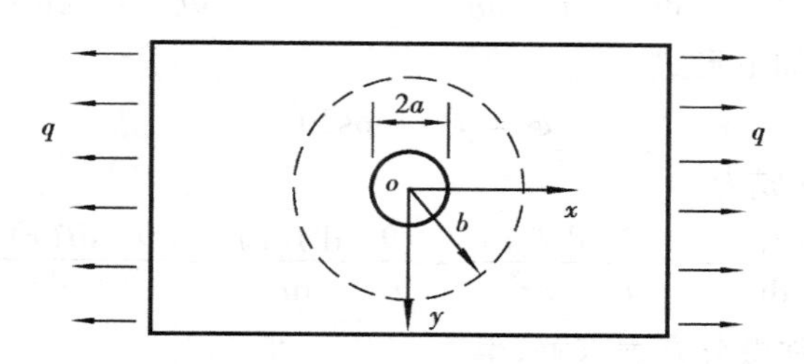


图6.18

在离小孔中心距离为 $b$（$b$ 远大于 $a$）的地方，由圣维南原理知，应力分布已不受小孔的影响，趋于无限大板时的情况，那么，以半径为 $b$ 画圆（见图6.18中虚线），在此圆上应有如下应力分量

$$\sigma_x = q \qquad \sigma_y = 0 \qquad \tau_{xy} = 0 \tag{a}$$

现在考虑解内外半径分别为 $a$、$b$ 的圆环问题，因此将应力场（a）转换为极坐标下的应力场

$$\begin{aligned} \sigma_r &= q\cos^2\theta = \frac{1}{2}q + \frac{1}{2}q\cos 2\theta \\ \sigma_\theta &= q\sin^2\theta = \frac{1}{2}q - \frac{1}{2}q\cos 2\theta \\ \tau_{r\theta} &= -q\sin\theta\cos\theta = -\frac{1}{2}q\sin 2\theta \end{aligned} \tag{b}$$

上式是在 $r = b$ 的圆上的应力场。现在要解圆环问题，该问题已成为具有如下受力情形的圆环问题：

$$\begin{aligned} &r = a \text{ 时}, \sigma_r = 0 \quad \tau_{r\theta} = 0 \\ &r = b \text{ 时}, \sigma_r = \frac{1}{2}q + \frac{1}{2}q\cos 2\theta \quad \tau_{r\theta} = -\frac{1}{2}q\sin 2\theta \end{aligned} \tag{c}$$

可将该问题（c）分解为两个问题求解，然后将其叠加求得原问题（c）的最终解答。这两个问题表达如下：

第一个问题为：

$$\begin{aligned} &r = a \text{ 时}, \sigma_r = 0 \quad \tau_{r\theta} = 0 \\ &r = b \text{ 时}, \sigma_r = \frac{1}{2}q \quad \tau_{r\theta} = 0 \end{aligned} \tag{d}$$

第二个问题为：

$$\begin{aligned} &r = a \text{ 时}, \sigma_r = 0 \quad \tau_{r\theta} = 0 \\ &r = b \text{ 时}, \sigma_r = \frac{1}{2}q\cos 2\theta \quad \tau_{r\theta} = -\frac{1}{2}q\sin 2\theta \end{aligned} \tag{e}$$

第一个问题的解可由拉梅解给出,即

$$\sigma_r = \frac{q}{2}\left(1 - \frac{a^2}{r^2}\right), \quad \sigma_\theta = \frac{q}{2}\left(1 + \frac{a^2}{r^2}\right), \quad \tau_{r\theta} = 0 \tag{f}$$

第二个问题用半逆解法,设$\sigma_r$为$r$的某一函数乘以$\cos 2\theta$,$\tau_{r\theta}$为$r$的另外一个函数乘以$\sin 2\theta$,由应力分量与应力函数的关系

$$\sigma_r = \frac{1}{r}\frac{\partial \varphi}{\partial r} + \frac{1}{r^2}\frac{\partial^2 \varphi}{\partial \theta^2} \qquad \tau_{r\theta} = -\frac{\partial}{\partial r}\left(\frac{1}{r}\frac{\partial \varphi}{\partial \theta}\right)$$

可以推知,应力函数应具如下形式

$$\varphi = f(r)\cos 2\theta$$

应力函数满足的协调方程成为

$$\cos 2\theta\left[\frac{\mathrm{d}^4 f(r)}{\mathrm{d}r^4} + \frac{2}{r}\frac{\mathrm{d}^3 f(r)}{\mathrm{d}r^3} - \frac{9}{r^2}\frac{\mathrm{d}^2 f(r)}{\mathrm{d}r^2} + \frac{9}{r^3}\frac{\mathrm{d}f(r)}{\mathrm{d}r}\right] = 0$$

对上式中$f(r)$所满足的常微分方程求解,得

$$f(r) = A r^4 + B r^2 + C + \frac{D}{r^2}$$

其中$A$、$B$、$C$、$D$为任意常数。从而可求出应力场

$$\sigma_r = -\left(2B + \frac{4C}{r^2} + \frac{6D}{r^4}\right)\cos 2\theta$$

$$\sigma_\theta = \left(12A r^2 + 2B + \frac{6D}{r^4}\right)\cos 2\theta$$

$$\tau_{r\theta} = \left(6A r^2 + 2B - \frac{2C}{r^2} - \frac{6D}{r^4}\right)\sin 2\theta$$

利用边界条件式(e)可确定应力场中的待定常数。由于假定了$a$远小于$b$,故令$\frac{a}{b} = 0$,应有

$$A = 0 \qquad B = -\frac{1}{4}q \qquad C = \frac{1}{2}qa^2 \qquad D = -\frac{1}{4}qa^4$$

得应力场的表达式

$$\begin{aligned}
\sigma_r &= \frac{1}{2}q\left(1 - \frac{a^2}{r^2}\right)\left(1 - 3\frac{a^2}{r^2}\right)\cos 2\theta \\
\sigma_\theta &= -\frac{1}{2}q\left(1 + 3\frac{a^4}{r^4}\right)\cos 2\theta \\
\tau_{r\theta} &= -\frac{1}{2}q\left(1 - \frac{a^2}{r^2}\right)\left(1 + 3\frac{a^2}{r^2}\right)\sin 2\theta
\end{aligned} \tag{g}$$

那么,无限大板单向受拉强度为$q$,中间开孔时孔边附近的应力场应为式(f)与式(g)的叠加,其最终的应力场为

$$\begin{aligned}
\sigma_r &= \frac{q}{2}\left(1 - \frac{a^2}{r^2}\right) + \frac{q}{2}\left(1 + 3\frac{a^4}{r^4} - 4\frac{a^2}{r^2}\right)\cos 2\theta \\
\sigma_\theta &= \frac{q}{2}\left(1 + \frac{a^2}{r^2}\right) - \frac{q}{2}\left(1 + 3\frac{a^4}{r^4}\right)\cos 2\theta \\
\tau_{r\theta} &= -\frac{q}{2}\left(1 - 3\frac{a^4}{r^4} + 2\frac{a^2}{r^2}\right)\sin 2\theta
\end{aligned} \tag{6.49}$$

式(6.49)被叫做克尔西(Kirsch,G.)解答。

由克尔西解答来讨论一下孔边附近的应力变化情况。

① 沿着孔边($r=a$)环向正应力是

$$\sigma_\theta = q(1-2\cos 2\theta)$$

它在孔边上的几个特定位置的数值如下表所示

| $\theta$ | 0 | $\frac{\pi}{6}$ | $\frac{\pi}{4}$ | $\frac{\pi}{3}$ | $\frac{\pi}{2}$ |
|---|---|---|---|---|---|
| $\sigma_\theta$ | $-q$ | 0 | $q$ | $2q$ | $3q$ |

② 沿着$y$轴($\theta=\frac{\pi}{2}$)环向正应力是

$$\sigma_\theta = q\left(1+\frac{1}{2}\frac{a^2}{r^2}+\frac{3}{2}\frac{a^4}{r^4}\right)$$

它沿$y$轴的变化列入下表

| $r$ | $a$ | $2a$ | $3a$ | $4a$ | $5a$ |
|---|---|---|---|---|---|
| $\sigma_\theta$ | $3q$ | $1.22q$ | $1.07q$ | $1.04q$ | $1.02q$ |

③ 沿着$x$轴($\theta=0$)环向正应力是

$$\sigma_\theta = -\frac{q}{2}\frac{a^2}{r^2}\left(3\frac{a^2}{r^2}-1\right)$$

在$r=a$处,$\sigma_\theta=-q$;在$r=\sqrt{3}a$处,$\sigma_\theta=0$。即在$r=a$和$r=\sqrt{3}a$区间$x$方向受压,压应力的合力为

$$P=\int_a^{\sqrt{3}a}(\sigma_\theta)_{\theta=0}\mathrm{d}r=-0.192\,4qa$$

④ 在这里看到,由于小圆孔的存在,改变了圆孔附近的应力分布,使孔边的应力值比无孔拉伸平板的应力高出好几倍。同时离开圆孔较远处,圆孔的存在对应力分布的影响逐渐消失。这种现象称为应力集中现象。在开孔时$\sigma_\theta$的最大值与未开孔时$q$的比值称为应力集中因子,那么该问题的应力集中因子($K$)为

$$K=\frac{(\sigma_\theta)_{\max}}{q}=3 \tag{6.50}$$

关于应力集中问题提请读者注意以下几点:

① 引起应力集中的原因主要是开孔后,孔附近局部应力分布改变所致,而不是开孔后断面积减小所致。即使面积减小百分之几甚或千分之几,应力也会集中到若干倍。

② 孔边应力集中是局部现象,即几倍于孔径以外的地方应力几乎不受孔的影响。在该问题中已看到当$r=3a$时,应力集中因子仅为1.07。

③ 应力集中的程度主要与孔的形状有关,一般说来,圆孔孔边的集中程度最低,其他形状的孔孔边应力集中较高,由于分析时用到较高深的教学工具,这里不再做分析和证明。

## 本章小结

1. 两类平面问题的力学模型(注意物体形状及受力要求的不同之处)。

2. 注意平面应力问题中 $\varepsilon_z = -\frac{\mu}{E}(\sigma_x + \sigma_y)$ 和平面应变问题中 $\sigma_z = \mu(\sigma_x + \sigma_y)$ 的力学意义。

3. 平面弹性力学基本边值问题的解法,应力函数的提出及它所满足的方程 —— 协调方程(6.10)。

4. 用逆解法和半逆解法求解弹性力学问题的方法,多项式解答对应的弹性力学问题。

5. 圆对称问题的基本方程(6.19)、(6.20)、(6.21)。

6. 直角坐标下和极坐标下的应力转换公式(6.23)。

7. 轴对称问题的应力解法及其应用。

8. 应力集中的概念及其影响因素。

## 习　题

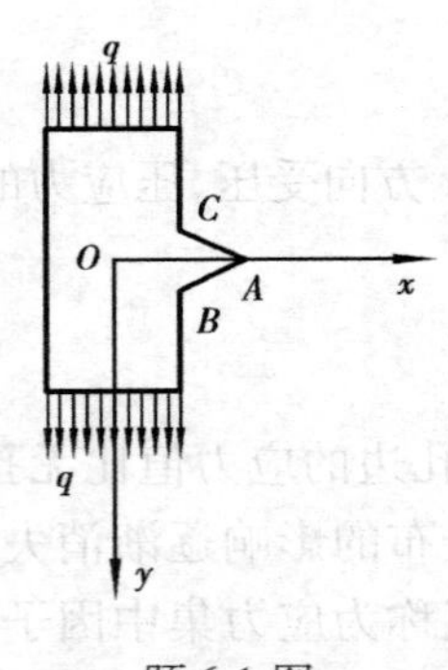

题6-1图

6-1　题6-1图所示薄板条在 $y$ 方向受均匀拉力作用,试证明在板中间突出部分的尖端 $A$ 处各应力分量为零。

6-2　试证明任意形状的平板状弹性体,板平面自由边界上作用有均匀压力 $p$,若不计体力,此时弹性体内的应力分量为 $\sigma_x = \sigma_y = -p$, $\tau_{xy} = 0$。

6-3　给定应力函数 $\varphi(x,y) = A(y^3 + yx^2)$,试求具有三角形区域弹性体边界上的法向应力和切向应力。

6-4　给定矩形截面的竖柱,密度为 $\rho$,在一侧边上受均布剪力 $q$ 作用(如题6-4图)。试求其应力分量(可设 $\sigma_x = 0$ 或 $\tau_{xy}$ 仅为 $x$ 的函数)。

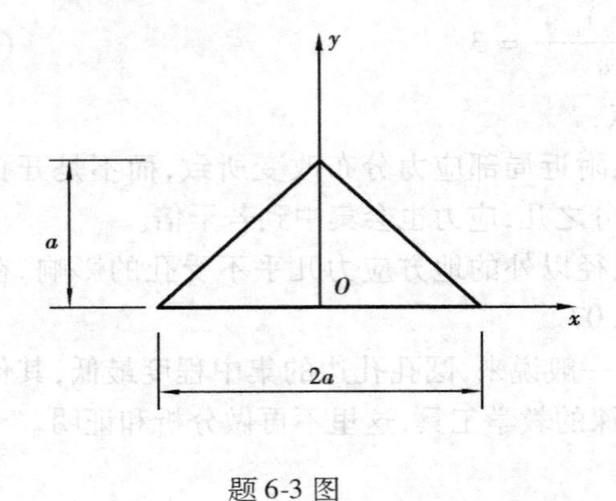

题6-3图

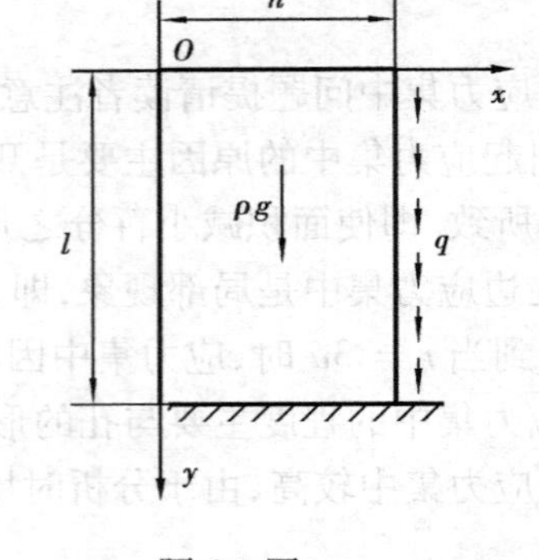

题6-4图

6-5　一三角形悬臂梁只受重力作用(如题6-5图),梁的密度为$\rho$,试用纯三次式的应力函数求解其应力场。

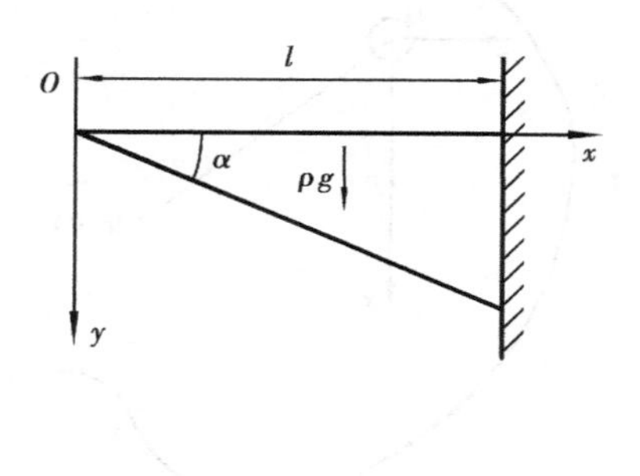


题6-5图

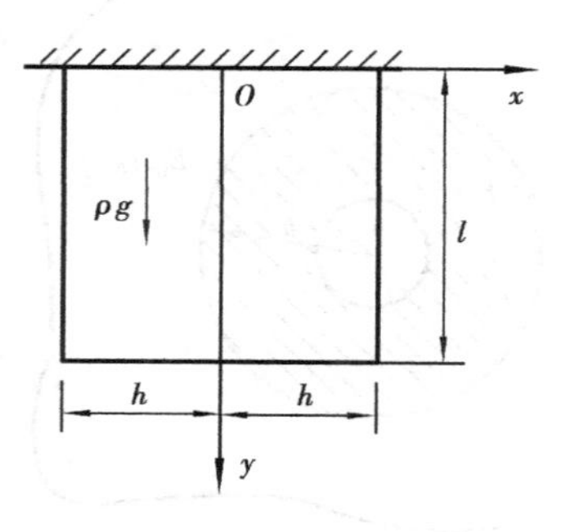


题6-6图

6-6　一平板厚度为单位1,宽度为$2h$,材料的密度为$\rho$,固定悬挂起来(如题6-6图)。试求该板的应力场及位移场。

6-7　悬臂梁上部受线形分布荷载,如题6-7图所示。试根据材料力学中$\sigma_x$的表达式,再用平衡方程导出$\sigma_y$和$\tau_{xy}$的表达式。

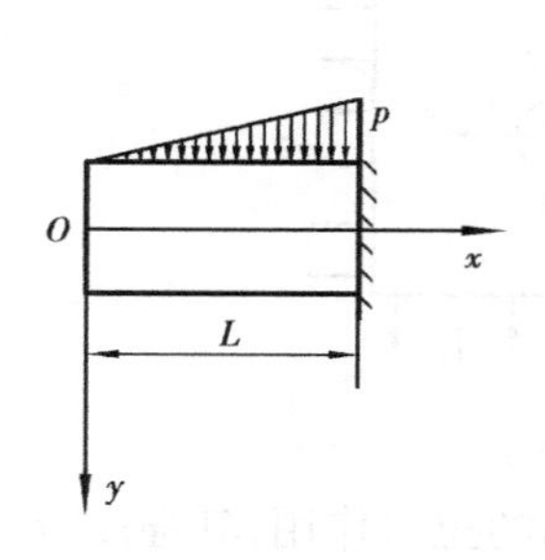


题6-7图

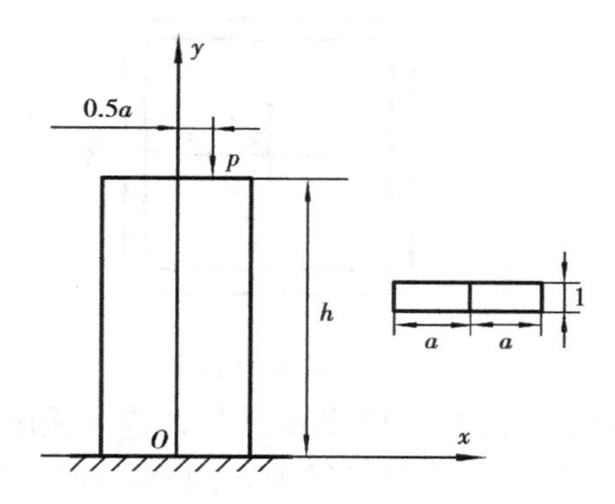


题6-8图

6-8　如题6-8图所示矩形截面柱,承受偏心荷载$P$作用,且不计其重量。若应力函数为$\varphi = Ax^3 + Bx^2$,试求:① 应力分量;② 应变分量;③ 假设$O$点不移动,且该点处截面内的线单元不能转动,求其位移分量;④ 轴线的位移方程式。

6-9　设有内半径为$a$外半径为$b$的圆筒,分别受内压$q_a$和外压$q_b$的作用。分别求出此2种情况下内半径$a$和外半径$b$的改变量。

6-10　设有一圆环内外半径为$a$和$b$,设内缘固定,外边缘受有均布压力$q_b$的作用,试用位移法求圆环的位移场和应力场。

6-11　在一无限大弹性体(弹性常数为$E_0,\nu_0$)中埋设一圆筒(如题6-11图)。该圆筒内外半径分别为$a$和$b$,弹性常数为$E$和$\nu$,受内压$q$作用,试求该圆筒的应力场。提示:考虑两弹性体接触处的接触条件,即此处的应力条件和位移条件。

6-12　设有一无限大薄板,在板内一小孔中受集中力$P$的作用(如题6-12图)。试求应力分布。注意此为多连通域,须用位移单值性条件。

(提示用如下应力函数:$\varphi = Ar\ln r\cos\theta + Br\theta\sin\theta$)

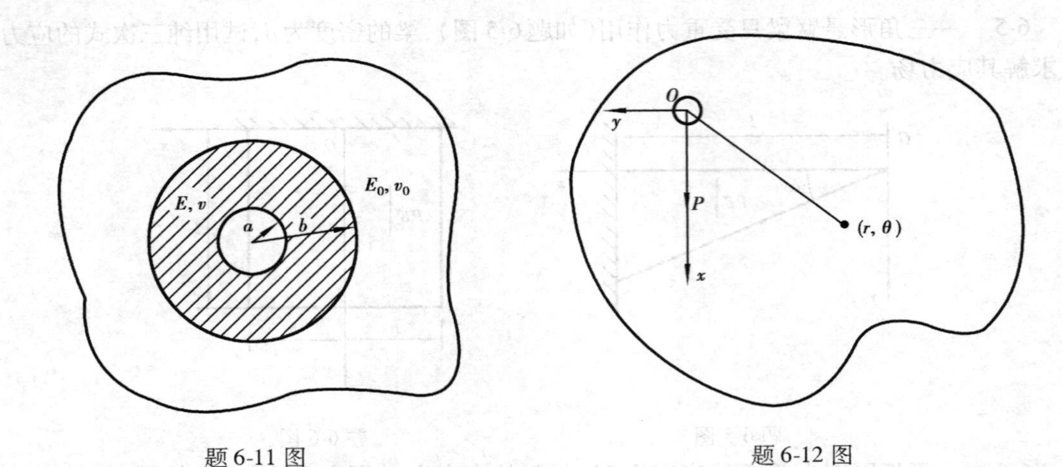


题 6-11 图　　　　　　　　　　　　　　　　题 6-12 图

6-13　如题 6-13 图所示矩形板，在其中心处具有一半径为 $a$ 的小圆孔，在矩形板的边界上受均匀剪力 $q$ 作用。试求孔附近的应力分布，并求孔边的最大正应力和最小正应力。

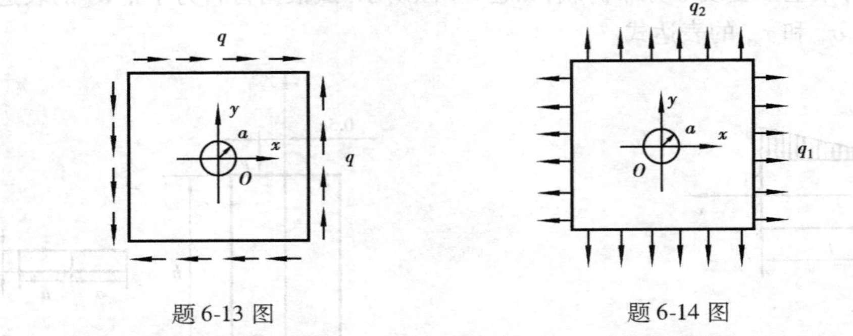


题 6-13 图　　　　　　　　　　　　　　　　题 6-14 图

6-14　利用 6.12 节的结果讨论一无限大矩形板受两个方向的拉力作用，其强度分别为 $q_1$ 和 $q_2$，在板中间开有半径为 $a$ 的小孔时的应力集中问题。即求出孔边附近的应力分布，并求出孔边上的最大正应力。

6-15　楔形体两侧受线形分布剪力 $q_r$ 作用，见题 6-15 图。试用应力函数 $\varphi = r^3(C\cos 3\theta + A\cos\theta)$ 求其应力分量。

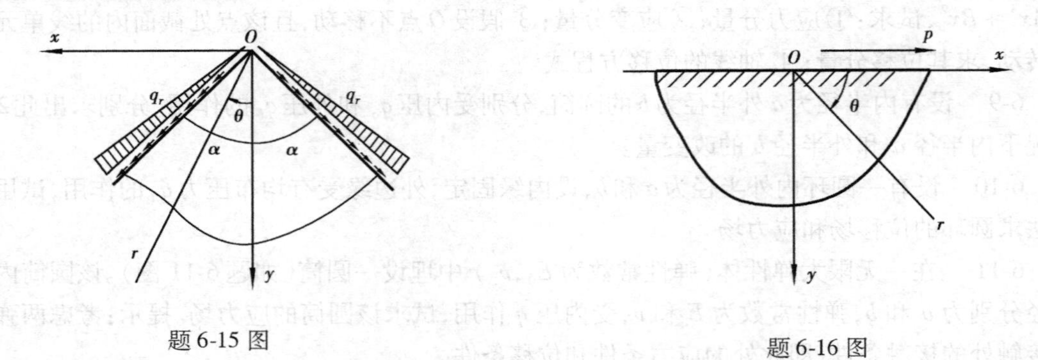


题 6-15 图　　　　　　　　　　　　　　　　题 6-16 图

6-16　试求如题 6-16 图所示的半无限板在直边界上有水平集中力 $p$ 作用时的应力函数和应力分布。

# 第 7 章
# 空间问题

## 7.1 按位移求解空间问题

在 5.1 节中给出弹性力学的基本方程，也指出求解的途径，此节将对按位移求解的具体方程及步骤作简单介绍。

推导基本方程的步骤为，将几何方程代入物理方程，即把位移量与应力量联系起来，这样的关系被称作弹性方程，具体形式为

$$
\begin{aligned}
\sigma_x &= \frac{E}{1+\nu}\left(\frac{\nu}{1-2\nu}\theta + \frac{\partial u}{\partial x}\right) \quad & \tau_{yz} &= \frac{E}{2(1+\nu)}\left(\frac{\partial w}{\partial y} + \frac{\partial v}{\partial z}\right) \\
\sigma_y &= \frac{E}{1+\nu}\left(\frac{\nu}{1-2\nu}\theta + \frac{\partial v}{\partial y}\right) \quad & \tau_{zx} &= \frac{E}{2(1+\nu)}\left(\frac{\partial u}{\partial z} + \frac{\partial w}{\partial x}\right) \\
\sigma_z &= \frac{E}{1+\nu}\left(\frac{\nu}{1-2\nu}\theta + \frac{\partial w}{\partial z}\right) \quad & \tau_{xy} &= \frac{E}{2(1+\nu)}\left(\frac{\partial v}{\partial x} + \frac{\partial u}{\partial y}\right)
\end{aligned} \tag{7.1}
$$

其中 $\theta = \frac{\partial u}{\partial x} + \frac{\partial v}{\partial y} + \frac{\partial w}{\partial z}$

再将以上的弹性方程(7.1)代入平衡方程(5.1)，得

$$
\begin{aligned}
\frac{E}{2(1+\nu)}\left(\frac{1}{1-2\nu}\frac{\partial \theta}{\partial x} + \nabla^2 u\right) + f_x = 0 \\
\frac{E}{2(1+\nu)}\left(\frac{1}{1-2\nu}\frac{\partial \theta}{\partial y} + \nabla^2 v\right) + f_y = 0 \\
\frac{E}{2(1+\nu)}\left(\frac{1}{1-2\nu}\frac{\partial \theta}{\partial z} + \nabla^2 w\right) + f_z = 0
\end{aligned} \tag{7.2}
$$

以上的平衡方程是以位移分量给出的，此即按位移求解问题时的基本方程，3 个方程 3 个基本未知函数 $u$、$v$、$w$，只要给出适当的边界条件，即可求定解问题。

边界条件全部以位移形式给出，求定解问题即可。若部分边界或全部边界以应力形式给出的话，则必须将应力分量转换为位移分量，这样转换的结果就将边界条件写成了 $u$、$v$、$w$ 及它们的一阶导数的混合形式，边界条件方程较之原应力边界条件要冗繁些，所以在一般情况下，

我们在数学上做这样的理解,而保留其应力形式的边界条件。

当问题为轴对称问题时,用柱坐标求解将是方便的,此时可将(7.1)和(7.2)换为如下形式:

弹性方程

$$\begin{aligned}\sigma_r&=\frac{E}{1+\nu}\left(\frac{\nu}{1-2\nu}e+\frac{\partial u}{\partial r}\right),\quad \sigma_\theta=\frac{E}{1+\nu}\left(\frac{\nu}{1-2\nu}e+\frac{u}{r}\right)\\ \sigma_z&=\frac{E}{1+\nu}\left(\frac{\nu}{1-2\nu}e+\frac{\partial w}{\partial z}\right),\quad \tau_{zr}=\frac{E}{2(1+\nu)}\left(\frac{\partial u}{\partial z}+\frac{\partial w}{\partial r}\right)\end{aligned}\tag{7.3}$$

其中 $e=\frac{\partial u}{\partial r}+\frac{u}{r}+\frac{\partial w}{\partial z}$,$u$、$w$ 分别为 $r$ 和 $z$ 方向的位移,平衡方程

$$\begin{aligned}&\frac{E}{2(1+\nu)}\left(\frac{1}{1-2\nu}\frac{\partial e}{\partial r}+\nabla^2 u-\frac{u}{r^2}\right)+f_r=0\\ &\frac{E}{2(1+\nu)}\left(\frac{1}{1-2\nu}\frac{\partial e}{\partial z}+\nabla^2 w\right)+f_z=0\end{aligned}\tag{7.4}$$

其中 $f_r$、$f_z$ 为 $r$ 和 $z$ 方向的体积力,式(7.4)即为按位移求解空间轴对称问题时的基本微分方程。当问题为轴对称时,其基本未知量仅剩二个,即 $u$ 和 $w$,相应的边界条件也应以轴对称问题下的基本未知量给出,若有应力边界条件,应按(5.5)式给出。关于位移解法给出后面两节的专题做为示例。

## 7.2 半空间体受重力及均布压力作用

设半空间体的密度为 $\rho$,则容重为 $\rho g$,在其水平面上受有均布压力 $q$ 作用,坐标架如图 7.1 所示。

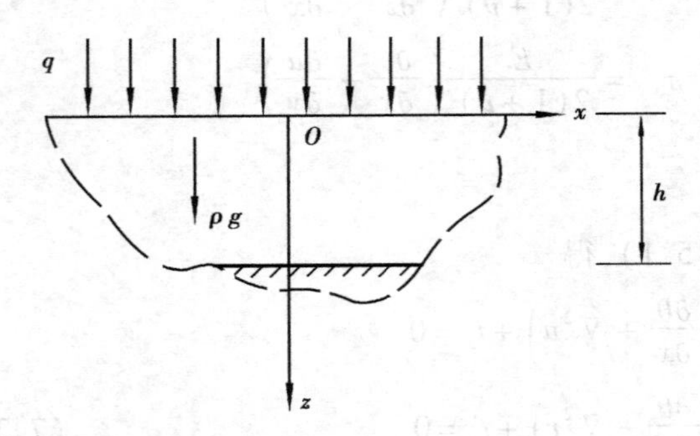

图 7.1

采用直角坐标求解,基本方程为(7.2),此种情况下体力为 $f_x=f_y=0\quad f_z=\rho g$。现对三个位移分量作些分析。在该弹性体中任一垂直于 $Oxy$ 平面(即水平面)的平面均为对称面,那么对应于 $x$、$y$ 方向的位移 $u$ 和 $v$ 将为零,而且 $w$ 仅仅是 $z$ 的函数,此时位移分量如下:

$$u=0\qquad v=0\qquad w=w(z)\tag{a}$$

此时基本方程式(7.2)中仅有一个未知函数 $w$,且仅为 $z$ 的函数,由数学知识知,式(7.2)的偏微分方程组将转化为一常微分方程。

由于

$$\begin{aligned}&\theta=\frac{\partial u}{\partial x}+\frac{\partial v}{\partial y}+\frac{\partial w}{\partial z}=\frac{\mathrm{d}w}{\mathrm{d}z}\\ &\frac{\partial\theta}{\partial x}=0,\quad\frac{\partial\theta}{\partial y}=0,\quad\frac{\partial\theta}{\partial z}=\frac{\mathrm{d}^2w}{\mathrm{d}z^2}\end{aligned}\tag{b}$$

式(7.2)中前两式自动满足,第 3 式成为

$$\frac{d^2 w}{dz^2} = -\frac{(1+\nu)(1-2\nu)\rho g}{E(1-\nu)} \tag{c}$$

由此积分求得

$$\theta = \frac{dw}{dz} = -\frac{(1+\nu)(1-2\nu)\rho g}{E(1-\nu)}(z+A) \tag{d}$$

$$w = -\frac{(1+\nu)(1-2\nu)\rho g}{2E(1-\nu)}(z+A)^2 + B \tag{e}$$

其中 $A$ 和 $B$ 是积分常数,应由边界条件定出。

该问题的边界条件为

$$z=0 \text{ 时:}\quad \sigma_z = -q \qquad \tau_{zx} = \tau_{zy} = 0 \tag{f}$$

现在由式(7.1)求出各应力分量

$$\sigma_x = \sigma_y = -\frac{\nu}{1-\nu}\rho g(z+A) \quad \sigma_z = -\rho g(z+A) \quad \tau_{yz} = \tau_{zx} = \tau_{xy} = 0 \tag{g}$$

将式(g)代入式(f)定出

$$A = \frac{q}{\rho g}$$

竖向位移成为

$$w = -\frac{(1+\nu)(1-2\nu)\rho g}{2E(1-\nu)}\left(z + \frac{q}{\rho g}\right)^2 + B$$

为确定常数 $B$ 必须利用位移边界条件,设在 $z=h$ 处已无竖向位移,则有

$$z=h \text{ 时}, w=0$$

由此定出常数 $B$

$$B = \frac{(1+\nu)(1-2\nu)\rho g}{2E(1-\nu)}\left(h + \frac{q}{\rho g}\right)^2$$

至此,求得的应力场和位移场如下

$$\begin{aligned}
&\sigma_x = \sigma_y = -\frac{\nu}{1-\nu}(q+\rho g z) \\
&\sigma_z = -(q+\rho g z) \\
&\tau_{yz} = \tau_{zx} = \tau_{xy} = 0 \\
&w = \frac{(1+\nu)(1-2\nu)}{E(1-\nu)}\left[q(h-z) + \frac{\rho g}{2}(h^2 - z^2)\right]
\end{aligned} \tag{7.5}$$

现在一切条件均满足,位移场和应力场已经完全确定,该解答应视为精确解答。

由位移表达式可知最大竖向位移发生在边界上

$$w_{\max} = (w)_{z=0} = \frac{(1+\nu)(1-2\nu)}{E(1-\nu)}\left(qh + \frac{1}{2}\rho g h^2\right) \tag{h}$$

在该弹性体中任一点水平应力 $\sigma_x$、$\sigma_y$ 与垂直应力 $\sigma_z$ 的比值是

$$\frac{\sigma_x}{\sigma_z} = \frac{\sigma_y}{\sigma_z} = \frac{\nu}{1-\nu} \tag{7.6}$$

这个比值在土力学中叫侧压力系数,$\nu$ 被称为土的侧膨胀系数。

## 7.3 半空间体在边界上受法向集中力作用

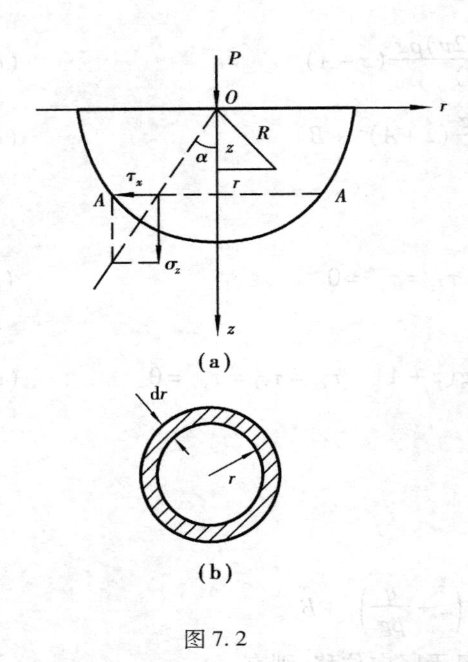


图 7.2

半空间体的受力及所取坐标架如图 7.2 所示。此问题为轴对称的空间问题,力 $P$ 的作用线即为对称轴。根据该问题的特点,为方便起见利用柱坐标求解。若不计体力,则基本方程如下

$$\frac{1}{1-2\nu}\frac{\partial e}{\partial r}+\nabla^2 u-\frac{u}{r^2}=0$$

$$\frac{1}{1-2\nu}\frac{\partial e}{\partial z}+\nabla^2 w=0$$

应力边界条件

$$z=0,\quad r\neq 0\text{ 时：}\quad \sigma_z=0,\quad \tau_{zr}=0 \tag{a}$$

由于是无限大弹性体,在 $z$ 为任一常量的平面上,考虑竖向平衡 $\sum z=0$,由此转换而来的应力边界条件为

$$\int_0^\infty \sigma_z\cdot 2\pi r\mathrm{d}r+P=0 \tag{b}$$

积分号下的微面积 $2\pi r\mathrm{d}r$ 见图 7.2(b),以下将略去求解过程给出满足上述条件的解答

$$\left.\begin{aligned}
u&=\frac{1+\nu}{2\pi E}P\cdot\left[\frac{rz}{R^3}-\frac{(1-2\nu)r}{R(R+z)}\right]\\
v&=0\\
w&=\frac{1+\nu}{2\pi E}P\cdot\left[\frac{2(1-\nu)}{R}+\frac{z^2}{R^3}\right]
\end{aligned}\right\} \tag{7.7}$$

$$\left.\begin{aligned}
\sigma_r&=\frac{1}{2\pi}P\cdot\left[\frac{(1-2\nu)}{R(R+z)}-\frac{3r^2z}{R^5}\right]\\
\sigma_\theta&=\frac{1-2\nu}{2\pi}P\cdot\left[\frac{z}{R^3}-\frac{1}{R(R+z)}\right]\\
\sigma_z&=-\frac{3}{2\pi}P\frac{z^3}{R^5}\\
\tau_{zr}&=-\frac{3}{2\pi}P\frac{rz^2}{R^5}\\
\tau_{r\theta}&=\tau_{\theta z}=0
\end{aligned}\right\} \tag{7.8}$$

其中 $R=\sqrt{r^2+z^2}$

这个解和平面问题中半无限平面作用有集中力的问题性质上有类似之处。读者可验证:位移分量满足基本方程(7.4),位移分量和应力分量满足弹性方程(7.3),应力分量满足边界条件(a)和(b),因而解答(7.7)、(7.8)是精确解答。现取一平行于边界的平面 $AA$(图 7.2 a),则这平面上正应力和剪应力之比应是

$$\frac{\sigma_z}{\tau_{zr}}=\frac{z}{r}$$

因此过平面 $AA$ 的应力合力一定通过原点，这个合力的大小是

$$T=\sqrt{\sigma_z^{\ 2}+\tau_{rz}^{\ 2}}=\frac{3}{2\pi}P\cdot\frac{\cos^2\alpha}{R^2} \tag{7.9}$$

由式(7.8)、式(7.9)看到，各应力随着 $R$ 的增大而逐渐减小，且减小的比较快（与 $\frac{1}{R^2}$ 成正比），在靠近原点处应力非常大。在集中力作用下，原点是一奇异点，在具体工程中集中力 $P$ 作用点一定是作过处理的，一般是有限面积的。由式(7.7)可得到半无限体边界平面上各点的位移

$$\begin{aligned}u|_{z=0}&=-\frac{(1+\nu)(1-2\nu)}{2\pi E}P\cdot\frac{1}{r}\\v|_{z=0}&=0\\w|_{z=0}&=\frac{1-\nu^2}{\pi E}P\cdot\frac{1}{r}\end{aligned} \tag{7.10}$$

这表明：边界在变形后形成了以 $Or$ 和 $Oz$ 轴为渐近线的双曲线。此解答被称为布希涅斯克（Boussinesq）解答。关于解答(7.7)、(7.8)的求解过程，请参阅钱伟长的著作。

## 7.4 半无限体边界平面上受有限面积分布压力作用

该问题的求解是较繁复的，这里仅就工程中所关心的边界上任一点的沉陷量的确定进行求解，类似的问题其解法亦相同。

设有均匀分布的压力作用在半空间体边界的矩形面积上，矩形面积的边长为 $a$ 和 $b$。分布压力的集度为1，此假设不失一般性。

图7.3矩形表示荷载作用范围，现在来求矩形的对称轴上任一点 $k$ 的沉陷量 $w_k$。为此将这些均布单位力分为若干微集中力，求出每一微集中力对 $k$ 点沉陷的贡献，再将整个荷载作用范围内所有微集中力的影响求出，即得此时 $k$ 点的实际沉陷量。取微集中力 $dp=\frac{1}{ab}d\xi dy$。这一微集中力引起 $k$ 点的沉陷量应由式(7.10)中的第3式求出

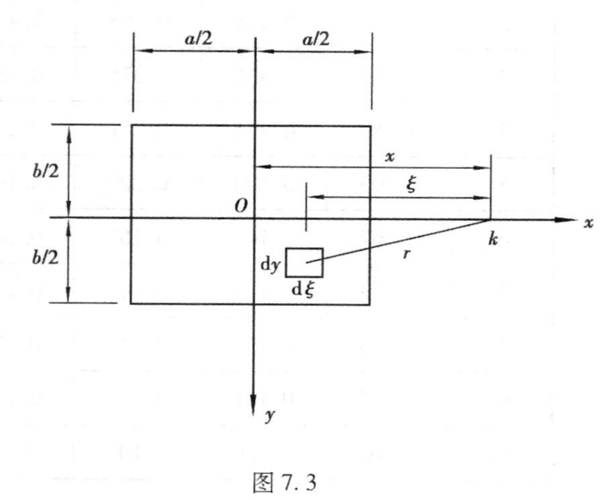

图7.3

$$dw_{ki}=\frac{1-\nu^2}{\pi E}\frac{1}{ab}d\xi dy\cdot\frac{1}{r}=\frac{1-\nu^2}{\pi E}\frac{1}{ab}\frac{1}{\sqrt{\xi^2+y^2}}d\xi dy$$

只要对 $\xi$ 和 $\gamma$ 在整个荷载作用平面上进行积分,就可得到 $k$ 点的最终沉陷量

$$w_{ki} = \frac{1-\nu^2}{\pi E}\int_{x-\frac{a}{2}}^{x+\frac{a}{2}}\int_{-\frac{b}{2}}^{\frac{b}{2}}\frac{1}{ab}\frac{1}{\sqrt{\xi^2+\gamma^2}}\mathrm{d}\xi\mathrm{d}\gamma = \frac{1-\nu^2}{\pi Ea}F_{ki} \tag{7.11}$$

其中

$$F_{ki} = \left(\frac{2\frac{x}{a}+1}{\frac{b}{a}}\mathrm{sh}^{-1}\frac{\frac{b}{a}}{2\frac{x}{a}+1}+\mathrm{sh}^{-1}\frac{2\frac{x}{a}+1}{\frac{b}{a}}\right)-\left(\frac{2\frac{x}{a}-1}{\frac{b}{a}}\mathrm{sh}^{-1}\frac{\frac{b}{a}}{2\frac{x}{a}-1}+\mathrm{sh}^{-1}\frac{2\frac{x}{a}-1}{\frac{b}{a}}\right)$$

若 $k$ 点恰在矩形的中心($x=0$)上,则沉陷量为

$$w_k = \frac{1-\nu^2}{\pi Ea}\cdot 2\left(\frac{a}{b}\mathrm{sh}^{-1}\frac{b}{a}+\mathrm{sh}^{-1}\frac{a}{b}\right)$$

式(7.11)中的 $F_{ki}$ 计算较繁,通常做成表格查用(见表7.1)。如果 $\frac{x}{a}$ 大于10,则 $F_{ki}$ 取为 $\frac{a}{x}$。

前两节中所讨论的问题,即在已知表面分布力作用下求弹性体的位移,在实际工程中有重要而广泛的应用。若荷载作用区域相对于弹性体的几何尺寸要小得多,这时可将弹性体表面看作无限大平面,弹性体即为半空间体,例如房屋的地基就可抽象为此类问题,实际工程中某些问题则可能是以上问题的逆问题。

**表7.1 式(7.11)中 $F_{ki}$ 之值**

| $\frac{x}{a}$ | $\frac{a}{x}$ | $\frac{b}{a}=\frac{2}{3}$ | $\frac{b}{a}=1$ | $\frac{b}{a}=2$ | $\frac{b}{a}=3$ | $\frac{b}{a}=4$ | $\frac{b}{a}=5$ |
|---|---|---|---|---|---|---|---|
| 0 | ∞ | 4.265 | 3.525 | 2.406 | 1.867 | 1.543 | 1.322 |
| 1 | 1.000 | 1.069 | 1.038 | 0.929 | 0.829 | 0.746 | 0.678 |
| 2 | 0.500 | 0.508 | 0.505 | 0.490 | 0.469 | 0.446 | 0.422 |
| 3 | 0.333 | 0.336 | 0.335 | 0.330 | 0.323 | 0.314 | 0.305 |
| 4 | 0.250 | 0.251 | 0.251 | 0.249 | 0.246 | 0.242 | 0.237 |
| 5 | 0.200 | 0.200 | 0.200 | 0.199 | 0.197 | 0.196 | 0.193 |
| 6 | 0.167 | 0.167 | 0.167 | 0.166 | 0.165 | 0.164 | 0.163 |
| 7 | 0.143 | 0.143 | 0.143 | 0.143 | 0.142 | 0.141 | 0.140 |
| 8 | 0.125 | 0.125 | 0.125 | 0.125 | 0.124 | 0.124 | 0.123 |
| 9 | 0.111 | 0.111 | 0.111 | 0.111 | 0.111 | 0.111 | 0.110 |
| 10 | 0.100 | 0.100 | 0.100 | 0.100 | 0.100 | 0.100 | 0.099 |

## 7.5　按应力求解空间问题

按应力求解问题时，须将3类基本方程中的位移分量和形变分量消去，得出只含有应力分量的方程。已知由协调方程结合平衡方程可得出仅含6个应力分量的基本方程。协调方程如下

$$\frac{\partial^2 \varepsilon_x}{\partial y^2}+\frac{\partial^2 \varepsilon_y}{\partial x^2}=\frac{\partial^2 \gamma_{xy}}{\partial x \partial y}$$

$$\frac{\partial^2 \varepsilon_z}{\partial x^2}+\frac{\partial^2 \varepsilon_x}{\partial z^2}=\frac{\partial^2 \gamma_{zx}}{\partial z \partial x}$$

$$\frac{\partial^2 \varepsilon_y}{\partial z^2}+\frac{\partial^2 \varepsilon_z}{\partial y^2}=\frac{\partial^2 \gamma_{yz}}{\partial y \partial z}$$

$$\frac{\partial}{\partial x}\left(-\frac{\partial \gamma_{yz}}{\partial x}+\frac{\partial \gamma_{zx}}{\partial y}+\frac{\partial \gamma_{xy}}{\partial z}\right)=2\frac{\partial^2 \varepsilon_x}{\partial y \partial z}$$

$$\frac{\partial}{\partial y}\left(-\frac{\partial \gamma_{zx}}{\partial y}+\frac{\partial \gamma_{xy}}{\partial z}+\frac{\partial \gamma_{yz}}{\partial x}\right)=2\frac{\partial^2 \varepsilon_y}{\partial z \partial x}$$

$$\frac{\partial}{\partial z}\left(-\frac{\partial \gamma_{xy}}{\partial z}+\frac{\partial \gamma_{yz}}{\partial x}+\frac{\partial \gamma_{zx}}{\partial y}\right)=2\frac{\partial^2 \varepsilon_z}{\partial x \partial y}$$

将物理方程代入协调方程，再利用平衡微分方程进行简化，若体力为常量，则可得到如下的用应力分量表示的协调方程

$$\begin{aligned}
&(1+\nu)\nabla^2\sigma_x+\frac{\partial^2 \Theta}{\partial x^2}=0\\
&(1+\nu)\nabla^2\sigma_y+\frac{\partial^2 \Theta}{\partial y^2}=0\\
&(1+\nu)\nabla^2\sigma_z+\frac{\partial^2 \Theta}{\partial z^2}=0\\
&(1+\nu)\nabla^2\tau_{yz}+\frac{\partial^2 \Theta}{\partial y \partial z}=0\\
&(1+\nu)\nabla^2\tau_{zx}+\frac{\partial^2 \Theta}{\partial z \partial x}=0\\
&(1+\nu)\nabla^2\tau_{xy}+\frac{\partial^2 \Theta}{\partial x \partial y}=0
\end{aligned} \tag{7.12}$$

其中 $\Theta=\sigma_x+\sigma_y+\sigma_z$，$\Theta$ 是体积应力。

按应力求解时，须使应力分量满足平衡微分方程和式(7.12)的协调方程，并在边界上满足应力边界条件。由于位移边界条件无法用应力分量及其导数来表示，因此位移边界问题和混合边界问题一般都不能按应力求解而得出精确解。

## 7.6 等截面直杆的扭转

设有等截面的柱体,截面形状任意,在柱体的两端面受有转向相反的两个力偶作用,力偶的大小记为 $M$,若不计体力,现讨论该问题的求解,其坐标取法如图 7.4。

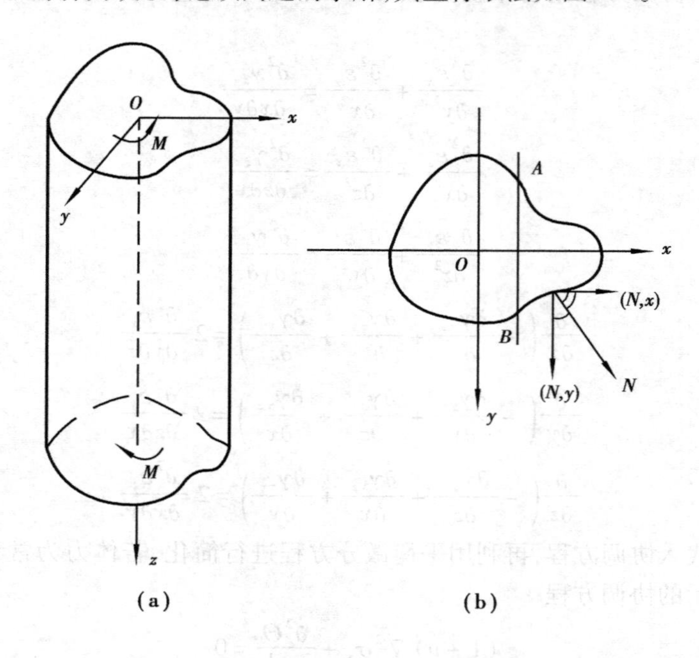


图 7.4

该问题的边界条件:

①在柱体的侧面上,$N$ 是其外法线,$\boldsymbol{N}(\cos(N,x),\cos(N,y),0)$ 见图 7.4(b),侧面无外力,边界条件为

$$\begin{aligned}&\sigma_x\cos(N,x)+\tau_{xy}\cos(N,y)=0\\&\tau_{xy}\cos(N,x)+\sigma_y\cos(N,y)=0\\&\tau_{zx}\cos(N,x)+\tau_{yz}\cos(N,y)=0\end{aligned}\tag{a}$$

②在柱体端面上,边界条件为

$$\begin{aligned}&z=0\text{ 时},N=N(0,0,-1)\\&-\tau_{zx}=F_x\quad -\tau_{zy}=F_y\quad \sigma_z=0\\&z=l\text{ 时},N=N(0,0,1)\\&\tau_{zx}=F_x{}'\quad \tau_{zy}=F_y{}'\quad \sigma_z=0\end{aligned}\tag{b}$$

两个剪应力 $\tau_{zx}$、$\tau_{zy}$ 应该合成为端部力偶 $M$。

用半逆解法求解,按照材料力学结果及边界条件初步可假设

$$\sigma_x=\sigma_y=\sigma_z=\tau_{xy}=0\tag{c}$$

现在基本方程应是平衡微分方程和用应力表示的协调方程,这些方程的具体形式成为

平衡方程

$$\frac{\partial \tau_{zx}}{\partial z}=0$$

$$\frac{\partial \tau_{zy}}{\partial z}=0 \tag{d}$$

$$\frac{\partial \tau_{xz}}{\partial x}+\frac{\partial \tau_{yz}}{\partial y}=0$$

协调方程

$$\nabla^2 \tau_{yz}=0$$

$$\nabla^2 \tau_{zx}=0 \tag{e}$$

现待求的应力函数为两个,即 $\tau_{zx}$和 $\tau_{zy}$。采用应力解法,仍然要寻求该问题的应力函数。由式(d)知 $\tau_{zx}$和 $\tau_{zy}$应当只是 $x$ 和 $y$ 的函数。式(d)中的第3式可写成

$$\frac{\partial \tau_{xz}}{\partial x}=-\frac{\partial \tau_{yz}}{\partial y}$$

由微分方程理论知,一定存在一个函数 $\varphi(x,y)$,可满足下述关系

$$\tau_{zx}=\frac{\partial \varphi}{\partial y} \qquad -\tau_{yz}=\frac{\partial \varphi}{\partial x} \tag{7.13}$$

由此求得柱体横截面上任意一点的剪应力 $\tau$ 为

$$\tau=\sqrt{\tau_{zx}^2+\tau_{zy}^2}=\sqrt{\left(\frac{\partial \varphi}{\partial y}\right)^2+\left(\frac{\partial \varphi}{\partial x}\right)^2}=\frac{\partial \varphi}{\partial n}$$

式中 $n$ 为该点 $\varphi$ 等值线的法方向。

称函数 $\varphi(x,y)$为柱体扭转问题的应力函数,将式(7.13)代入式(e),得

$$\frac{\partial}{\partial x}\nabla^2 \varphi=0 \qquad \frac{\partial}{\partial y}\nabla^2 \varphi=0 \tag{f}$$

$\nabla^2\varphi$ 对 $x$ 和对 $y$ 的一次偏导均为零,即说明 $\nabla^2\varphi(x,y)$本身为一常量,即得应力函数 $\varphi(x,y)$所满足的微分方程

$$\nabla^2 \varphi=C \tag{7.14}$$

边界条件(a)的第一、第二式总能满足,注意到式(7.13),式(a)中第三式成为

$$\left(\frac{\partial \varphi}{\partial y}\right)_s \cos(N,x)-\left(\frac{\partial \varphi}{\partial x}\right)_s \cos(N,y)=0 \tag{g}$$

因为在边界上有 $\cos(N,x)=\dfrac{\mathrm{d}y}{\mathrm{d}s}$,$\cos(N,y)=-\dfrac{\mathrm{d}x}{\mathrm{d}s}$,将此关系代入式(g),便得

$$\left(\frac{\partial \varphi}{\partial y}\right)_s \frac{\mathrm{d}y}{\mathrm{d}s}+\left(\frac{\partial \varphi}{\partial x}\right)_s \frac{\mathrm{d}x}{\mathrm{d}s}=\frac{\mathrm{d}\varphi}{\mathrm{d}s}=0 \tag{h}$$

式(h)说明,应力函数 $\varphi(x,y)$沿边界 $s$ 上不变化,即 $\varphi(x,y)$在柱体截面的边界上应当是常量。由式(7.13)可见,应力函数 $\varphi$ 增加或减少一个常数时,应力分量不受影响。在截面为单连通域的情况下,可取

$$\varphi_s=0 \tag{7.15}$$

在柱的端部,按静力等效原则,面力 $F_x$ 和 $F_y$ 必须合成为力偶 $M$,即有

$$\iint F_x \mathrm{d}x\mathrm{d}y = 0$$

$$\iint F_y \mathrm{d}x\mathrm{d}y = 0 \tag{i}$$

$$\iint (yF_x - xF_y)\mathrm{d}x\mathrm{d}y = M$$

此为该问题的圣维南边界条件。考虑式(b)、式(7.13)及式(i)便有

$$\iint F_x \mathrm{d}x\mathrm{d}y = -\iint \tau_{zx}\mathrm{d}x\mathrm{d}y = -\iint \frac{\partial \varphi}{\partial y}\mathrm{d}x\mathrm{d}y =$$

$$-\int \mathrm{d}x\int \frac{\partial \varphi}{\partial y}\mathrm{d}y = -\int(\varphi_B - \varphi_A)\mathrm{d}x$$

其中 $\varphi_B$ 及 $\varphi_A$ 是截面边界上 $B$ 点及 $A$ 点的 $\varphi$ 值(见图7.4b),应当等于0,这说明(i)中的第一式满足,类似可证(i)中的第二式也满足。

至于合力矩的积分表达式利用边界条件和应力分量与应力函数的关系可写成

$$\iint (yF_x - xF_y)\mathrm{d}x\mathrm{d}y = -\iint (y\tau_{zx} - x\tau_{zy})\mathrm{d}x\mathrm{d}y =$$

$$-\iint\left(y\frac{\partial \varphi}{\partial y} + x\frac{\partial \varphi}{\partial x}\right)\mathrm{d}x\mathrm{d}y =$$

$$-\int \mathrm{d}x\int y\frac{\partial \varphi}{\partial y}\mathrm{d}y - \int \mathrm{d}y\int x\frac{\partial \varphi}{\partial x}\mathrm{d}x$$

其中最后的两个积分可利用分部积分法求得

$$-\int \mathrm{d}x\int y\frac{\partial \varphi}{\partial y}\mathrm{d}y = -\int \mathrm{d}x[(y_B\varphi_B - y_A\varphi_A) - \int \varphi \mathrm{d}y] = \iint \varphi \mathrm{d}x\mathrm{d}y$$

同样

$$-\int \mathrm{d}y\int x\frac{\partial \varphi}{\partial x}\mathrm{d}x = \iint \varphi \mathrm{d}x\mathrm{d}y$$

于是有

$$2\iint \varphi \mathrm{d}x\mathrm{d}y = M \tag{7.16}$$

等截面柱体扭转的应力场可藉求得其应力函数 $\varphi$ 来解决,而 $\varphi(x,y)$ 须要满足式(7.15)。

求解位移场。该问题用应力函数表示的各形变分量如下

$$\varepsilon_x = 0,\quad \varepsilon_y = 0,\quad \varepsilon_z = 0$$

$$\gamma_{yz} = -\frac{1}{G}\frac{\partial \varphi}{\partial x},\quad \gamma_{zx} = \frac{1}{G}\frac{\partial \varphi}{\partial y},\quad \gamma_{xy} = 0 \tag{j}$$

将其代入几何方程可得

$$\frac{\partial u}{\partial x} = 0,\quad \frac{\partial v}{\partial y} = 0,\quad \frac{\partial w}{\partial z} = 0$$

$$\frac{\partial w}{\partial y} + \frac{\partial v}{\partial z} = -\frac{1}{G}\frac{\partial \varphi}{\partial x},\quad \frac{\partial u}{\partial z} + \frac{\partial w}{\partial x} = \frac{1}{G}\frac{\partial \varphi}{\partial y},\quad \frac{\partial v}{\partial x} + \frac{\partial u}{\partial y} = 0 \tag{k}$$

由式(k)可推知:

$$u = f_1(y,z)\qquad v = f_2(x,z)\qquad w = f_3(x,y)$$

$$\frac{\partial f_3}{\partial y} + \frac{\partial f_2}{\partial z} = -\frac{1}{G}\frac{\partial \varphi}{\partial x}\quad \frac{\partial f_1}{\partial z} + \frac{\partial f_2}{\partial x} = \frac{1}{G}\frac{\partial \varphi}{\partial y}\quad \frac{\partial f_2}{\partial x} + \frac{\partial f_1}{\partial y} = 0 \tag{l}$$

由式(l)中第四式知，$f_2(x,z)$必是$z$的一次函数；由式(l)中第五式知，$f_1(y,z)$必是$z$的一次函数；再由式(l)中最后一式知，$f_1(y,z)$和$f_2(x,z)$分别应是$y$和$x$的一次函数。因此取$u$和$v$的表达式

$$u = u_0 + w_1 z + w_2 y - kyz$$

$$v = v_0 - w_2 x + w_3 z + kxz$$

若不计刚体位移，则得位移分量

$$u = -kyz \qquad v = kxz \tag{7.17}$$

将该位移分量在柱坐标下表示出来，即有

$$u_r = 0 \qquad u_\theta = krz$$

可见每个横截面只有转动，转动角度为$kz$，柱体沿$z$方向单位长度内的扭转角是$k$。

将式(7.17)代回式(k)中的第4、第5式，得

$$\frac{\partial w}{\partial x} = \frac{1}{G}\frac{\partial \varphi}{\partial y} + ky \qquad \frac{\partial w}{\partial y} = -\frac{1}{G}\frac{\partial \varphi}{\partial x} - kx \tag{m}$$

或

$$\frac{\partial \varphi}{\partial x} = -G\left(\frac{\partial w}{\partial y} + kx\right) \qquad \frac{\partial \varphi}{\partial y} = G\left(\frac{\partial w}{\partial x} - ky\right)$$

将上式分别对$x$和$y$求一次偏导，并相加可得

$$\nabla^2 \varphi = -2Gk \tag{7.18}$$

于是式(7.14)中的$C$可表示为

$$C = -2Gk \tag{7.19}$$

由式(m)还可求出第3个位移分量$w$。

## 7.7　扭转问题的薄膜比拟

由上节知，求解柱体扭转的问题，就是要求基本方程(7.14)或(7.18)，求解一个二阶偏微分方程。又知道薄膜在均匀压力作用下的垂度恰是一个与(7.14)或(7.18)相似的方程，求解薄膜问题与求解柱体扭转问题在数学上相似，由此来比拟柱体扭转问题，将会较容易地求得扭转问题的解答。

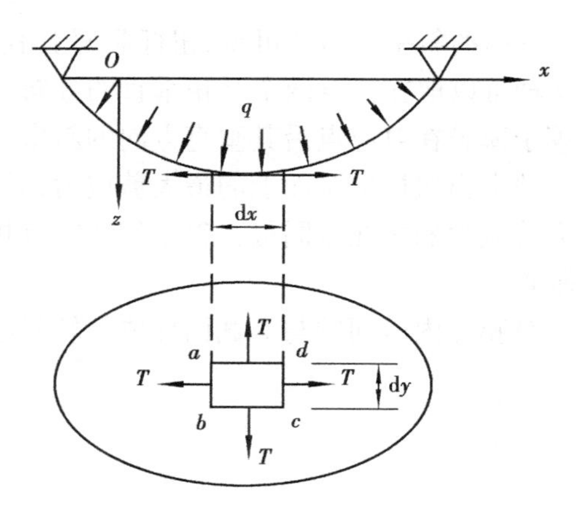


图7.5

现在推导薄膜在均匀压力作用下垂度所满足的方程。将一块薄膜张在一个任意形状的水平边界上(图7.5)，当薄膜受到气体压力作用时，原为平面的薄膜将发生$z$方向的垂度，因为薄膜柔软，只能承受均匀拉力$T$，而不能承受其他诸如弯矩、剪力等力。

由受压的薄膜面上任取一微元，它在$Oxy$面上的投影为一边长为$dx$和$dy$的矩形，$ab$边和$cd$

边的拉力为 $T\mathrm{d}y$，它的方向和 $xy$ 平面所成的角度是$\frac{\partial z}{\partial x}$和$\frac{\partial}{\partial x}\left(z+\frac{\partial z}{\partial x}\mathrm{d}x\right)$（假定薄膜的挠度不大）。$ad$ 边和 $bc$ 边的拉力为 $T\mathrm{d}x$，它的方向和 $xy$ 平面所成的角度是$\frac{\partial z}{\partial y}$和$\frac{\partial}{\partial y}\left(z+\frac{\partial z}{\partial y}\mathrm{d}y\right)$。这 4 个力在 $z$ 方向的投影分别为 $-T\mathrm{d}y\frac{\partial z}{\partial x}$，$T\mathrm{d}y\frac{\partial}{\partial x}\left(z+\frac{\partial z}{\partial x}\mathrm{d}x\right)$，$-T\mathrm{d}x\frac{\partial z}{\partial y}$，$T\mathrm{d}x\frac{\partial}{\partial y}\left(z+\frac{\partial z}{\partial y}\mathrm{d}y\right)$。该微元所受的压力是 $q\mathrm{d}x\mathrm{d}y$，考虑 $z$ 方向的平衡可得

$$-T\mathrm{d}y\frac{\partial z}{\partial x}+T\mathrm{d}y\frac{\partial}{\partial x}\left(z+\frac{\partial z}{\partial x}\mathrm{d}x\right)-T\mathrm{d}x\frac{\partial z}{\partial y}+T\mathrm{d}x\frac{\partial}{\partial y}\left(z+\frac{\partial z}{\partial y}\mathrm{d}y\right)+q\mathrm{d}x\mathrm{d}y=0$$

化简上述方程得

$$T\cdot\nabla^2 z+q=0$$

或

$$\nabla^2 z=-\frac{q}{T}\tag{7.20}$$

该方程的边界条件是边界上薄膜的垂度 $z$ 为已知，显然有

$$z_s=0\tag{7.21}$$

在此可做这样的比拟，方程(7.20)、(7.21)与方程(7.14)和(7.15)在数学上无差别，薄膜的垂度 $z(x,y)$ 与柱体扭转应力函数 $\varphi(x,y)$ 相当，薄膜的边界形状即为扭转柱体的横截面形状。

柱体扭转时任一横截面上扭矩是

$$M=2\iint\varphi\mathrm{d}x\mathrm{d}y$$

而薄膜受压问题中显然有

$$2\iint z\mathrm{d}x\mathrm{d}y=2V$$

$V$ 是薄膜与边界平面 $Oxy$ 所围的体积。为使薄膜的垂度 $z$ 相当于扭杆的应力函数 $\varphi(x,y)$，可使薄膜与边界平面之间体积的 2 倍相当于扭杆中的扭矩。

在扭杆中，任一横截面上 $x$ 方向的剪应力为$\frac{\partial\varphi}{\partial y}$，而在薄膜受压问题中，$\frac{\partial z}{\partial y}$表示薄膜垂度在 $y$ 方向的斜率。由此可见，扭杆截面上沿 $x$ 方向的剪应力相当于薄膜沿 $y$ 方向的斜率。$x$ 轴和 $y$ 轴可以取在任意两个互相垂直的方向，所以，在扭杆横截面上某一点沿任一方向的剪应力就等于薄膜在对应点沿其垂直方向的斜率。

欲求出扭杆横截面上的最大剪应力，只需求出对应薄膜的最大斜率即可。但应强调，虽然最大剪应力的所在点同最大斜率的所在点相对应，但最大剪应力的方向却与最大斜率的方向相垂直。

薄膜受内压问题与等截面柱体扭转问题相似，其各个量之间的对应关系见下表。

表7.2

| 薄膜问题 | 扭转问题 | 薄膜问题 | 扭转问题 |
|---|---|---|---|
| $z$ | $\varphi$ | $-\frac{\partial z}{\partial x},\frac{\partial z}{\partial y}$ | $\tau_{zy},\tau_{zx}$ |
| $\frac{1}{T}$ | $G$ | $2V$ | $M$ |
| $q$ | $2k$ | | |

## 7.8　椭圆截面等直杆的扭转

设该等直杆横截面的方程为$\frac{x^2}{a^2}+\frac{y^2}{b^2}=1$，由于要求扭转应力函数$\varphi(x,y)$在横截面的边界上为零，故可设

$$\varphi(x,y)=m\left(\frac{x^2}{a^2}+\frac{y^2}{b^2}-1\right) \tag{a}$$

其中$m$为待定常数。考察$\varphi(x,y)$是否满足一切条件。将其代入基本方程(7.14)得

$$\frac{2m}{a^2}+\frac{2m}{b^2}=C$$

于是定出常数

$$m=\frac{a^2b^2}{2(a^2+b^2)}C \tag{b}$$

那么

$$\varphi(x,y)=\frac{a^2b^2}{2(a^2+b^2)}C\left(\frac{x^2}{a^2}+\frac{y^2}{b^2}-1\right)$$

现在由方程(7.16)求出$C$

$$2\iint\frac{a^2b^2}{2(a^2+b^2)}C\left(\frac{x^2}{a^2}+\frac{y^2}{b^2}-1\right)\mathrm{d}x\mathrm{d}y=M$$

$$\frac{a^2b^2}{a^2+b^2}C\cdot\left[\frac{1}{a^2}\iint x^2\mathrm{d}x\mathrm{d}y+\frac{1}{b^2}\iint y^2\mathrm{d}x\mathrm{d}y-\iint\mathrm{d}x\mathrm{d}y\right]=M$$

上述方程中的3项积分分别为

$$\iint x^2\mathrm{d}x\mathrm{d}y=I_y=\frac{\pi a^3b}{4},\quad \iint y^2\mathrm{d}x\mathrm{d}y=I_x=\frac{\pi ab^3}{4},\quad \iint\mathrm{d}x\mathrm{d}y=\pi ab$$

$I_y$和$I_x$分别为截面绕$y$轴和$x$轴的惯性矩。由此可得

$$C=-\frac{2(a^2+b^2)}{\pi a^3b^3}M \tag{c}$$

至此，将应力函数$\varphi(x,y)$完全确定下来了。

$$\varphi=-\frac{M}{\pi ab}\left(\frac{x^2}{a^2}+\frac{y^2}{b^2}-1\right) \tag{d}$$

这个应力函数已经满足了一切条件。

求解应力场。由应力函数 $\varphi(x,y)$ 可求得

$$\tau_{zx}=\frac{\partial\varphi}{\partial y}=-\frac{2}{\pi ab^3}y,\quad \tau_{zy}=-\frac{\partial\varphi}{\partial x}=\frac{2}{\pi a^3 b}x \tag{7.22}$$

柱体横截面上任一点的合剪应力为

$$\tau=\sqrt{\tau_{zx}^2+\tau_{zy}^2}=\frac{2}{\pi ab}\sqrt{\frac{x^2}{a^4}+\frac{y^2}{b^4}} \tag{7.23}$$

利用薄膜比拟求出最大剪应力。当薄膜张在椭圆边界上并受均匀压力 $q$ 作用时,显然,薄膜的最大斜率将发生在短轴的两个边界点上,而方向将垂直于边界。根据上节的薄膜比拟理论,扭杆横截面上最大剪应力将发生在椭圆短轴的两个边界点上,而方向应平行于边界。假定短轴为 $b$,那么短轴的两个边界点坐标即为$(0,\pm b)$,将此代入式(7.23),得最大剪应力

$$\tau_{\max}=\frac{2M}{\pi ab^2} \tag{7.24}$$

若 $a=b$(圆截面)时,应力解答与材料力学解答相吻合。

求解该问题的位移场。由式(7.19)和式(c)可求得扭转角

$$k=-\frac{C}{2G}=\frac{a^2+b^2}{\pi a^3b^3G} \tag{7.25}$$

由式(7.17)求得

$$\left.\begin{aligned}u&=-kyz=-\frac{(a^2+b^2)M}{\pi a^3b^3G}yz\\ v&=kxz=\frac{(a^2+b^2)M}{\pi a^3b^3G}xz\end{aligned}\right\} \tag{7.26}$$

由 $w$ 与 $\varphi$ 的关系可得

$$\frac{\partial w}{\partial x}=\frac{1}{G}\frac{\partial\varphi}{\partial y}+ky=-\frac{a^2-b^2}{G\pi a^3b^3}M_y$$

$$\frac{\partial w}{\partial y}=-\frac{1}{G}\frac{\partial\varphi}{\partial x}-kx=-\frac{a^2-b^2}{G\pi a^3b^3}M_x$$

由$\frac{\partial w}{\partial z}=\varepsilon_z=0$ 可知,$w$ 仅是 $x$ 和 $y$ 的函数,因此对上述二式积分,有

$$w=-\frac{a^2-b^2}{G\pi a^3b^3}M_{xy}+f_1(y)$$

$$w=-\frac{a^2-b^2}{G\pi a^3b^3}M_{xy}+f_2(x)$$

对比上两式,$f_1(y)$和$f_2(x)$只能为一常数,将此常数记为 $w_0$,而 $w_0$ 就是 $z$ 方向的刚体位移,若不计刚体位移,则有

$$w=-\frac{a^2-b^2}{G\pi a^3b^3}M_{xy} \tag{7.27}$$

这表明,等截面柱体扭转时,初始的横截面并不保持为平面而是有翘曲,该翘曲面的等高线在 $Oxy$ 面内呈双曲线,其渐近线是 $x$ 轴及 $y$ 轴。只有当柱体为圆截面(即 $a=b$)时,才有 $w=0$,即横截面在扭转过程中保持为平面。

## 7.9　矩形截面杆的扭转

设矩形的边长分别为 $a$ 和 $b$，讨论 $a \gg b$ 的情形，即狭矩形截面杆（见图7.6）。由薄膜比拟可知，当矩形截面比较狭长时，应力函数 $\varphi$ 在横截面（$x$ = 常数）上几乎与 $x$ 无关，因为薄膜受短边约束的影响甚小，在此条件下可近似地取 $\frac{\partial \varphi}{\partial x}=0, \frac{\partial \varphi}{\partial y}=\frac{\mathrm{d}\varphi}{\mathrm{d}y}$，那么扭转应力函数满足的基本方程成为

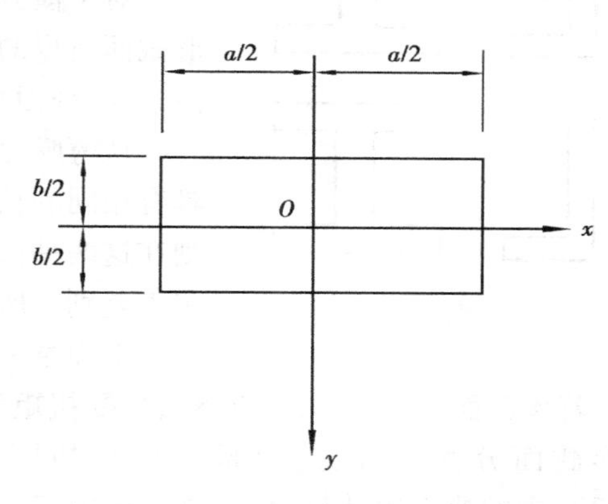


图7.6

$$\frac{\mathrm{d}^2\varphi}{\mathrm{d}y^2}=C$$

此微分方程的解为

$$\varphi=\frac{1}{2}Cy^2+c_1y+c_2$$

对于应力函数 $\varphi$ 有边界条件

$$y=\pm\frac{b}{2}\text{时}, \qquad \varphi=0$$

故可定出常数

$$c_1=0, \qquad c_2=\frac{-1}{8}C\,b^2$$

因此

$$\varphi=\frac{C}{2}\left(y^2-\frac{b^2}{4}\right) \tag{a}$$

下面确定常数 $C$，将式（a）代入式（7.16）并积分得到

$$C=-\frac{6M}{ab^3} \tag{b}$$

于是

$$\varphi=\frac{3M}{ab^3}\left(\frac{b^2}{4}-y^2\right) \tag{c}$$

由式（7.13）求出剪应力

$$\tau_{zx}=\frac{\partial \varphi}{\partial y}=-\frac{6M}{ab^3}y, \qquad \tau_{zy}=-\frac{\partial \varphi}{\partial x}=0 \tag{7.28}$$

按薄膜比拟推断的话，最大剪应力将发生在矩形截面的长边上，此处 $y=\pm\frac{b}{2}$，其大小为

$$\tau_{\max}=\left|\tau_{zx}\right|_{y=\pm\frac{b}{2}}=\frac{3M}{ab^2} \tag{7.29}$$

容易求得扭转角

$$k = -\frac{C}{2G} = \frac{3M}{ab^3G} = \frac{M}{\frac{1}{3}Gab^3} \tag{7.30}$$

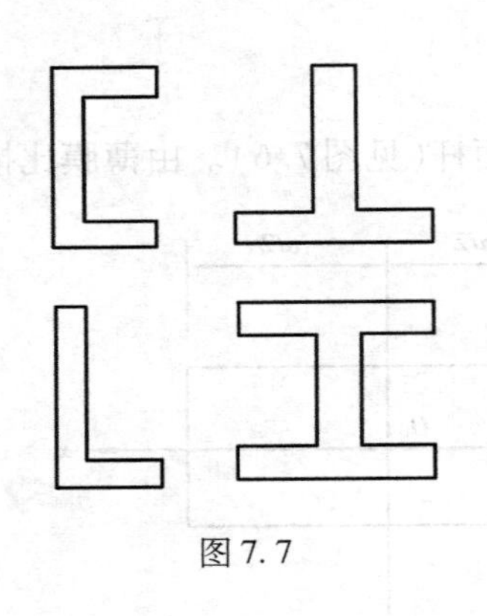

图 7.7

上式分母中的$\frac{1}{3}Gab^3$ 相当于扭转刚度。

对于横截面为其他形状的狭矩形，可应用上述对于狭长矩形截面所得的结果，例如开口圆环形、角形、槽形、工字形等截面，这些截面都是单连的(图 7.7)。

从薄膜比拟可推知，若一个直的狭矩形和一个弯的狭矩形具有相同的长度 $a$ 和宽度 $b$，同时其张力 $T$ 和所受压力 $q$ 相同，则在这两种情况下，薄膜与 $Oxy$ 平面所围体积 $V$ 和斜度 $i$ 应无多大差别。所有对应关系由表 7.2 可查。

下面举一例来具体说明如何求解狭矩形截面杆的扭转问题。若该截面为工字形(图 7.8)，所受扭矩为 $M$，将矩形截面分为三部分，每部分的抗扭刚度按式(7.30)中的狭矩形计算，那么该截面中三部分的抗扭刚度分别为$\frac{1}{3}Gb_2\delta_2^3$、$\frac{1}{3}Gb_1\delta_1^3$、$\frac{1}{3}Gb_2\delta_2^3$，总的抗扭刚度则为$\frac{G}{3}(b_1\delta_1^3+2b_2\delta_2^3)$，将此代入(7.30)可知扭转角

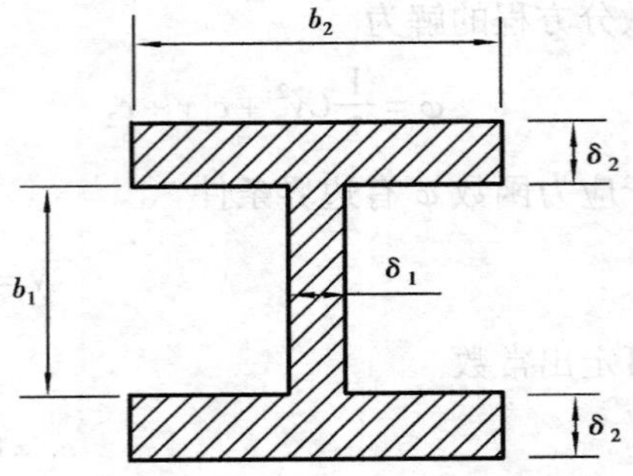

$$k = \frac{3M}{G(b_1\delta_1^3+2b_2\delta_2^3)}$$

图 7.8

现在求出最大剪应力，因为

$$\tau_{zx} = \frac{\partial\varphi}{\partial y} = Cy = -2Gky, \quad \tau_{zy} = -\frac{\partial\varphi}{\partial x} = 0$$

$$\tau_{\max} = |\tau_{zx}|_{\max} = 2Gk|y|_{\max}$$

在这里$|y|_{\max}$为矩形宽的一半，显然，在该问题中应取 $\delta_1$ 和 $\delta_2$ 中较大者的一半，现假定 $\delta_1<\delta_2$，于是本问题的最大剪应力为

$$\tau_{\max} = 2Gk\frac{\delta_2}{2} = Gk\delta_2 = G\cdot\frac{3M}{G(b_1\delta_1^3+2b_2\delta_2^3)}\delta_2 = \frac{3M\delta_2}{b_1\delta_1^3+2b_2\delta_2^3}$$

应当指出，在图 7.8 中角点处将由于应力集中而产生很大的应力，因而，这些角点处将首先进入塑性状态。实际工程中截面在这些地方一般做成圆角以减轻应力集中。

## 本 章 小 结

1. 空间问题位移解法的基本方程(7.2)或(7.4)；半空间体受重力及均布压力作用问题是位移解法的一个简明例子。

2. 半空间体在边界上受法向集中力作用的解答是一个很重要的基本解答。注意分析其

应力场和位移场的分布规律，由此导出的半无限体边界平面上受有限面积分布压力作用的解，这两个解在工程上都有广泛的应用。

3. 按应力求解空间问题时用应力表示的协调方程。

4. 等截面直杆扭转的解答表明，柱体截面要发生翘曲变形，即 $w(x,y,z)\neq 0$，各截面上仅有剪应力作用，且每一点的剪应力 $\tau=\dfrac{\partial\varphi}{\partial n}$。

5. 薄膜比拟是一种利用数学相似方法求解问题的手段，据此理论使得各种几何形状的等截面柱体扭转问题变得较为简单。

## 习　　题

7-1　推导方程(7.3)、(7.4)。

7-2　求出体积应力 $\Theta_1$ 和体积应变 $\theta$ 的关系。

7-3　求证：在零体力下，体积应变和体积应力均为调和函数，位移分量和应力分量均为双调和函数。

7-4　按位移求解时只满足位移表示的平衡方程，而按应力求解时不但满足应力表示的平衡方程，还要满足应力表示的协调方程。这是为什么？

7-5　等截面杆单位长度上的扭角为 $\alpha$，剪切弹性模量为 $G$，若函数 $\varphi=Ar^{\alpha}\theta\cos\beta+f(\theta)r^2$，其中，$A,\alpha,\beta$ 为实常量，$f(\theta)$ 为待定函数。试问 $A,\alpha,\beta,f(\theta)$ 满足什么条件时，$\varphi$ 可作为扭转问题的应力函数？

7-6　求解截面为等边三角形的等直杆的扭转问题。其两端扭矩为 $M$，剪切模量为 $G$。

# 第 8 章 薄板问题

## 8.1 薄板的定义及力学假定

在各种工程中，板常被用作一种结构构件。所谓板即是其厚度比之其他两个方向的尺寸小很多的构件，薄板的几何尺寸通常作如下的范围界定：

$$\left(\frac{1}{80}\sim\frac{1}{100}\right)\leqslant\frac{h}{b}\leqslant\left(\frac{1}{5}\sim\frac{1}{8}\right)$$

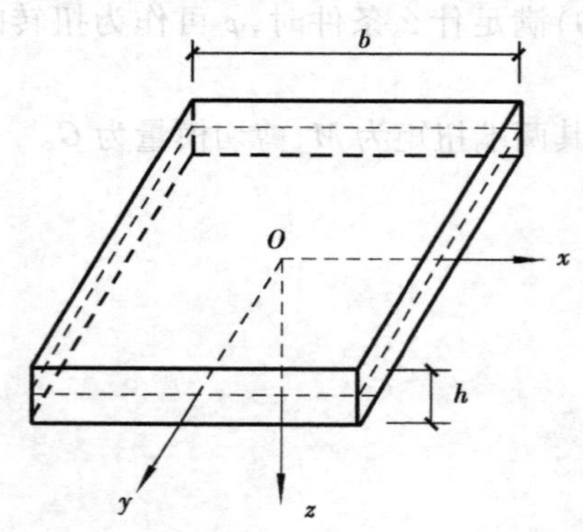

图 8.1

其中 $b$ 为板的较小的边长，$h$ 为板的厚度。

平分板厚度 $h$ 的平面称为中平面。坐标原点 $O$ 取在中平面内的一点，$x$ 和 $y$ 轴在中平面内，$z$ 轴向下(图 8.1)。本章主要研究板的抗弯性能。对板上的外荷只研究垂直于板面的横向荷载，与板平面水平向的荷载已在平面应力问题中解决。本章只讨论薄板的小挠度理论。

薄板小挠度理论是在下述三个假设下建立的：

①板的中平面没有形变，在弯曲时即中平面弯为中和曲面。由此可知 $\varepsilon_z,\gamma_{zx},\gamma_{zy}$ 都可忽略不计。由于 $\varepsilon_z=0$，由几何方程可推出

$$w=w(x,y) \tag{8.1}$$

这就是说，在薄板中平面上的任一根法线上每一点在 $z$ 方向具有相同位移 $w$，这一位移在薄板问题中称之为挠度。

由 $\gamma_{zx}=\gamma_{zy}=0$ 可知

$$\frac{\partial w}{\partial y}+\frac{\partial v}{\partial z}=0 \qquad \frac{\partial u}{\partial z}+\frac{\partial w}{\partial x}=0$$

从而得到

$$\frac{\partial v}{\partial z}=-\frac{\partial w}{\partial y} \qquad \frac{\partial u}{\partial z}=-\frac{\partial w}{\partial x} \tag{8.2}$$

$u,v$ 应是 $z$ 的一次函数。

$\varepsilon_z=0$ 还说明中平面的法线不伸缩，$\gamma_{zx}=\gamma_{zy}=0$ 说明中平面的法线不会有向 $x$ 方向和 $y$ 方向的偏斜，那么它仍为中和曲面的法线。

在此假定了 $\varepsilon_z=0,\gamma_{zy}=0,\gamma_{zx}=0$，必须放弃物理方程中与此有关的三个方程：

$$\sigma_z=\nu(\sigma_x+\sigma_y)\qquad \tau_{zy}=0\qquad \tau_{zx}=0$$

原因是 $\tau_{zx}=\tau_{zy}=0$ 和 $\sigma_z$ 远小于其他 3 个应力分量，因而是次要的量，它们引起的形变非常小可以忽略不计，而它们本身却是维持平衡所必需的，在计算平衡时不能忽略。

②应力分量 $\sigma_z$ 所引起的形变可以不计。

按此假定并结合假设①，立即可得到

$$\begin{aligned}\varepsilon_x&=\frac{1}{E}(\sigma_x-\nu\sigma_y)\\ \varepsilon_y&=\frac{1}{E}(\sigma_y-\nu\sigma_x)\\ \gamma_{xy}&=\frac{2(1+\nu)}{E}\tau_{xy}\end{aligned}\tag{8.3}$$

这即是薄板小挠度问题的物理方程。

③薄板中平面内的各点无平行于中平面的位移。即

$$z=0\ \text{时}\qquad u=0\qquad v=0\tag{8.4}$$

又因为，$\varepsilon_x=\dfrac{\partial u}{\partial x}\qquad \varepsilon_y=\dfrac{\partial v}{\partial y}\qquad \gamma_{xy}=\dfrac{\partial v}{\partial x}+\dfrac{\partial u}{\partial y}$

所以，在 $z=0$ 时

$$\varepsilon_x=0\qquad \varepsilon_y=0\qquad \gamma_{xy}=0$$

这表明，中平面的任一部分变形前后在 $Oxy$ 平面上的投影形状并未改变。薄板的中平面类似于梁弯曲时的中性轴，只不过是薄板的各向弯曲代替了直梁的单向弯曲而已。

## 8.2　弹性曲面的微分方程

当薄板弯曲时，中平面弯成的曲面称为薄板的弹性曲面。从上节的讨论可知，中平面的位移 $u=0,v=0,w=w(x,y)$，而位移未知量就仅有 $w$ 一个，只要求得 $w(x,y)$ 后，其他的应力、变形都可用 $w$ 来描述。只要求出 $w$，该问题可视为已被解决，这即是说薄板小挠度问题可以按位移求解。所以接下来的工作就是要建立 $w$ 所满足的微分方程，即所谓的弹性曲面微分方程。

求位移场(以 $w$ 表出)。由式(8.2)有

$$u=-\frac{\partial w}{\partial x}z+f_1(x,y)\qquad v=-\frac{\partial w}{\partial y}z+f_2(x,y)$$

由式(8.4)可定出 $f_1(x,y)=f_2(x,y)=0$，故

$$u=-\frac{\partial w}{\partial x}z\qquad v=-\frac{\partial w}{\partial y}z\tag{a}$$

求形变分量。有了位移表达式，可将形变分量用 $w$ 表出

$$\varepsilon_x = \frac{\partial u}{\partial x} = -\frac{\partial^2 w}{\partial x^2}z$$

$$\varepsilon_y = \frac{\partial v}{\partial y} = -\frac{\partial^2 w}{\partial y^2}z \tag{b}$$

$$\gamma_{xy} = \frac{\partial v}{\partial x} + \frac{\partial u}{\partial y} = -2\frac{\partial^2 w}{\partial x \partial y}z$$

最后,求出应力分量。现在物理方程为

$$\sigma_x = \frac{E}{1-\nu^2}(\varepsilon_x + \nu\varepsilon_y)$$

$$\sigma_y = \frac{E}{1-\nu^2}(\varepsilon_y + \nu\varepsilon_x) \tag{c}$$

$$\tau_{xy} = \frac{E}{2(1+\nu)}\gamma_{xy}$$

用 $w$ 表出的应变分量代入以上的物理方程,即得

$$\sigma_x = -\frac{E}{1-\nu^2}z\left(\frac{\partial^2 w}{\partial x^2} + \nu\frac{\partial^2 w}{\partial y^2}\right)$$

$$\sigma_y = -\frac{E}{1-\nu^2}z\left(\frac{\partial^2 w}{\partial y^2} + \nu\frac{\partial^2 w}{\partial x^2}\right) \tag{d}$$

$$\tau_{xy} = -\frac{E}{1+\nu}z\frac{\partial^2 w}{\partial x \partial y}$$

应力分量中的 $\tau_{zx}$ 和 $\tau_{zy}$ 也可用 $w$ 表示出来,该两应力分量应由平衡方程求得(不计体力):

$$\frac{\partial \tau_{zx}}{\partial z} = -\frac{\partial \sigma_x}{\partial x} - \frac{\partial \tau_{xy}}{\partial y} \qquad \frac{\partial \tau_{zy}}{\partial z} = -\frac{\partial \sigma_y}{\partial y} - \frac{\partial \tau_{xy}}{\partial x}$$

将式(d)代入则得

$$\frac{\partial \tau_{zx}}{\partial z} = \frac{E}{1-\nu^2}z\left(\frac{\partial^3 w}{\partial x^3} + \frac{\partial^3 w}{\partial x \partial y^2}\right) = \frac{E}{1-\nu^2}z\frac{\partial}{\partial x}\nabla^2 w$$

$$\frac{\partial \tau_{zy}}{\partial z} = \frac{E}{1-\nu^2}z\left(\frac{\partial^3 w}{\partial y^3} + \frac{\partial^3 w}{\partial y \partial x^2}\right) = \frac{E}{1-\nu^2}z\frac{\partial}{\partial y}\nabla^2 w$$

注意到 $w$ 不随 $z$ 变化,将上二式对 $z$ 积分,则有

$$\tau_{zx} = \frac{E}{2(1-\nu^2)}z^2\frac{\partial}{\partial x}\nabla^2 w + F_1(x,y)$$

$$\tau_{zy} = \frac{E}{2(1-\nu^2)}z^2\frac{\partial}{\partial y}\nabla^2 w + F_2(x,y) \tag{e}$$

在薄板的上、下面有条件

$$z = \pm\frac{h}{2}\text{时}: \qquad \tau_{zx} = 0 \qquad \tau_{zy} = 0$$

由此条件可定出

$$F_1(x,y) = -\frac{E}{2(1-\nu^2)}\left(\frac{h}{2}\right)^2\frac{\partial}{\partial x}\nabla^2 w$$

$$F_2(x,y) = -\frac{E}{2(1-\nu^2)}\left(\frac{h}{2}\right)^2\frac{\partial}{\partial y}\nabla^2 w$$

将上式代入式(e)，得

$$\tau_{zx}=\frac{E}{2(1-\nu^2)}\left(z^2-\frac{h^2}{4}\right)\frac{\partial}{\partial x}\nabla^2 w$$
$$\tau_{zy}=\frac{E}{2(1-\nu^2)}\left(z^2-\frac{h^2}{4}\right)\frac{\partial}{\partial y}\nabla^2 w \tag{8.5}$$

应力分量 $\sigma_z$ 也可由平衡方程求得，取体力分量 $f_z=0$，则有

$$\frac{\partial\sigma_z}{\partial z}=-\frac{\partial\tau_{zx}}{\partial x}-\frac{\partial\tau_{zy}}{\partial y} \tag{f}$$

若要考虑体力分量 $f_z$，可以把薄板每单位面积的体力连同面力一起归入薄板上面$\left(z=-\frac{h}{2}\right)$的面力(即横向荷载)，用 $q$ 表示，即

$$q(x,y)=F_z\big|_{z=-\frac{h}{2}}+F_z\big|_{z=\frac{h}{2}}+\int_{-\frac{h}{2}}^{\frac{h}{2}}f_z\mathrm{d}z \tag{8.6}$$

这样的处理只会对次要的应力 $\sigma_z$ 引起误差，对其他应力则影响甚微。

由式(8.5)和式(f)可求得

$$\frac{\partial\sigma_z}{\partial z}=\frac{E}{2(1-\nu^2)}\left(\frac{h^2}{4}-z^2\right)\nabla^4 w$$

对上式积分，有

$$\sigma_z=\frac{E}{2(1-\nu^2)}z\left(\frac{h^2}{4}-\frac{z^2}{3}\right)\nabla^4 w+F_3(x,y) \tag{g}$$

这里的 $F_3(x,y)$，由下列边界条件决定

$$z=\frac{h}{2}\text{时}\qquad \sigma_z=0$$

求出 $F_3(x,y)$，将其代回式(g)，即得 $\sigma_z$ 的最终表达式

$$\sigma_z=-\frac{Eh^3}{6(1-\nu^2)}\left(\frac{1}{2}-\frac{z}{h}\right)^2\left(1+\frac{z}{h}\right)\nabla^4 w \tag{8.7}$$

还有一个边界条件未被满足，即

$$z=-\frac{h}{2}\text{时}\qquad \sigma_z=-q$$

这里 $q$ 是薄板每单位面积内的横向荷载，包括横向的面荷载及横向体力($z$ 方向体力)，令式(8.7)的 $\sigma_z$ 满足上式边界条件，可得

$$\frac{Eh^3}{12(1-\nu^2)}\nabla^4 w=q \tag{8.8}$$

或记为

$$D\nabla^4 w=q \tag{8.8'}$$

其中 $D=\dfrac{Eh^3}{12(1-\nu^2)}$，这个 $D$ 被称作薄板的弯曲刚度。

方程(8.8)就是薄板小挠度问题的弹性曲面微分方程或称为挠曲微分方程，是求解薄板小挠度问题的基本方程，只要从基本方程求得 $w$，则应力场、位移场均可求得。

## 8.3 薄板横截面上的内力

现在考察薄板各坐标横截面上内力与应力之关系。从薄板内任一点用 $Oxz$ 和 $Oyz$ 坐标面切出一个六面体(图 8.2),该六面体的 3 边长度分别为 $dx$、$dy$ 和 $h$。

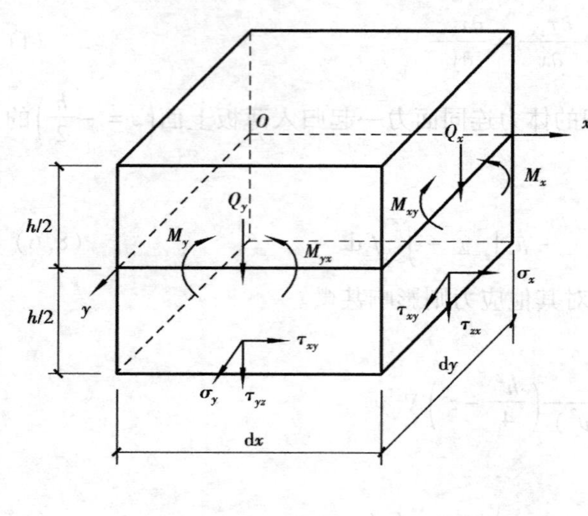


图 8.2

在 $x$ 为常量的横截面上,作用着的应力为 $\sigma_x$,$\tau_{xy}$ 及 $\tau_{xz}$,此 3 个应力应合成 4 个内力,即该截面上的拉力、弯矩、剪力和扭矩。由于 $\sigma_x$ 和 $\tau_{xy}$ 都和 $z$ 成正比,使得在 $x$ 为常量横截面上 $x$ 方向的拉力和 $y$ 方向的剪力为零;只有 $\sigma_x$ 在该截面上引起的弯矩 $M_x$(类似于材料力学中 $\sigma_x$ 在梁横截面上形成的弯矩);$\tau_{xy}$ 在此截面上合成扭矩 $M_{xy}$($\tau_{xy}$ 相对于 $x$ 轴之矩);$\tau_{zx}$ 在该截面上合成了竖向剪力 $Q_x$。

由 $\sigma_x$ 合成的弯矩为

$$M_x = \int_{-\frac{h}{2}}^{\frac{h}{2}} z\sigma_x \mathrm{d}z$$

将以 $w$ 表示的 $\sigma_x$ 表达式代入上式并积分,有

$$M_x = -\frac{Eh^3}{12(1-\nu^2)}\left(\frac{\partial^2 w}{\partial x^2} + \nu\frac{\partial^2 w}{\partial y^2}\right) \tag{a}$$

由 $\tau_{xy}$ 合成的扭矩为

$$M_{xy} = \int_{-\frac{h}{2}}^{\frac{h}{2}} z\tau_{xy} \mathrm{d}z$$

将以 $w$ 表示的 $\tau_{xy}$ 表达式代入上式并积分,有

$$M_{xy} = -\frac{Eh^3}{12(1+\nu)}\frac{\partial^2 w}{\partial x\partial y} \tag{b}$$

由 $\tau_{xz}$ 合成的横向剪力(在 $y$ 方向的每单位宽度上)为

$$Q_x = \int_{-\frac{h}{2}}^{\frac{h}{2}} \tau_{xz} \mathrm{d}z$$

将以 $w$ 表示的 $\tau_{xz}$ 表达式代入上式并积分,有

$$Q_x = -\frac{Eh^3}{12(1-\nu^2)}\frac{\partial}{\partial x}\nabla^2 w \tag{c}$$

同理,可求出 $y$ 为常量的横截面上的弯矩、扭矩和横向剪力

$$M_y = \int_{-\frac{h}{2}}^{\frac{h}{2}} z\sigma_y \mathrm{d}z = -\frac{Eh^3}{12(1-\nu^2)}\left(\frac{\partial^2 w}{\partial y^2} + \nu\frac{\partial^2 w}{\partial x^2}\right) \tag{d}$$

$$M_{yx} = \int_{-\frac{h}{2}}^{\frac{h}{2}} z\tau_{yx} \mathrm{d}z = -\frac{Eh^3}{12(1+\nu)}\frac{\partial^2 w}{\partial x\partial y} \tag{e}$$

$$Q_y = \int_{-\frac{h}{2}}^{\frac{h}{2}} \tau_{yz} \mathrm{d}z = -\frac{Eh^3}{12(1-\nu^2)} \frac{\partial}{\partial y} \nabla^2 w \tag{f}$$

在推导弹性曲面微分方程时，记 $D=\dfrac{Eh^2}{12(1-\nu^2)}$，用此记法简化以上的式(a)~(f)，则有薄板的横截面内力与薄板挠度的关系

$$\begin{aligned}
M_x &= -D\left(\frac{\partial^2 w}{\partial x^2}+\nu\frac{\partial^2 w}{\partial y^2}\right)\\
M_y &= -D\left(\frac{\partial^2 w}{\partial y^2}+\nu\frac{\partial^2 w}{\partial x^2}\right)\\
M_{xy} = M_{yx} &= -D(1-\nu)\frac{\partial^2 w}{\partial x \partial y}\\
Q_x &= -D\frac{\partial}{\partial x}\nabla^2 w\\
Q_y &= -D\frac{\partial}{\partial y}\nabla^2 w
\end{aligned} \tag{8.9}$$

下面导出应力分量与内力及外荷载的关系，应力和内力都已用 $w$ 表出，若将 $w$ 看做参数，消去 $w$ 将应力和内力联系起来，就得到如下的表达式

$$\begin{aligned}
\sigma_x &= \frac{12M_x}{h^3}z\\
\sigma_y &= \frac{12M_y}{h^3}z\\
\tau_{xy} = \tau_{yx} &= \frac{12M_{xy}}{h^3}z\\
\tau_{xz} &= \frac{6Q_x}{h^3}\left(\frac{h^2}{4}-z^2\right)\\
\tau_{yz} &= \frac{6Q_y}{h^3}\left(\frac{h^2}{4}-z^2\right)\\
\sigma_z &= -2q\left(\frac{1}{2}-\frac{z}{h}\right)^2\left(1+\frac{z}{h}\right)
\end{aligned} \tag{8.10}$$

由式(8.10)可求出各应力的极值点：$\sigma_x$、$\sigma_y$、$\tau_{xy}$ 的最大值发生在 $z=\pm\dfrac{h}{2}$ 处，即板的上、下面处；$\tau_{xz}$、$\tau_{yz}$ 的最大值发生在 $z=0$ 处，即板的中面上；$\sigma_z$ 的最大值发生在 $z=-\dfrac{h}{2}$ 处，即板的上面。这些最大值分别为

$$(\sigma_x)_{z=\frac{h}{2}} = -(\sigma_x)_{z=-\frac{h}{2}} = \frac{6M_x}{h^2}$$

$$(\sigma_y)_{z=\frac{h}{2}} = -(\sigma_y)_{z=-\frac{h}{2}} = \frac{6M_y}{h^2}$$

$$(\tau_{xy})_{z=\frac{h}{2}} = -(\tau_{xy})_{z=-\frac{h}{2}} = \frac{6M_{xy}}{h^2}$$

$$(\tau_{zx})_{z=0}=\frac{3Q_x}{2h}$$

$$(\tau_{zy})_{z=0}=\frac{3Q_y}{2h}$$

$$(\sigma_z)_{z=-\frac{h}{2}}=-q$$

以上所有内力都是作用在薄板每单位宽度上的内力。

正应力$\sigma_x$、$\sigma_y$分别与弯矩$M_x$、$M_y$成正比，故称为弯应力；剪应力$\tau_{xy}$与扭矩$M_{xy}$成正比，故称为扭应力；剪应力$\tau_{xz}$、$\tau_{yz}$分别与横向剪力$Q_x$、$Q_y$成正比，故称为横向剪应力；正应力$\sigma_z$与荷载$q$成正比，称作挤压应力。

在薄板问题中，一定荷载引起的弯应力和扭应力在数值上较大，是主要的应力；横向剪应力在数值上相对较小，是次要应力；挤压应力在数值上更小，是更次要的应力。所以，在求解薄板问题中，重点是求解主要的内力，即弯矩和扭矩。

## 8.4 薄板的边界条件

从第2节已知，求解薄板问题，就是要求解基本方程(8.8)，此为一四阶偏微分方程，需要有4个定解条件。即在板的各边总共需要给出4个边界条件。本节讨论薄板的边界约束情况，以便给出定解的边界条件，这些边界条件可分为3类：

①几何边界条件。在边界上给定挠度$w$和边界上的转角$\frac{\partial w}{\partial t}$，此处$t$为边界切线方向。

②静力边界条件。在边界上给定横向剪力$Q_t$和弯矩$M_t$。

③混合边界条件。在边界上同时给定广义力和广义位移，如弹性支承边，不仅给定边界上的横向剪力$Q_t$，还给定弹性反力$-kw$，$k$为弹性系数。还有给定边界弯矩$M_n$和给定边界弹性反力矩$-k\frac{\partial w}{\partial n}$。这里$n$为边界的法线方向。

请读者注意，这里的边界条件与前述问题边界条件的提法不同，但从数学上讲，基本方程(8.8)为一四阶偏微分方程，其边界条件应是$w$的三阶导数直到$w$在边界上的值，这里横向剪力是以$w$的三阶导数表出，弯矩是以$w$的二阶导数表出，转角是以$w$的一阶导数表出，挠度就是函数本身。从力学上讲，在边界上给出的是边界横截面处的面力和变形。以下讨论常见的几种边界条件。

**(1)固定边界**(图8.3)

在固定边，位移和转角为零，若在$x=0$边固定，则其边界条件为

$$x=0\text{ 时},\qquad w=0,\qquad \frac{\partial w}{\partial x}=0 \tag{8.11}$$

**(2)简支边界**(图8.4)

板在简支边上不能有竖向位移(即$z$方向位移)，但可有(绕$z$轴的)微小转动。故在此边上挠度为零、弯矩为零。若在$x=0$边简支，则其边界条件为

$$x=0\text{ 时},\qquad w=0,\qquad M_x=0 \tag{8.12}$$

因为

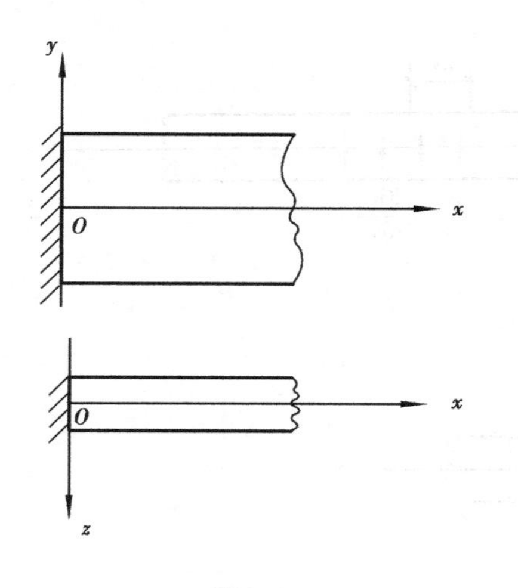


图 8.3

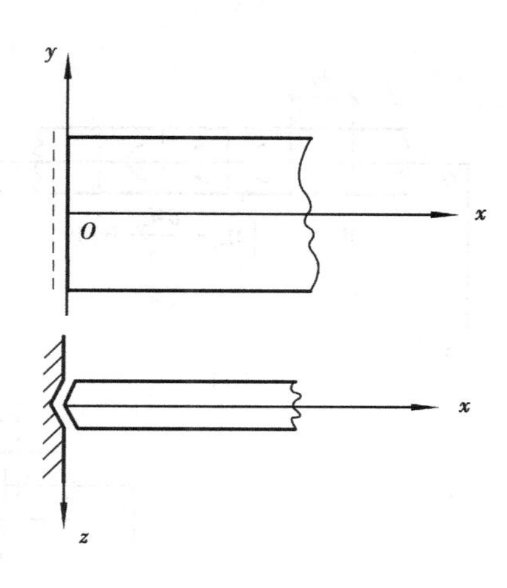


图 8.4

$$M_x = -D\left(\frac{\partial^2 w}{\partial x^2} + \nu \frac{\partial^2 w}{\partial y^2}\right)$$

而在 $x=0$ 的板边沿 $y$ 方向 $w$ 为零(简支),故有$\frac{\partial w}{\partial y}=0$,由此推出

$$\frac{\partial^2 w}{\partial y^2}=0$$

边界条件(8.12)又可写为

$$x=0 \text{ 时}, \qquad w=0, \qquad \frac{\partial^2 w}{\partial x^2}=0 \tag{8.12'}$$

**(3)自由边界**(图 8.5)

在自由边界上,应该给出其静力条件,参照图 8.5 可知,此边界上弯矩、扭矩和剪力为零。若自由边界是 $x=0$ 边,则有

$$x=0 \text{ 时}, \qquad M_x=0, \qquad M_{xy}=0, \qquad Q_x=0 \tag{8.13}$$

上式给出的 3 个静力边界条件,可简化为 2 个静力边界条件。实际上,薄板任一边界上的扭矩都可以变换为等效的横向剪力,并和该面上原来的横向剪力合并,分析过程如下。

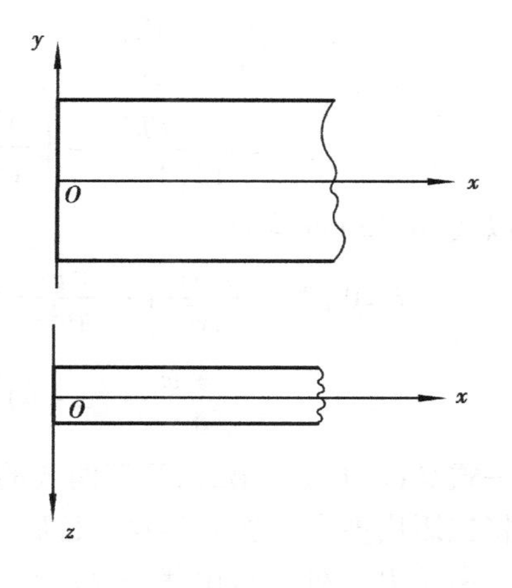


图 8.5

取任意边界面(图 8.6),在其一段微小长度 $dy$ 上有扭矩 $M_{xy}dy$ 作用,这个扭矩可用在该段等效的 2 个力代替,一个向上、一个向下。按圣维南原理,这样的代换只会影响该边界近处的应力分布,较远处的应力影响甚微。

经图 8.6 的代换后,两相邻 $dy$ 长度的微元相邻处的剪力一个为 $M_{xy}$,一个为 $M_{xy}+\frac{\partial M_{xy}}{\partial y}dy$(图 8.6b),这两力相抵消后,只剩下一个集度为 $\partial M_{xy}/\partial y$ 的竖向剪力(图 8.6c)。这样一来,在 $x=$ 常数的自由边界上总的分布剪力是横向剪力 $Q_x$ 与扭矩简化来的剪力 $\partial M_{xy}/\partial y$

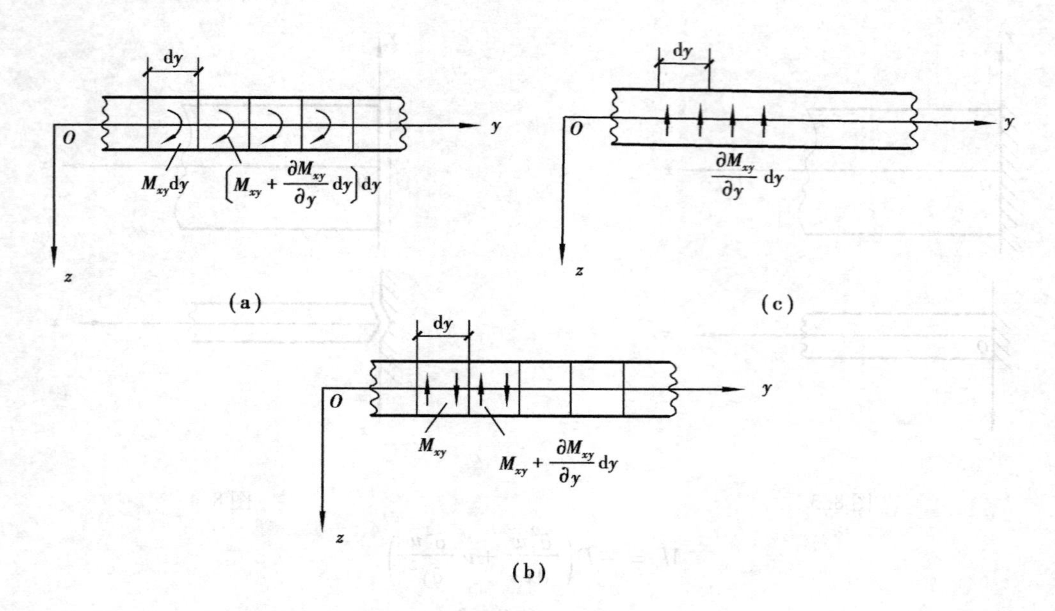


图 8.6

之和：

$$\left(Q_x+\frac{\partial M_{xy}}{\partial y}\right)\mathrm{d}y=V_x\mathrm{d}y$$

其中，$V_x=Q_x+\partial M_{xy}/\partial y$ 叫做总分布剪力。

若将总分布剪力以 $w$ 表示，则有

$$V_x=Q_x+\frac{\partial M_{xy}}{\partial y}=-\frac{Eh^3}{12(1-\nu^2)}\left[\frac{\partial^3 w}{\partial x^3}+(2-\nu)\frac{\partial^3 w}{\partial x\partial y^2}\right]$$

所以式(8.13)可写为

$$x=0\text{ 时}，\quad \frac{\partial^2 w}{\partial x^2}+\nu\frac{\partial^2 w}{\partial y^2}=0$$

$$\frac{\partial^3 w}{\partial x^3}+(2-\nu)\frac{\partial^3 w}{\partial x\partial y^2}=0 \tag{8.13′}$$

后一式是(8.13)中第二、第三两式的简化合并形式。如果相邻的两边都是自由边(图8.7)，则当将扭矩用剪力做静力等效代替后，角点处还会有未被抵消的集中横向剪力 $R_B$。

由于 $B$ 点处于自由状态，故应有条件

当 $x=a$，$y=b$ 时，$R_B=2M_{xy}=0$

或写作

$$\text{当 } x=a,\quad y=b\text{ 时},\quad \frac{\partial^2 w}{\partial x\partial y}=0 \tag{8.14}$$

此即角点 $B$ 应满足的条件。

若在角点 $B$ 处有柱支承，则应满足

当 $x=a$，$y=b$ 时，$w=0$

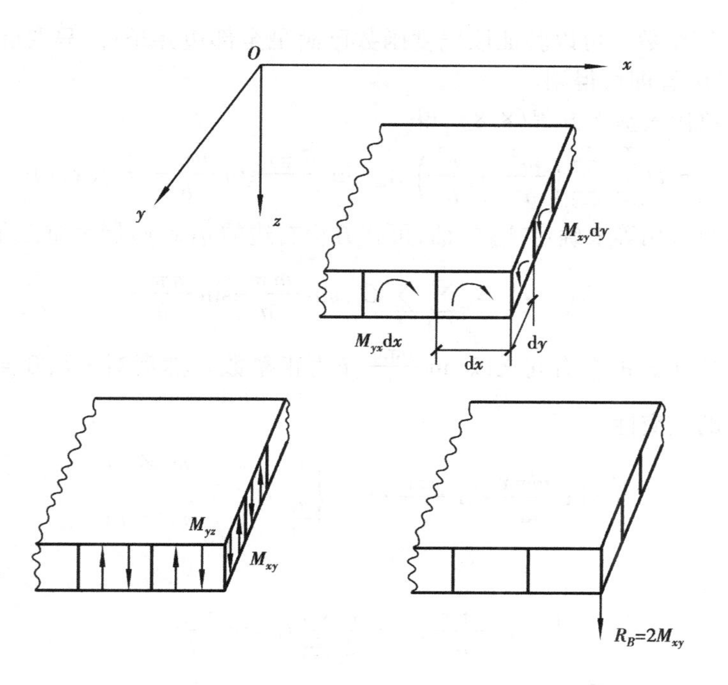


图 8.7

此外,当自由边与简支边或固定边相邻,或两非自由边相邻处有集中力时,将被反力所吸收,不再另外给出边界条件。

由上述几种典型边界条件的讨论可知,板的边界条件由 $w$,$\partial w/\partial n$,$M_n$ 和 $V_x$4 个量中的若干个组成,最终以 $w$ 及其各阶导数的不同组合给出。

## 8.5　四边简支矩形薄板的解

对于四边简支的矩形板,其边界条件如下

$$
\begin{aligned}
x=0\text{ 时},\quad & w=0,\quad \frac{\partial^2 w}{\partial x^2}=0\\
x=a\text{ 时},\quad & w=0,\quad \frac{\partial^2 w}{\partial x^2}=0\\
y=0\text{ 时},\quad & w=0,\quad \frac{\partial^2 w}{\partial y^2}=0\\
y=b\text{ 时},\quad & w=0,\quad \frac{\partial^2 w}{\partial y^2}=0
\end{aligned}
\tag{a}
$$

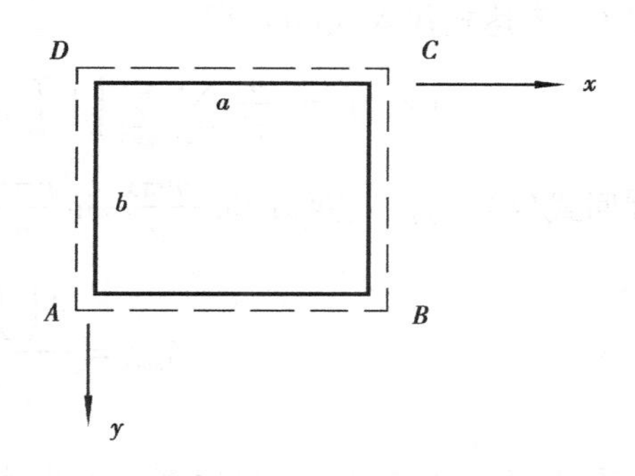


图 8.8

对于此问题,就是要解薄板的基本方程(8.8),并使其满足上述边界条件,为此可取挠度函数为如下的重三角级数:

$$
w=\sum_{m=1}^{\infty}\sum_{n=1}^{\infty}A_{mn}\sin\frac{m\pi x}{a}\sin\frac{n\pi y}{b}
\tag{b}
$$

其中的 $m$ 和 $n$ 是正整数。可以验证该挠度函数已满足全部边界条件，只要能确定出系数 $A_{mn}$ 的话，则该问题的解答即可得到。

将此挠度函数代入基本方程(8.8)，得

$$\pi^4 D\sum_{m=1}^{\infty}\sum_{n=1}^{\infty}\left(\frac{m^2}{a^2}+\frac{n^2}{b^2}\right)^2 A_{mn}\sin\frac{m\pi x}{a}\sin\frac{n\pi y}{b}=q(x,y) \tag{c}$$

若欲使方程两边相等来确定 $A_{mn}$ 的话，可将方程右边的 $q(x,y)$ 展为重三角级数：

$$q(x,y)=\sum_{m=1}^{\infty}\sum_{n=1}^{\infty}C_{mn}\sin\frac{m\pi x}{a}\sin\frac{n\pi y}{b} \tag{d}$$

为求得 $C_{mn}$，将上式的左右同乘以 $\sin\frac{i\pi x}{a}$（$i$ 为正整数），然后对 $x$ 从 0 到 $a$ 积分，并注意到三角函数积分的正交性：

$$\int_0^a \sin\frac{m\pi x}{a}\sin\frac{i\pi x}{a}\mathrm{d}x=\begin{cases}0 & (m\neq i)\\ \dfrac{a}{2} & (m=i)\end{cases}$$

因此

$$\int_0^a q\sin\frac{i\pi x}{a}\mathrm{d}x=\frac{a}{2}\sum_{n=1}^{\infty}C_{in}\sin\frac{n\pi y}{b}$$

再将上式两边同乘以 $\sin\frac{j\pi y}{b}$（$j$ 为任意正整数），然后对 $y$ 从 0 到 $b$ 积分，并注意到

$$\int_0^b \sin\frac{n\pi y}{b}\sin\frac{j\pi y}{b}\mathrm{d}y=\begin{cases}0 & (n\neq j)\\ \dfrac{b}{2} & (n=j)\end{cases}$$

就得到

$$\int_0^a\int_0^b q\sin\frac{i\pi x}{a}\sin\frac{j\pi y}{b}\mathrm{d}x\mathrm{d}y=\frac{ab}{4}C_{ij}$$

将 $i,j$ 分别换为 $m,n$，由此可求出 $C_{mn}$

$$C_{mn}=\frac{4}{ab}\int_0^a\int_0^b q\sin\frac{m\pi x}{a}\sin\frac{n\pi y}{b}\mathrm{d}x\mathrm{d}y \tag{e}$$

将 $C_{mn}$ 表达式代入式(d)，得

$$q(x,y)=\frac{4}{ab}\sum_{m=1}^{\infty}\sum_{n=1}^{\infty}\left[\int_0^a\int_0^b q\sin\frac{m\pi x}{a}\sin\frac{n\pi y}{b}\mathrm{d}x\mathrm{d}y\right]\sin\frac{m\pi x}{a}\sin\frac{n\pi y}{b} \tag{f}$$

代回式(c)，将该式两边 $\sin\frac{m\pi x}{a}\sin\frac{n\pi y}{b}$ 的系数进行对比，即得

$$A_{mn}=\frac{4\int_0^a\int_0^b q\sin\frac{m\pi x}{a}\sin\frac{n\pi y}{b}\mathrm{d}x\mathrm{d}y}{\pi^4 abD\left(\frac{m^2}{a^2}+\frac{n^2}{b^2}\right)^2} \tag{g}$$

求得 $A_{mn}$ 后，即求得薄板的挠度 $w$ 的表达式，由此可求得所有内力。

现在讨论薄板上受集中荷载时的解。设薄板上作用一横向集中荷载 $P$，作用点坐标为 $(\xi,\eta)$，若想利用以上在分布荷载作用下的结果，可取一微分面积 $\mathrm{d}x\mathrm{d}y$（含集中力作用点），在此微面积上的分布荷载 $q$ 即为 $\frac{P}{\mathrm{d}x\mathrm{d}y}$。式(g)中的 $q$ 就只是在 $(\xi,\eta)$ 点处微分面积上等于

$\frac{P}{\mathrm{d}x\mathrm{d}y}$外，在$(x,y)$不等于$(\xi,\eta)$的所有各点均为零。此时

$$A_{mn}=\frac{4}{\pi^4abD\left(\frac{m^2}{a^2}+\frac{n^2}{b^2}\right)^2}\frac{P}{\mathrm{d}x\mathrm{d}y}\sin\frac{m\pi\xi}{a}\sin\frac{n\pi\eta}{b}\mathrm{d}x\mathrm{d}y=$$

$$\frac{4P}{\pi^4abD\left(\frac{m^2}{a^2}+\frac{n^2}{b^2}\right)^2}\sin\frac{m\pi\xi}{a}\sin\frac{n\pi\eta}{b}$$

由此即得挠度表达式

$$w=\frac{4P}{\pi^4abD}\sum_{m=1}^{\infty}\sum_{n=1}^{\infty}\frac{\sin\frac{m\pi\xi}{a}\sin\frac{n\pi\eta}{b}}{\left(\frac{m^2}{a^2}+\frac{n^2}{b^2}\right)^2}\sin\frac{m\pi x}{a}\sin\frac{n\pi y}{b}\tag{8.15}$$

## 8.6　两边简支两边自由矩形薄板的解

两边简支两边自由的矩形薄板受任意横向荷载$q(x,y)$作用，简支边的边界条件为

$x=0$ 时，　$w=0$，　$\frac{\partial^2w}{\partial x^2}=0$

$x=a$ 时，　$w=0$，　$\frac{\partial^2w}{\partial x^2}=0$

用分离变量法解基本方程(8.8)，并为满足$x=0$和$x=a$边的边界条件，此时可设挠度表达式为如下形式：

$$w=\sum_{m=1}^{\infty}Y_m(y)\sin\frac{m\pi x}{a}\tag{a}$$

$m$为正整数，由式(a)看出，只须选择函数$Y_m(y)$，使式(a)的挠度满足基本方程，并在$y=\pm\frac{b}{2}$上满足边界条件即可。将式(a)代入基本方程，则有

$$\sum_{m=1}^{\infty}\left[\frac{\mathrm{d}^4Y_m}{\mathrm{d}y^4}-2\left(\frac{m\pi}{a}\right)^2\frac{\mathrm{d}^2Y_m}{\mathrm{d}y^2}+\left(\frac{m\pi}{a}\right)^4Y_m\right]\sin\frac{m\pi x}{a}=\frac{q}{D}\tag{b}$$

式(b)的左边是$x$和$y$变量分离的形式，要确定$Y_m$所满足的微分方程，只有将右边也展成$x$变量的正弦函数，进行同项系数比较才可确定，由傅立叶展开法将右边展开为

$$\frac{q}{D}=\frac{2}{a}\sum_{m=1}^{\infty}\left[\int_0^a\frac{q}{D}\sin\frac{m\pi x}{a}\mathrm{d}x\right]\sin\frac{m\pi x}{a}\tag{c}$$

将式(c)代入式(b)，进行对比可得关于$Y_m$的常微分方程

$$\frac{\mathrm{d}^4Y_m}{\mathrm{d}y^4}-2\left(\frac{m\pi}{a}\right)^2\frac{\mathrm{d}^2Y_m}{\mathrm{d}y^2}+\left(\frac{m\pi}{a}\right)^4Y_m=\frac{2}{aD}\int_0^aq\sin\frac{m\pi x}{a}\mathrm{d}x\tag{d}$$

方程(d)的通解为齐次通解与非齐次特解的和，其齐次通解为

$$A_m\mathrm{ch}\frac{m\pi y}{a}+B_m\frac{m\pi y}{a}\mathrm{sh}\frac{m\pi y}{a}+C_m\mathrm{sh}\frac{m\pi y}{a}+D_m\frac{m\pi y}{a}\mathrm{ch}\frac{m\pi y}{a}$$

若将其特解记为$f_m(y)$,则方程(d)的通解为

$$Y_m(y)=A_m\operatorname{ch}\frac{m\pi y}{a}+B_m\frac{m\pi y}{a}\operatorname{sh}\frac{m\pi y}{a}+C_m\operatorname{sh}\frac{m\pi y}{a}+D_m\frac{m\pi y}{a}\operatorname{ch}\frac{m\pi y}{a}+f_m(y) \tag{e}$$

其中$A_m$、$B_m$、$C_m$、$D_m$是任意常数,决定于$y=\pm\frac{b}{2}$的边界条件。$f_m(y)$是根据具体的荷载函数$q$可以确定的特解。有了$Y_m(y)$,即可得挠度表达式

$$w=\sum_{m=1}^{\infty}\left[A_m\operatorname{ch}\frac{m\pi y}{a}+B_m\frac{m\pi y}{a}\operatorname{sh}\frac{m\pi y}{a}+C_m\operatorname{sh}\frac{m\pi y}{a}+D_m\frac{m\pi y}{a}\operatorname{ch}\frac{m\pi y}{a}+f_m(y)\right]\sin\frac{m\pi x}{a} \tag{f}$$

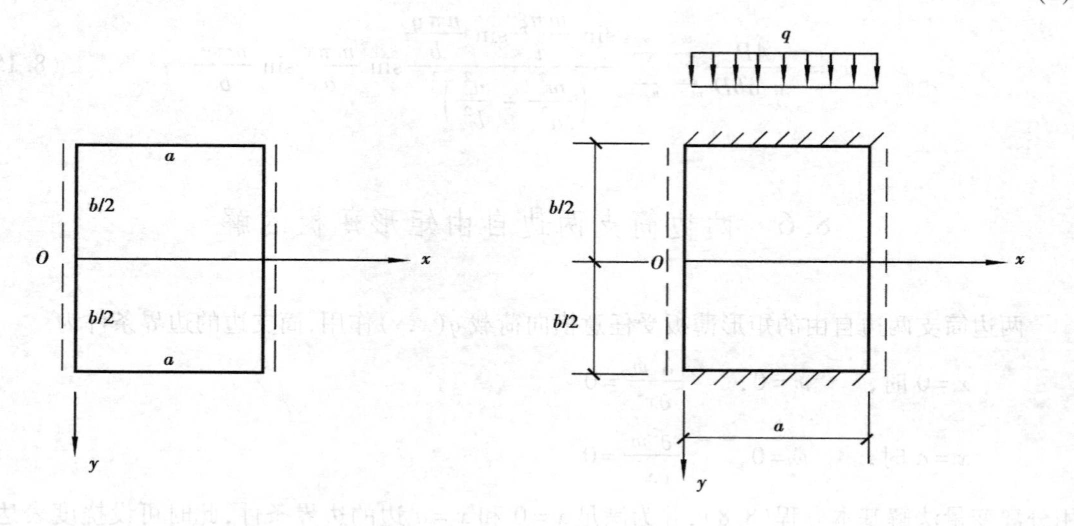


图 8.9　　　　图 8.10

这一解答被称作李维(Levy,S.)解答。利用李维解法可求解四边简支的矩形薄板受各种横向荷载的问题,还可以得出这种薄板在某一边界上受分布力矩作用或是边界上有挠度的问题,以及在角点发生沉陷的问题。

关于李维解法,现举一例。求解两边简支两边固定的矩形板,受集度为$q$的均布荷载的问题,如图8.10。

其基本方程为

$$\nabla^4 w=\frac{q}{D} \tag{g}$$

边界条件为

$$\begin{aligned}&x=0,\quad x=a\text{ 处},\quad w=0,\quad \frac{\partial^2 w}{\partial x^2}=0\\&y=\pm\frac{b}{2}\text{处},\qquad w=0,\quad \frac{\partial w}{\partial y}=0\end{aligned} \tag{h}$$

方程(g)的解为

$$w=w_1+w_0$$

其中$w_1$为齐次通解,$w_0$为特解。参考式(a)取

$$w_1 = \sum_{m=1}^{\infty} Y_m(y) \sin \frac{m\pi x}{a} \tag{i}$$

代入式(g)的齐次方程可解得

$$Y_m(y) = \frac{qa^4}{D}\left(A_m \text{sh}\,\frac{m\pi y}{a} + B_m \text{ch}\,\frac{m\pi y}{a} + C_m \frac{m\pi y}{a}\text{sh}\,\frac{m\pi y}{a} + D_m \frac{m\pi y}{a}\text{ch}\,\frac{m\pi y}{a}\right) \tag{j}$$

由于结构和外荷关于 $x$ 轴对称，那么 $Y_m(y)$ 也对称于 $x$ 轴，由此知 $A_m = D_m = 0$，且 $m$ 必为奇数，则

$$w_1 = \frac{qa^4}{D}\sum_{m=1,3,5,\cdots}^{\infty}\left(B_m \text{ch}\,\frac{m\pi y}{a} + C_m \frac{m\pi y}{a}\text{sh}\,\frac{m\pi y}{a}\right)\sin \frac{m\pi x}{a} \tag{k}$$

利用视察法可知特解为

$$w_0 = \frac{q}{24D}(x^4 - 2ax^3 + a^3 x)$$

可验证 $w_0$ 满足边界条件(h)中的前两式，特解 $w_0$ 也可展为三角级数，即

$$w_0 = \frac{4qa^4}{\pi^5 D}\sum_{m=1,3,5,\cdots}^{\infty}\frac{1}{m^5}\sin \frac{m\pi x}{a}$$

那么，本问题挠度函数的通解为

$$w = w_1 + w_0 = \frac{qa^4}{D}\sum_{m=1,3,5,\cdots}^{\infty}\left(\frac{4}{\pi^5 m^5} + B_m \text{ch}\,\frac{m\pi y}{a} + C_m \frac{m\pi y}{a}\text{sh}\,\frac{m\pi y}{a}\right)\sin \frac{m\pi x}{a} \tag{l}$$

再利用式(h)中的后两个条件即可定出常数 $B_m$ 和 $C_m$

$$B_m = -\frac{4}{\pi^5 m^5}\,\frac{\alpha_m \text{ch}\alpha_m + \text{sh}\alpha_m}{\text{ch}\alpha_m(\alpha_m \text{ch}\alpha_m + \text{sh}\alpha_m) - \alpha_m \text{sh}^2\alpha_m}$$

$$C_m = -\frac{4}{\pi^5 m^5}\,\frac{\text{sh}\alpha_m}{\text{ch}\alpha_m(\alpha_m \text{ch}\alpha_m + \text{sh}\alpha_m) - \alpha_m \text{sh}^2\alpha_m}$$

其中 $\alpha_m = \dfrac{m\pi b}{2a}$，最终挠度函数为

$$w = \frac{4qa^4}{\pi^5 D}\sum_{m=1,3,5,\cdots}^{\infty}\frac{1}{m^5}\left[1 - \frac{(\alpha_m \text{ch}\alpha_m + \text{sh}\alpha_m)\text{ch}\,\dfrac{m\pi y}{a}}{\text{ch}\alpha_m(\alpha_m \text{ch}\alpha_m + \text{sh}\alpha_m) - \alpha_m \text{sh}^2\alpha_m} + \frac{\text{sh}\alpha_m}{\text{ch}\alpha_m(\alpha_m \text{ch}\alpha_m + \text{sh}\alpha_m) - \alpha_m \text{sh}^2\alpha_m}\,\frac{m\pi y}{a}\text{sh}\,\frac{m\pi y}{a}\right]\sin \frac{m\pi x}{a} \tag{8.16}$$

此级数收敛较快，取 $m = 1$ 即可得较好的近似解。现设薄板为方板，即 $a = b$，那么可求得薄板的最大挠度，这一挠度应在板的中心，将 $x = \dfrac{a}{2}$，$y = 0$，$\alpha_1 = \dfrac{\pi}{2}$ 代入(8.16)式，即得

$$w_{\max} = 0.001\,9\,\frac{qa^4}{D} = 0.001\,9\,\frac{12(1-\nu^2)a^4}{Eh^3}q$$

由此可以看出板的几何尺寸对挠度的影响是剧烈的。

## 8.7 圆形薄板的弯曲

由于薄板的几何形状为圆,选用柱坐标求解要方便些。在此坐标下,挠度与横向荷载都将成为坐标变量 $r$ 和 $\theta$ 的函数,即 $w=w(r,\theta)$,$q=q(r,\theta)$。薄板弯曲问题遵循的基本方程未变,只是坐标不同,因此用坐标变换来给出柱坐标下的基本方程。为得到此方程先求如下导数

$$\left.\begin{aligned}
\frac{\partial w}{\partial x}&=\cos\theta\frac{\partial w}{\partial r}-\frac{\sin\theta}{r}\frac{\partial w}{\partial\theta}\\
\frac{\partial w}{\partial y}&=\sin\theta\frac{\partial w}{\partial r}+\frac{\cos\theta}{r}\frac{\partial w}{\partial\theta}\\
\frac{\partial^2 w}{\partial x^2}&=\cos^2\theta\frac{\partial^2 w}{\partial r^2}-\frac{2\sin\theta\cos\theta}{r}\frac{\partial^2 w}{\partial r\partial\theta}+\frac{\sin^2\theta}{r}\frac{\partial w}{\partial r}+\\
&\quad\frac{2\sin\theta\cos\theta}{r^2}\frac{\partial w}{\partial\theta}+\frac{\sin^2\theta}{r^2}\frac{\partial^2 w}{\partial\theta^2}\\
\frac{\partial^2 w}{\partial y^2}&=\sin^2\theta\frac{\partial^2 w}{\partial r^2}+\frac{2\sin\theta\cos\theta}{r}\frac{\partial^2 w}{\partial r\partial\theta}+\frac{\cos^2\theta}{r}\frac{\partial w}{\partial r}-\\
&\quad\frac{2\sin\theta\cos\theta}{r^2}\frac{\partial w}{\partial\theta}+\frac{\cos^2\theta}{r^2}\frac{\partial^2 w}{\partial\theta^2}\\
\frac{\partial^2 w}{\partial x\partial y}&=\sin\theta\cos\theta\frac{\partial^2 w}{\partial r^2}+\frac{\cos^2\theta-\sin^2\theta}{r}\frac{\partial^2 w}{\partial r\partial\theta}-\frac{\sin\theta\cos\theta}{r}\frac{\partial w}{\partial r}-\\
&\quad\frac{\cos^2\theta-\sin^2\theta}{r^2}\frac{\partial w}{\partial\theta}-\frac{\sin\theta\cos\theta}{r^2}\frac{\partial^2 w}{\partial\theta^2}
\end{aligned}\right\}\tag{a}$$

$$\nabla^2 w=\left(\frac{\partial^2}{\partial r^2}+\frac{1}{r}\frac{\partial}{\partial r}+\frac{1}{r^2}\frac{\partial^2}{\partial\theta^2}\right)w\tag{b}$$

那么柱坐标下薄板问题的基本方程就成为

$$D\left(\frac{\partial^2}{\partial r^2}+\frac{1}{r}\frac{\partial}{\partial r}+\frac{1}{r^2}\frac{\partial^2}{\partial\theta^2}\right)\left(\frac{\partial^2 w}{\partial r^2}+\frac{1}{r}\frac{\partial w}{\partial r}+\frac{1}{r^2}\frac{\partial^2 w}{\partial\theta^2}\right)=q\tag{8.17}$$

为导出柱坐标下挠度与各内力的关系,仍由薄板中取一微元来分析(图 8.11),图中用双箭头表示力矩。

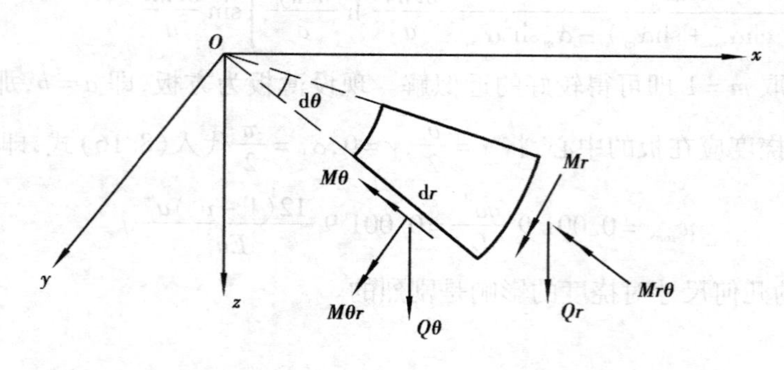


图 8.11

在 $r$ 为常量的截面上有内力 $M_r$、$M_{r\theta}$ 及 $Q_r$，它们分别由应力 $\sigma_r$、$\tau_{r\theta}$ 和 $\tau_{rz}$ 合成；在 $\theta$ 为常量的截面上有内力 $M_\theta$、$M_{\theta r}$ 及 $Q_\theta$，它们分别由应力 $\sigma_\theta$、$\tau_{\theta r}$ 和 $\tau_{\theta z}$ 合成。在所考察的微元上，将 $x$ 轴和 $y$ 轴转动到 $r$ 方向和 $\theta$ 方向，使微元的 $\theta$ 坐标成为 0，则直角坐标下的 $M_x$、$M_y$、$M_{xy}$、$M_{yx}$、$Q_x$、$Q_y$ 即分别对应于柱坐标下的 $M_r$、$M_\theta$、$M_{r\theta}$、$M_{\theta r}$、$Q_r$、$Q_\theta$，于是利用变换式(a)，并令 $\theta=0$，有

$$\begin{aligned}
M_r &= (M_x)_{\theta=0} = -D\left(\frac{\partial^2 w}{\partial x^2}+\nu\frac{\partial^2 w}{\partial y^2}\right)_{\theta=0} = \\
&\quad -D\left[\frac{\partial^2 w}{\partial r^2}+\nu\left(\frac{1}{r}\frac{\partial w}{\partial r}+\frac{1}{r^2}\frac{\partial^2 w}{\partial \theta^2}\right)\right] \\
M_\theta &= (M_y)_{\theta=0} = -D\left[\left(\frac{1}{r}\frac{\partial w}{\partial r}+\frac{1}{r^2}\frac{\partial^2 w}{\partial \theta^2}\right)+\nu\frac{\partial^2 w}{\partial r^2}\right] \\
M_{r\theta} &= (M_{xy})_{\theta=0} = -D(1-\nu)\left(\frac{1}{r}\frac{\partial^2 w}{\partial r\partial\theta}-\frac{1}{r^2}\frac{\partial w}{\partial \theta}\right) \\
Q_r &= (Q_x)_{\theta=0} = -D\frac{\partial}{\partial r}\nabla^2 w \\
Q_\theta &= (Q_y)_{\theta=0} = -D\frac{1}{r}\frac{\partial}{\partial \theta}\nabla^2 w
\end{aligned} \tag{8.18}$$

现写出柱坐标下的边界条件(坐标原点取在圆板的中心)。

1)固定边界　在边界上挠度为零，挠度在 $r$ 方向的斜率也为零(即不转动)。

$$r=a \text{ 时}\quad w=0\quad \frac{\partial w}{\partial r}=0 \tag{8.19}$$

2)简支边界　在边界上挠度和弯矩为零。

$$r=a \text{ 时}\quad w=0\quad M_r=0 \tag{8.20}$$

与上节相似，扭矩 $M_{r\theta}$ 也可变换为等效剪力 $\frac{1}{r}\frac{\partial M_{r\theta}}{\partial\theta}$，与横向剪力合并后总剪力为

$$V_r = Q_r+\frac{1}{r}\frac{\partial M_{r\theta}}{\partial\theta}$$

圆板无角点，所以不存在集中剪力 $R$(此力在矩形板角点存在)。

3)自由边界　在边界上弯矩及总剪力为零

$$r=a \text{ 时}\quad M_r=0\quad V_r=Q_r+\frac{1}{r}\frac{\partial M_{r\theta}}{\partial\theta}=0 \tag{8.21}$$

若此边界上有分布的力矩及横向力的话，则(8.21)中的两式右边不为零，而是等于边界上的弯矩 $M_s$ 及横向力 $V_s$。

式(8.20)和式(8.21)的条件可全部用 $w$ 及其导数表出，在用到的地方做此表示，这里不再改写。

## 8.8　圆形薄板的轴对称弯曲

若圆板的横向荷载在板平面内关于中心对称，那么横向荷载就只是 $r$ 的函数，薄板的挠度也一定只是 $r$ 的函数。基本方程就简化为

$$D\left(\frac{d^2}{dr^2}+\frac{1}{r}\frac{d}{dr}\right)\left(\frac{d^2w}{dr^2}+\frac{1}{r}\frac{dw}{dr}\right)=q(r) \tag{8.22}$$

基本方程成为常微分方程,其通解如下

$$w=c_1\ln r+c_2r^2\ln r+c_3r^2+c_4+w_0 \tag{a}$$

这里 $c_1$、$c_2$、$c_3$ 及 $c_4$ 是待定常数,须用边界条件确定。$w_0$ 是其任一特解,可由 $q(r)$ 来选择。

若横向荷载 $q=q_0$ 是常量的话,式(a)中的 $w_0$ 可以选为 $r$ 的四次多项式,最简形式则取 $w_0=mr^4$,其中 $m$ 为常量,由式(8.22)可求得

$$m=\frac{q_0}{64D}$$

于是(8.22)的通解成为

$$w=c_1\ln r+c_2r^2\ln r+c_3r^2+c_4+\frac{q_0}{64D}r^4 \tag{b}$$

若薄板中心无孔,则必须要求在 $r=0$ 处挠度及内力为有限值,为满足这一条件,式(b)中的常数 $c_1$、$c_2$ 必须为零,那么

$$w=c_3r^2+c_4+\frac{q_0}{64D}r^4 \tag{c}$$

由式(8.18)求出此时薄板的内力

$$\left.\begin{aligned}
M_r&=-2(1+\nu)Dc_3-\frac{3+\nu}{16}q_0r^2\\
M_\theta&=-2(1+\nu)Dc_3-\frac{1+3\nu}{16}q_0r^2\\
M_{r\theta}&=M_{\theta r}=0\\
Q_r&=-\frac{1}{2}q_0r\\
Q_\theta&=0
\end{aligned}\right\} \tag{d}$$

剪力还可以这样来分析:由于对称 $Q_\theta$ 为零;由板中心取出半径为 $r$ 的一部分圆板,考虑 $z$ 方向的平衡可得

$$2\pi rQ_r+q_0\pi r^2=0$$

从而求得

$$Q_r=-\frac{1}{2}q_0r$$

此式与式(d)中的第四式完全相同。

现在利用以上结果讨论两个简单问题。

①半径为 $a$ 的圆板,在 $r=a$ 的板边上为固定边界。此种情况的边界条件为

$$r=a\ 时\quad w=0\quad \frac{dw}{dr}=0 \tag{e}$$

将式(e)代入式(c),定出常数 $c_3$ 和 $c_4$,那么挠度和2个主要内力即可求出

$$\left.\begin{aligned}
w&=\frac{q_0a^4}{64D}\left(1-\frac{r^2}{a^2}\right)^2\\
M_r&=\frac{q_0a^2}{16}\left[(1+\nu)-(3+\nu)\frac{r^2}{a^2}\right]\\
M_\theta&=\frac{q_0a^2}{16}\left[(1+\nu)-(1+3\nu)\frac{r^2}{a^2}\right]
\end{aligned}\right\} \tag{f}$$

在薄板的中心，即 $r=0$ 处

$$
\left.\begin{aligned}
w &= \frac{q_0 a^4}{64D} \\
M_r = M_\theta &= \frac{(1+\nu) q_0 a^2}{16}
\end{aligned}\right\} \tag{g}
$$

在薄板的边界上，即 $r=a$ 处

$$
\left.\begin{aligned}
M_r &= -\frac{1}{8} q_0 a^2 \\
Q_r &= -\frac{1}{2} q_0 a
\end{aligned}\right\} \tag{h}
$$

②半径为 $a$ 的圆板，在 $r=a$ 的板边上为简支边界。此种情况的边界条件为

$$
r=a \text{ 时} \qquad w=0 \qquad M_r = -D\left(\frac{\mathrm{d}^2 w}{\mathrm{d}r^2} + \frac{\nu}{r}\frac{\mathrm{d}w}{\mathrm{d}r}\right) = 0 \tag{i}
$$

将式(i)代入式(c)定出常数 $c_3$ 和 $c_4$，那么挠度和两个主要内力即可求出

$$
\begin{aligned}
w &= \frac{q_0}{64D}\left[(a^2 - r^2)^2 + \frac{4a^2(a^2 - r^2)}{1+\nu}\right] \\
M_r &= \frac{q_0}{16}(3+\nu)(a^2 - r^2) \\
M_\theta &= \frac{q_0}{16}\left[(3+\nu)a^2 - (1+3\nu)r^2\right]
\end{aligned} \tag{j}
$$

在板中心处，即 $r=0$ 处

$$
\left.\begin{aligned}
w &= \frac{5+\nu}{64D(1+\nu)} a^4 q_0 \\
M_r = M_\theta &= \frac{3+\nu}{16} a^2 q_0
\end{aligned}\right\} \tag{k}
$$

对于其他边界条件，一般的专门手册中给出了挠度和弯矩公式可供读者查用，如有兴趣可自行讨论其他边界约束情况。

## 本 章 小 结

1. 薄板的定义。
2. 薄板问题的三个基本假定。
3. 薄板问题的基本方程。
4. 薄板的位移、内力及应力的关系式(8.9)及式(8.10)。
5. 薄板的边界条件，注意理解其中总剪力的提法。
6. 注意薄板问题的解法，以及解法受边界约束条件的影响。
7. 极坐标下薄板问题的相应解法。

## 习　题

8-1　在薄板问题中为什么要提出总剪力的概念?

8-2　将边界条件(8.20)及(8.21)改写为用 $w$ 表示的形式。

8-3　对图 8.8 所示问题,若板上所受横向荷载为

$$q(x,y)=q_0\sin\frac{\pi x}{a}\sin\frac{\pi y}{b}$$

试求其最大挠度、最大弯矩和最大剪力。

8-4　矩形薄板如题 8-4 图所示,两边简支两边自由,在两自由边的角点处受横向集中荷载 $P$ 作用。

设 $w(x,y)=mxy$,其中 $m$ 为常数,试求其挠度、内力及反力。

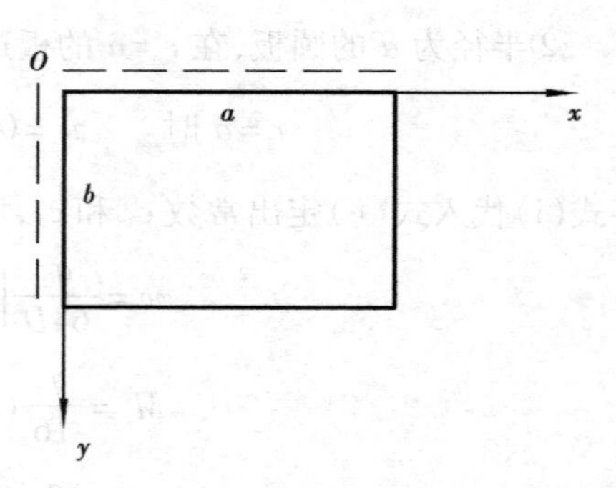


题 8-4 图

8-5　固定边圆形薄板,半径为 $a$,受横向轴对称荷载 $q=q_0\dfrac{r}{a}$,试求其挠度及内力。

8-6　两块薄板面积相等,一为正方形,一为圆形,同为固定边界,都受横向均布荷载 $q_0$ 作用,试比较其最大挠度。

8-7　如题 8-7 图所示矩形薄板,板面无荷载作用,$OA$ 边和 $OC$ 边为简支边,$AB$ 边和 $BC$ 边为自由边,角点 $B$ 发生铅直向下的微小位移 $\delta$,且由链杆拉住。试从下列函数中选取一个作为解题的挠度函数:

①$w_1=A\sin\dfrac{\pi x}{a}\sin\dfrac{\pi y}{b}$;

②$w_2=Ax^2y^2$;

③$w_3=Axy$;

④$w_4=A\left(1-\cos\dfrac{2\pi x}{a}\right)\left(1-\cos\dfrac{2\pi y}{b}\right)$。求薄板的内力、挠度和角点反力。

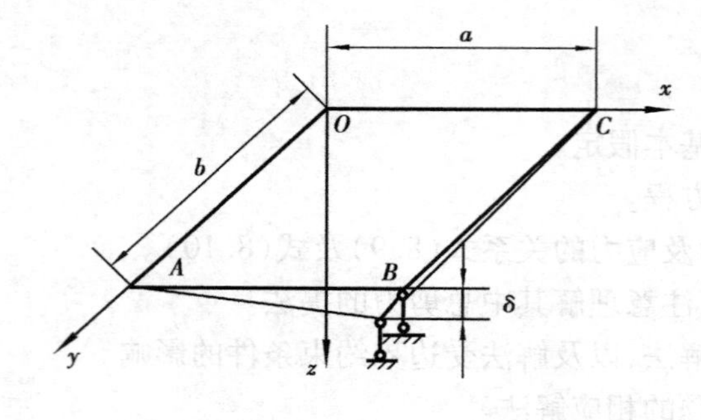


题 8-7 图

# 第 9 章 有限差分法

## 9.1 有限差分

弹性力学问题求其解析解往往是困难的，对于工程中的许多问题常不能得到解析解，因此必须用近似方法求其数值解，有限差分法是其中的一种。

在建立差分方程前，先来阐述有限差分的概念。

设 $f(x)$ 为 $x$ 的连续函数(图 9.1)，对一系列等间距 $\Delta x = h$ 的各点处函数 $f(x)$ 的值为已知，设在结点 0 的近处，函数 $f(x)$ 可以展为泰勒级数：

$$f = f_0 + \left(\frac{\partial f}{\partial x}\right)_0 (x - x_0) + \frac{1}{2!}\left(\frac{\partial^2 f}{\partial x^2}\right)_0 (x - x_0)^2 + \frac{1}{3!}\left(\frac{\partial^3 f}{\partial x^3}\right)_0 (x - x_0)^3 + \frac{1}{4!}\left(\frac{\partial^4 f}{\partial x^4}\right)_0 (x - x_0)^4 + \cdots$$

设在 0 点 $x = x_0$，在 0 点的前后结点上，$x$ 的取值分别等于 $x_0 + h$ 及 $x_0 - h$，那么 $x - x_0$ 就分别等于 $h$ 及 $-h$。在任意一点 $x$，差分及一阶导数的近似值为

$$(\Delta f)_x = f(x + h) - f(x - h)$$

$$\left(\frac{\mathrm{d}f}{\mathrm{d}x}\right)_x \cong \frac{\Delta f}{2h} = \frac{1}{2h}[f(x + h) - f(x - h)] \tag{a}$$

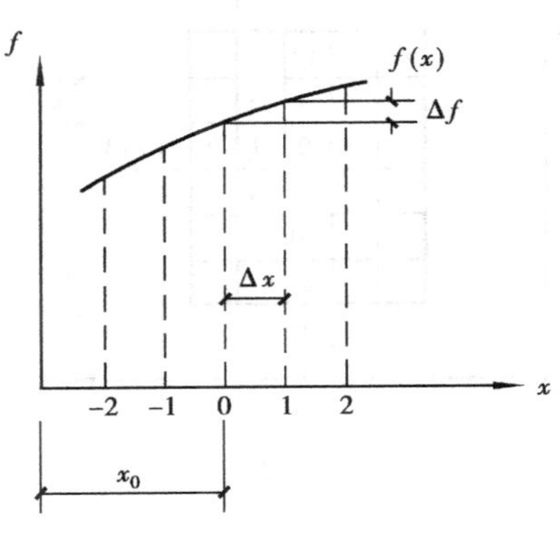


图 9.1

在 0 点的二阶差分为($f_1$ 为 0 点向前的一个点之函数值，$f_{-1}$ 为 0 点向后一个点之函数值)

$$(\Delta^2 f_0) = \Delta(\Delta f_0) = \Delta(f_1 - f_{-1}) = \Delta f_1 - \Delta f_{-1} = (f_2 - f_0) - (f_0 - f_{-2}) = f_2 - 2f_0 + f_{-2}$$

上式差分是用前两间距和后两间距的函数值来表示，差分可以定义为前一间距和后一间距的函数值之差。则在任一点 $x$，第二阶差分及二阶导数的近似值为

$$\Delta^2 f_x = f(x+h) - 2f(x) + f(x-h)$$

$$\left(\frac{\mathrm{d}^2 f}{\mathrm{d}x^2}\right)_x = \frac{\mathrm{d}}{\mathrm{d}x}\left(\frac{\mathrm{d}f}{\mathrm{d}x}\right)_x \cong \frac{1}{h^2}[f(x+h) - 2f(x) + f(x-h)] \tag{b}$$

依此类推,不难求得四阶差分为

$$\begin{aligned}\Delta^4 f = \Delta^2(\Delta^2 f) &= \Delta^2[f(x+h) - 2f(x) + f(x-h)] = \\ &\Delta^2 f(x+h) - 2\Delta^2 f(x) + \Delta^2 f(x-h) = \\ &[f(x+2h) - 2f(x+h) + f(x)] - 2[f(x+h) - 2f(x) + f(x-h)] + \\ &\quad [f(x) - 2f(x-h) + f(x-2h)] = \\ &f(x+2h) - 4f(x+h) + 6f(x) - 4f(x-h) + f(x-2h)\end{aligned} \tag{c}$$

其他差分也可同样求得。

## 9.2 有限差分方程

上节所推导的差分公式是一元函数,若 $f$ 是 $x$ 和 $y$ 的函数,同样可求偏导数的近似值。在 $x-y$ 平面上的函数域划分成等间距($\Delta x = \Delta y = h$)的方形网格(如图 9.2),按上节的方法可得在 0 点的二阶偏导数的近似值为

$$\begin{aligned}\left(\frac{\partial^2 f}{\partial x^2}\right)_0 &\cong \frac{1}{h^2}[f(x+h,y) - 2f(x,y) + f(x-h,y)] = \\ &\frac{1}{h^2}(f_1 - 2f_0 + f_3) \\ \left(\frac{\partial^2 f}{\partial y^2}\right)_0 &\cong \frac{1}{h^2}[f(x,y+h) - 2f(x,y) + f(x,y-h)] = \\ &\frac{1}{h^2}(f_2 - 2f_0 + f_4)\end{aligned} \tag{a}$$

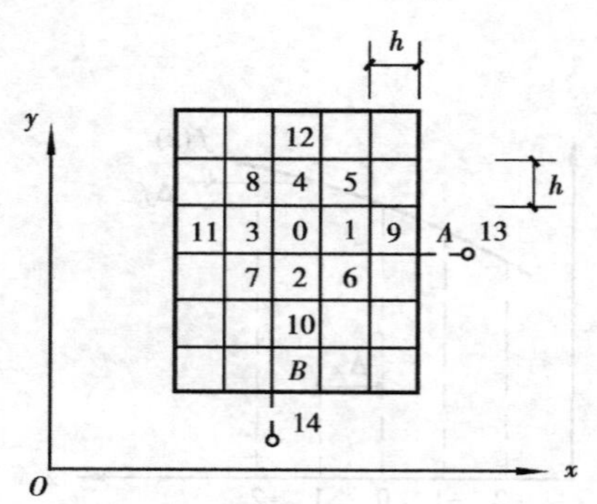

图 9.2

若求解调和方程

$$\nabla^2 f = \frac{\partial^2 f}{\partial x^2} + \frac{\partial^2 f}{\partial y^2} = 0$$

考虑式(a),可得结点 0 的有限差分方程

$$(\nabla^2 f)_0 = \frac{1}{h^2}(f_1 + f_2 + f_3 + f_4 - 4f_0) = 0 \tag{b}$$

对方程 $\nabla^2 f = -c$

其中 $c$ 为常数,则在结点 0 相应的有限差分方程为

$$f_1 + f_2 + f_3 + f_4 - 4f_0 = -\mathrm{ch}^2 \tag{c}$$

如果所求的是双调和方程

$$\nabla^4 f = \frac{\partial^4 f}{\partial x^4} + 2\frac{\partial^4 f}{\partial x^2 \partial y^2} + \frac{\partial^4 f}{\partial y^4} = 0 \tag{d}$$

按图 9.2,在 0 点把上节的式(c)分别应用在 $x$ 和 $y$ 方向,得

$$\frac{\partial^4 f}{\partial x^4} \cong \frac{1}{h^4}(f_{11} - 4f_1 + 6f_0 - 4f_3 + f_9)$$

$$\frac{\partial^4 f}{\partial y^4} \cong \frac{1}{h^4}(f_{10} - 4f_2 + 6f_0 - 4f_4 + f_{12})$$

$$\begin{aligned}\frac{\partial^4 f}{\partial x^2 \partial y^2} &= \frac{\partial^2}{\partial x^2}\left(\frac{\partial^2 f}{\partial y^2}\right)_0 \cong \frac{1}{h^4}\Delta_x^2(f_2 - 2f_0 + f_4) = \\ &\frac{1}{h^4}(\Delta_x^2 f_2 - 2\Delta_x^2 f_0 + \Delta_x^2 f_4) = \\ &\frac{1}{h^4}(f_5 + f_6 + f_7 + f_8 - 2f_1 - 2f_2 - 2f_3 - 2f_4 + 4f_0)\end{aligned} \tag{e}$$

将上列各导数代入双调和方程，得到结点0相应的有限差分方程为

$$\frac{1}{h^4}[20f_0 - 8(f_1 + f_2 + f_3 + f_4) + 2(f_5 + f_6 + f_7 + f_8) + (f_9 + f_{10} + f_{11} + f_{12})] = 0 \tag{9.1}$$

在域内每一点都可写出类似的有限差分方程，若有 $n$ 个结点，则可写出 $n$ 个有限差分方程，连同边界条件，可求出在域内每一结点函数 $f(x,y)$ 的近似值。实际上，这是解一组线性代数方程，并无数学上的困难。

## 9.3　应力函数的差分解

上节推导了一至四阶差分公式，现利用这些公式来求解平面问题，已知应力分量 $\sigma_x$、$\sigma_y$、$\tau_{xy}$ 可以用应力函数 $\varphi$ 的二阶导数表示如下

$$\sigma_x = \frac{\partial^2 \varphi}{\partial y^2} \qquad \sigma_y = \frac{\partial^2 \varphi}{\partial x^2} \qquad \tau_{xy} = -\frac{\partial^2 \varphi}{\partial x \partial y} \tag{a}$$

将弹性体划分成图9.2所示的网格，则应用差分公式可将结点0处的应力分量表示成

$$\begin{aligned}(\sigma_x)_0 &= \left(\frac{\partial^2 \varphi}{\partial y^2}\right)_0 = \frac{1}{h^2}[(\varphi_2 + \varphi_4) - 2\varphi_0] \\ (\sigma_y)_0 &= \left(\frac{\partial^2 \varphi}{\partial x^2}\right)_0 = \frac{1}{h^2}[(\varphi_1 + \varphi_3) - 2\varphi_0] \\ (\tau_{xy})_0 &= -\left(\frac{\partial^2 \varphi}{\partial x \partial y}\right) = \frac{1}{4h^2}[(\varphi_5 + \varphi_7) - (\varphi_6 + \varphi_8)]\end{aligned} \tag{9.2}$$

这里已将应力之值用应力函数值表出，只要求得应力函数值，则各应力之值将会由式(9.2)求得。应力函数满足双调和方程

$$\left(\frac{\partial^4 \varphi}{\partial x^4}\right)_0 + 2\left(\frac{\partial^4 \varphi}{\partial x^2 \partial y^2}\right)_0 + \left(\frac{\partial^4 \varphi}{\partial y^4}\right)_0 = 0 \tag{b}$$

它的差分方程，具有如下形式

$$20\varphi_0 - 8(\varphi_1 + \varphi_2 + \varphi_3 + \varphi_4) + 2(\varphi_5 + \varphi_6 + \varphi_7 + \varphi_8) + (\varphi_9 + \varphi_{10} + \varphi_{11} + \varphi_{12}) = 0 \tag{9.3}$$

对于域内各点可分别建立式(9.3)的差分方程，到了靠边界的一行(距边界距离为 $h$)的结点，方程中将会有边界上各点的 $\varphi$ 值，并包含边界外一行虚结点的 $\varphi$ 值。

欲求得边界上各点的 $\varphi$ 值，必须利用应力边界条件

$$l(\sigma_x)_s + m(\tau_{xy})_s = F_x \qquad m(\sigma_y)_s + l(\tau_{xy})_s = F_y \tag{c}$$

考虑到应力分量与应力函数的关系，上述的应力边界条件可写为

$$l\left(\frac{\partial^2 \varphi}{\partial y^2}\right)_s - m\left(\frac{\partial^2 \varphi}{\partial x \partial y}\right)_s = F_x \qquad m\left(\frac{\partial^2 \varphi}{\partial x^2}\right)_s - l\left(\frac{\partial^2 \varphi}{\partial x \partial y}\right)_s = F_y \tag{d}$$

上式中的方向余弦可由图 9.3 以 $dx$、$dy$、$ds$ 表出。

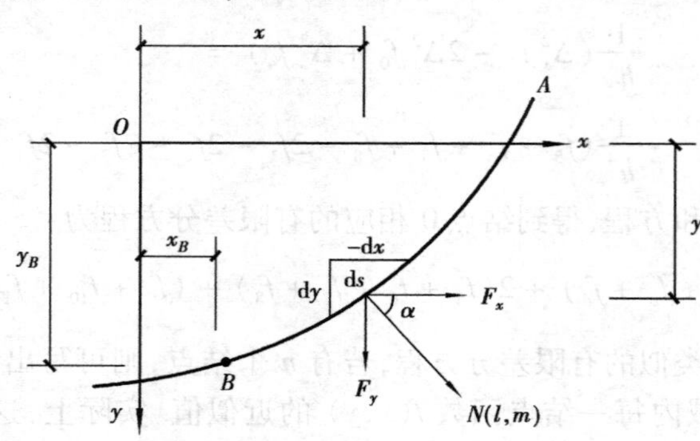


图 9.3

由图 9.3 可见

$$l = \cos(N,x) = \cos\alpha = \frac{dy}{ds}$$
$$m = \cos(N,y) = \sin\alpha = -\frac{dx}{ds} \tag{e}$$

将式(e)代入式(d)可得

$$\frac{dy}{ds}\left(\frac{\partial^2 \varphi}{\partial y^2}\right)_s + \frac{dx}{ds}\left(\frac{\partial^2 \varphi}{\partial x \partial y}\right)_s = F_x \qquad -\frac{dx}{ds}\left(\frac{\partial^2 \varphi}{\partial x^2}\right)_s - \frac{dy}{ds}\left(\frac{\partial^2 \varphi}{\partial x \partial y}\right)_s = F_y$$

或

$$\frac{d}{ds}\left(\frac{\partial \varphi}{\partial y}\right)_s = F_x \qquad -\frac{d}{ds}\left(\frac{\partial \varphi}{\partial x}\right)_s = F_y \tag{f}$$

将式(f)对 $s$ 积分，从 $A$ 点到 $B$ 点，得

$$\left(\frac{\partial \varphi}{\partial y}\right)_A^B = \int_A^B F_x ds \qquad -\left(\frac{\partial \varphi}{\partial x}\right)_A^B = \int_A^B F_y ds$$

或

$$\left(\frac{\partial \varphi}{\partial y}\right)_B = \left(\frac{\partial \varphi}{\partial y}\right)_A + \int_A^B F_x ds \qquad \left(\frac{\partial \varphi}{\partial x}\right)_B = \left(\frac{\partial \varphi}{\partial x}\right)_A - \int_A^B F_y ds \tag{g}$$

另外，在对 $s$ 积分时考虑到 $d\varphi = \frac{\partial \varphi}{\partial x}dx + \frac{\partial \varphi}{\partial y}dy$，从 $A$ 点到 $B$ 点，由分部积分得

$$(\varphi)_A^B = \left(x\frac{\partial \varphi}{\partial x}\right)_A^B - \int_A^B x\frac{d}{ds}\left(\frac{\partial \varphi}{\partial x}\right)_s ds + \left(y\frac{\partial \varphi}{\partial y}\right)_A^B - \int_A^B y\frac{d}{ds}\left(\frac{\partial \varphi}{\partial y}\right)_s ds$$

将式(f)代入，有

$$(\varphi)_A^B = \left(x\frac{\partial \varphi}{\partial x}\right)_A^B + \int_A^B xF_y ds + \left(y\frac{\partial \varphi}{\partial y}\right)_A^B - \int_A^B yF_x ds$$

即

$$\varphi_B - \varphi_A = x_B\left(\frac{\partial\varphi}{\partial x}\right)_B - x_A\left(\frac{\partial\varphi}{\partial x}\right)_A + \int_A^B xF_y\mathrm{d}s + y_B\left(\frac{\partial\varphi}{\partial y}\right)_B - y_A\left(\frac{\partial\varphi}{\partial y}\right)_A - \int_A^B yF_x\mathrm{d}s$$

再将式(g)代入，有

$$\varphi_B - \varphi_A = x_B\left[\left(\frac{\partial\varphi}{\partial x}\right)_A - \int_A^B F_y\mathrm{d}s\right] - x_A\left(\frac{\partial\varphi}{\partial x}\right)_A + \int_A^B xF_y\mathrm{d}s + y_B\left[\left(\frac{\partial\varphi}{\partial y}\right)_A + \int_A^B F_x\mathrm{d}s\right] - y_A\left(\frac{\partial\varphi}{\partial y}\right)_A - \int_A^B yF_x\mathrm{d}s$$

或

$$\varphi_B = \varphi_A + (x_B - x_A)\left(\frac{\partial\varphi}{\partial x}\right)_A + (y_B - y_A)\left(\frac{\partial\varphi}{\partial y}\right)_A + \int_A^B (y_B - y)F_x\mathrm{d}s + \int_A^B (x - x_B)F_y\mathrm{d}s \qquad \text{(h)}$$

由式(g)及式(h)可见，若已知 $\varphi_A$、$\left(\frac{\partial\varphi}{\partial x}\right)_A$、$\left(\frac{\partial\varphi}{\partial y}\right)_A$，即可根据面力分量 $F_x$ 及 $F_y$ 求得 $\varphi_B$、$\left(\frac{\partial\varphi}{\partial x}\right)_B$、$\left(\frac{\partial\varphi}{\partial y}\right)_B$。已经知道，给应力函数 $\varphi$ 加上一个线性函数不影响应力分量，所以，可以将 $a + bx + cy$ 加在应力函数上，调整常数 $a$、$b$、$c$ 使得 $\varphi_A = 0$，$\left(\frac{\partial\varphi}{\partial x}\right)_A = 0$，$\left(\frac{\partial\varphi}{\partial y}\right)_A = 0$，三个常数调整 $A$ 点的3个函数值为零是可以做到的。这样以来，式(g)和式(h)就成为

$$\left(\frac{\partial\varphi}{\partial y}\right)_B = \int_A^B F_x\mathrm{d}s \qquad (9.4)$$

$$\left(\frac{\partial\varphi}{\partial x}\right)_B = -\int_A^B F_y\mathrm{d}s \qquad (9.5)$$

$$\varphi_B = \int_A^B (y_B - y)F_x\mathrm{d}s + \int_A^B (x - x_B)F_y\mathrm{d}s \qquad (9.6)$$

式(9.4)和式(9.5)右边分别表示 $A$ 与 $B$ 间的 $x$ 方向面力之和及 $y$ 方向面力之和的负数；式(9.6)右边表示 $A$ 点与 $B$ 点之间面力对于 $B$ 点的力矩之和，在图示坐标中，这个力矩以顺时针为正。

以上对边界上应力函数的取值的讨论，只有在边界为单连通域时才正确。对于多连通域来说，每一条连续边界上式(g)和式(h)都适合，但在某一连续边界 $s$ 上任选基点 $A$ 并取 $\varphi_A = \left(\frac{\partial\varphi}{\partial x}\right)_A = \left(\frac{\partial\varphi}{\partial y}\right)_A = 0$ 后，应力函数就不再具有任意性了，在其他连续边界 $s_1$ 上就不能再做这样的设定。只有应用位移单值条件，才能确定 $\varphi$、$\frac{\partial\varphi}{\partial x}$、$\frac{\partial\varphi}{\partial y}$ 在边界上某点之值，从而求出 $s_1$ 上其他各点的 $\varphi$、$\frac{\partial\varphi}{\partial x}$、$\frac{\partial\varphi}{\partial y}$ 之值，在 $s_1$ 边界上须用式(g)和式(h)求 $\varphi$、$\frac{\partial\varphi}{\partial x}$ 及 $\frac{\partial\varphi}{\partial y}$，不能利用化简后的式(9.4)、式(9.5)及式(9.6)。

现来讨论边界外一行虚结点的取值。以图9.2的13和14点为例来求取域外虚结点的取值。按差分公式有

$$\left(\frac{\partial\varphi}{\partial x}\right)_A = \frac{1}{2h}(\varphi_{13} - \varphi_9) \qquad \left(\frac{\partial\varphi}{\partial y}\right)_B = \frac{1}{2h}(\varphi_{14} - \varphi_{10})$$

所以

$$\varphi_{13} = \varphi_9 + 2h\left(\frac{\partial\varphi}{\partial x}\right)_A \qquad \varphi_{14} = \varphi_{10} + 2h\left(\frac{\partial\varphi}{\partial y}\right)_B \tag{9.7}$$

在这里看到,边界上虚点13、14两点的$\varphi$值被用域内结点9、10的$\varphi$值及边界上$\frac{\partial\varphi}{\partial x}$、$\frac{\partial\varphi}{\partial y}$的值表出。

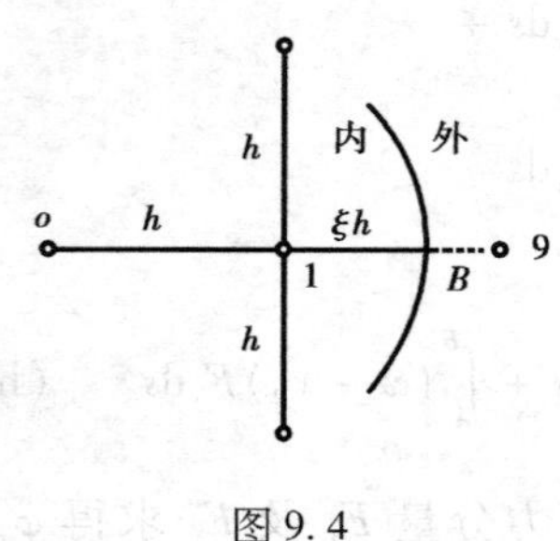

图9.4

在建立差分方程时可按如下步骤来做:① 在边界上任选一点$A$作为基点,取$\varphi_A = \left(\frac{\partial\varphi}{\partial x}\right)_A = \left(\frac{\partial\varphi}{\partial y}\right)_A = 0$,然后由式(9.4)、式(9.5)及式(9.6)计算边界上所有结点的$\varphi$、$\frac{\partial\varphi}{\partial x}$及$\frac{\partial\varphi}{\partial y}$值及式(9.7)中所需用的偏导之值。② 应用式(9.7)计算域外各虚结点的值。③ 对域内各结点建立差分方程,联立求解。④ 由式(9.2)计算各应力分量值。

若边界为曲线时,则边界附近将会有不规则的内结点如图9.4,现在来求$\varphi_0$、$\varphi_1$和$\varphi_9$的值。

在$B$点附近,把应力函数$\varphi$展为泰勒级数:

$$\varphi = \varphi_B + \left(\frac{\partial\varphi}{\partial x}\right)_B(x - x_B) + \frac{1}{2!}\left(\frac{\partial^2\varphi}{\partial x^2}\right)_B(x - x_B)^2 + \cdots$$

令$x - x_B$依次等于$(1-\xi)h$、$-\xi h$、$-(1+\xi)h$,则分别得出

$$\varphi_9 = \varphi_B + (1-\xi)h\left(\frac{\partial\varphi}{\partial x}\right)_B + \frac{1}{2}(1-\xi)^2h^2\left(\frac{\partial^2\varphi}{\partial x^2}\right)_B + \cdots \tag{i}$$

$$\varphi_1 = \varphi_B - \xi h\left(\frac{\partial\varphi}{\partial x}\right)_B + \frac{1}{2}\xi^2h^2\left(\frac{\partial^2\varphi}{\partial x^2}\right)_B - \cdots \tag{j}$$

$$\varphi_0 = \varphi_B - (1+\xi)h\left(\frac{\partial\varphi}{\partial x}\right)_B + \frac{1}{2}(1+\xi)^2h^2\left(\frac{\partial^2\varphi}{\partial x^2}\right)_B - \cdots \tag{m}$$

略去$h$的三次及更高次幂的各项,由(i)、(j)、(m)3式中消去$\left(\frac{\partial^2\varphi}{\partial x^2}\right)_B$项解出

$$\begin{aligned}\varphi_9 &= \frac{4\xi}{(1+\xi)^2}\varphi_B + \frac{2(1-\xi)}{1+\xi}h\left(\frac{\partial\varphi}{\partial x}\right)_B + \frac{(1-\xi)^2}{(1+\xi)^2}\varphi_0 \\ \varphi_1 &= \frac{1+2\xi}{(1+\xi)^2}\varphi_B - \frac{\xi}{1+\xi}h\left(\frac{\partial\varphi}{\partial x}\right)_B + \frac{\xi^2}{(1+\xi)^2}\varphi_0\end{aligned} \tag{9.8}$$

须用差分方程(9.3)时,其中靠边界处的$\varphi_9$和$\varphi_1$应用上式列出方程。

## 9.4 举　例

设有正方形的混凝土深梁,图9.5,上边受有均布向下的铅直荷载$q$,由下角点处的反力维持平衡(相当于简支梁),试用应力函数的差分解求出$MA$截面上的正应力分量。

在这里,假定反力集中作用在一点,一般不能符合实际情况。但是,这里的主要问题在于求出梁底中点$A$附近的拉应力,而反力的分布方式对于这个拉应力的影响是比较小的。因此,为

了计算简便,就假定反力是集中力。

取坐标轴如图所示,取网格间距 $h$ 等于六分之一边长。由于对称,只须计算梁的一半。例如左一半。现在按前一节所总结的步骤进行计算如下。

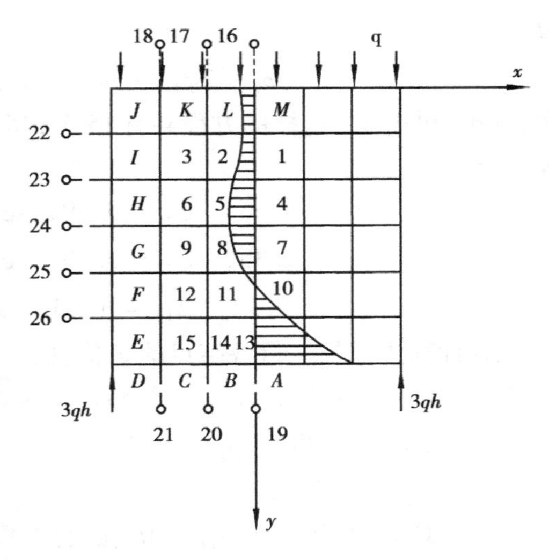


图 9.5

① 取梁底中点 $A$ 作为基点,取 $\varphi_A=\left(\dfrac{\partial\varphi}{\partial x}\right)_A=\left(\dfrac{\partial\varphi}{\partial y}\right)_A=0$,计算边界上所有各结点处的 $\varphi$ 值以及必需的 $\dfrac{\partial\varphi}{\partial x}$ 和 $\dfrac{\partial\varphi}{\partial y}$ 值,列于表中(不必需的导数值没有计算)。

② 将边界外一行各个虚结点处的 $\varphi$ 值($\varphi_{16}$ 至 $\varphi_{26}$)用边界内一行各结点处的 $\varphi$ 值表示,在上下两边,$\dfrac{\partial\varphi}{\partial y}=0$,按公式(9.7)计算有

$$\left.\begin{array}{lll}\varphi_{16}=\varphi_1, & \varphi_{17}=\varphi_2, & \varphi_{18}=\varphi_3\\ \varphi_{19}=\varphi_{13}, & \varphi_{20}=\varphi_{14}, & \varphi_{21}=\varphi_{15}\end{array}\right\} \tag{a}$$

在左边,$\dfrac{\partial\varphi}{\partial x}=3qh$,所以有

$$\varphi_3=\varphi_{22}+2h\left(\frac{\partial\varphi}{\partial x}\right)_I=\varphi_{22}+2h(3qh)=\varphi_{22}+6qh^2,$$

即

$$\varphi_{22}=\varphi_3-6qh^2 \tag{b}$$

同样有

$$\varphi_{23,24,25,26}=\varphi_{6,9,12,15}-6qh^2 \tag{c}$$

各边界结点的 $\varphi$, $\dfrac{\partial\varphi}{\partial x}$ 及 $\dfrac{\partial\varphi}{\partial y}$ 值

| 结 点 | $A$ | $B,C$ | $D$ | $E,F,G,H,I$ | $J$ | $K$ | $L$ | $M$ |
|---|---|---|---|---|---|---|---|---|
| $\dfrac{\partial\varphi}{\partial x}$ | 0 | — | — | $3qh$ | — | — | — | — |
| $\dfrac{\partial\varphi}{\partial y}$ | 0 | 0 | — | — | — | 0 | 0 | 0 |
| $\varphi$ | 0 | 0 | 0 | 0 | 0 | $2.5qh^2$ | $4qh^2$ | $4.5qh^2$ |

③ 对边界内的各结点建立差分方程。例如,对结点1,注意对称性,由公式(9.3)得

$$20\varphi_1-8(2\varphi_2+\varphi_4+\varphi_M)+2(2\varphi_5+2\varphi_L)+(2\varphi_3+\varphi_7+\varphi_{16})=0$$

将上表中 $\varphi_M$ 及 $\varphi_L$ 的已知值代入,并注意式(a)中的 $\varphi_{16}=\varphi_1$,得

$$21\varphi_1-16\varphi_2+2\varphi_3-8\varphi_4+4\varphi_5+\varphi_7-20qh^2=0 \tag{d}$$

又例如,对结点15,得

$$20\varphi_{15}-8(\varphi_{12}+\varphi_{14}+\varphi_C+\varphi_E)+2(\varphi_{11}+\varphi_B+\varphi_D+\varphi_F)+(\varphi_9+\varphi_{13}+\varphi_{21}+\varphi_{26})=0$$

将上表中的 $\varphi_C$、$\varphi_E$、$\varphi_B$、$\varphi_D$、$\varphi_F$ 代入,并注意式(a)中的 $\varphi_{21}=\varphi_{15}$ 及式(c)中的 $\varphi_{26}=\varphi_{15}-6qh^2$,

得

$$\varphi_9 + 2\varphi_{11} - 8\varphi_{12} + \varphi_{13} - 8\varphi_{14} + 22\varphi_{15} - 6qh^2 = 0 \tag{e}$$

像式(d) 和式(e) 这样的方程共有15个,其中包含15个未知值$\varphi_1$至$\varphi_{15}$。联立求解,得(以$qh^2$为单位):

$\varphi_1 = 4.36$, $\varphi_2 = 3.89$, $\varphi_3 = 2.47$, $\varphi_4 = 3.98$, $\varphi_5 = 3.59$,

$\varphi_6 = 2.35$, $\varphi_7 = 3.29$, $\varphi_8 = 3.03$, $\varphi_9 = 2.10$, $\varphi_{10} = 2.23$,

$\varphi_{11} = 2.13$, $\varphi_{12} = 1.63$, $\varphi_{13} = 0.92$, $\varphi_{14} = 0.94$, $\varphi_{15} = 0.88$。

④ 计算边界外一行各结点的$\varphi$值。由(a)、(b)、(c)3式得(以$qh^2$为单位):

$\varphi_{16} = 4.36$, $\varphi_{17} = 3.89$, $\varphi_{18} = 2.47$, $\varphi_{19} = 0.92$, $\varphi_{20} = 0.94$,

$\varphi_{21} = 0.88$, $\varphi_{22} = -3.53$, $\varphi_{23} = -3.65$, $\varphi_{24} = -3.90$, $\varphi_{25} = -4.37$,

$\varphi_{26} = -5.12$。

⑤ 计算应力。例如,在结点$M$,按公式(9.2)可得

$$(\sigma_x)_M = \frac{1}{h^2}[(\varphi_1 + \varphi_{16}) - 2\varphi_M] =$$

$$(4.36 + 4.36 - 2 \times 4.50)q = -0.28q$$

同样可以得出

$$(\sigma_x)_{1,4,7,10,13,A} = -0.24q,\ -0.31q,\ -0.37q,\ -0.25q, 0.39q, 1.84q$$

沿着梁的中线$MA$,$\sigma_x$的变化如图9.5中曲线所示。

如果按照材料力学中的公式计算弯应力$\sigma_x$,则得

$$(\sigma_x)_M = -0.75q, \qquad (\sigma_x)_A = 0.75q$$

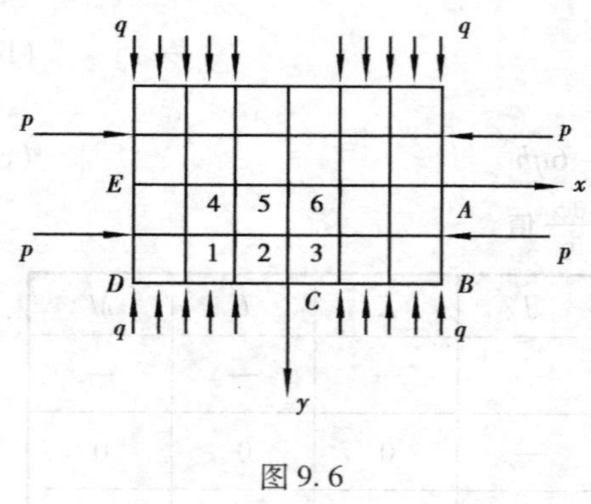

图9.6

可见,对于像本例题中这样的深梁,用材料力学公式算出的应力,是远远不能反映实际情况的。

如果弹性体的形状对称于$xz$面和$yz$面,而且面力的分布也对称于这两个平面,图9.6,那么,为了减少独立未知值的数目,自然要使得网格也对称于这两个平面。这时,应力函数$\varphi$在结点处的数值应当对称于这两个平面。如果按照通常的办法计算边界上各结点处的$\varphi$值及其导数值,就不能保证它们具有这种对称性,于是也就不能保证由差分方程解出的内结点$\varphi$值具有这种对称性。

为了保证上述对称性,宜将面力分为$x$方向的和$y$方向的两组,图9.7。对于前一组面力,图9.7(a),以$x$轴上的$A$点为基点,取$\varphi_A = \left(\frac{\partial\varphi}{\partial x}\right)_A = \left(\frac{\partial\varphi}{\partial y}\right)_A = 0$,计算边界上各结点处的$\varphi$值及其导数值,算得的结果必须是对称于$xz$面和$yz$面。对于后一组面力,图9.7(b),则以$y$轴上的$C$点为基点,取$\varphi_C = \left(\frac{\partial\varphi}{\partial x}\right)_C = \left(\frac{\partial\varphi}{\partial y}\right)_C = 0$,进行同样的计算,其结果也必然具有上述对称性。然后将两结果相叠加,得出边界上各结点处总的$\varphi$值及其导数值,它们也必然具有上述对称性。在实际计算时,只须对1/4边界上的结点进行计算,因为只须计算弹性体的1/4部分。以图9.7所示网格为例,只须对$CDE$部分边界上的结点进行计算,然后只须为结点1至6列出

6个差分方程。

有限差分法不仅可以解平面问题,亦可解薄板问题及其他问题。

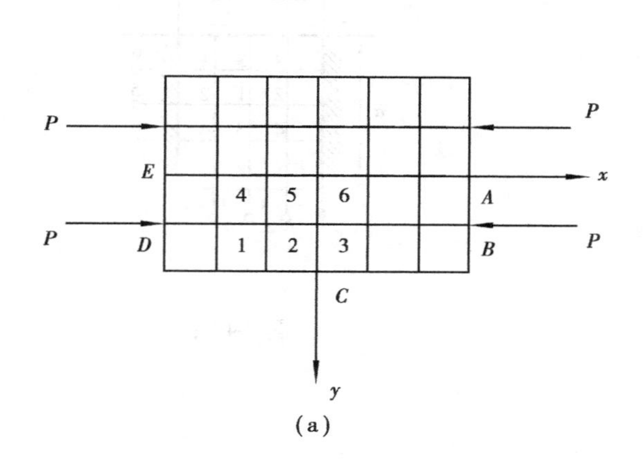


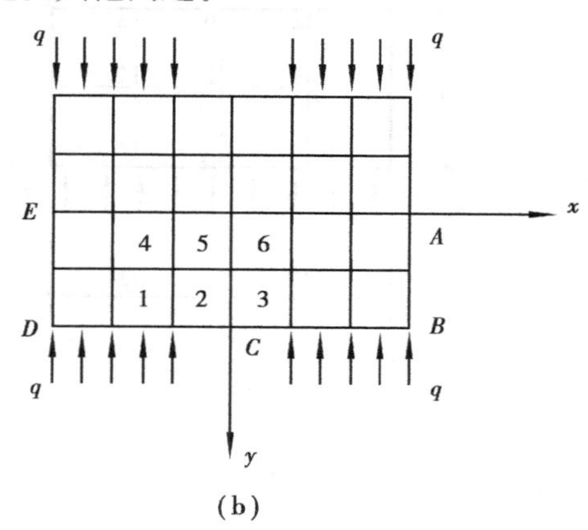


图9.7

## 本 章 小 结

1. 各阶导数的差分公式的推导。
2. 由公式(9.3)给出整个弹性体内各差分网点的方程。
3. 应力函数在边界上的性质及求法式(9.4)、式(9.5)及式(9.6)。
4. 边界外虚点处数值的处理方法式(9.7)及式(9.8)。
5. 求解应力函数满足的方程组可得到应力函数在各点的值,然后再由应力函数与各应力分量的关系求出应力场。

## 习　　题

9-1　平面问题中应力边界条件的差分表示式如何?矩形薄板弯曲问题中,其边界条件又如何用差分表示?

9-2　用 $4\times4$ 网格求解如图问题的应力。

9-3　用 $2\times4$ 网格计算图示问题的应力。

9-4　有一块边长为 $a$ 的正方形薄板,两边固定,另两边简支,受均布荷载 $q_0$ 作用,如题9-4图。试用差分法求出最大挠度,采用 $4\times4$ 的网格。

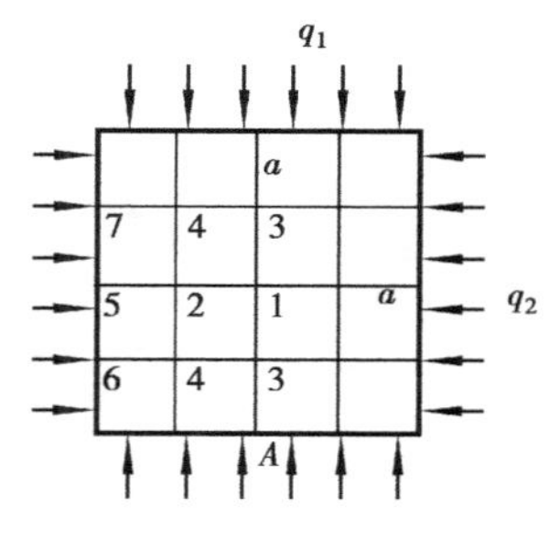


题9-2图

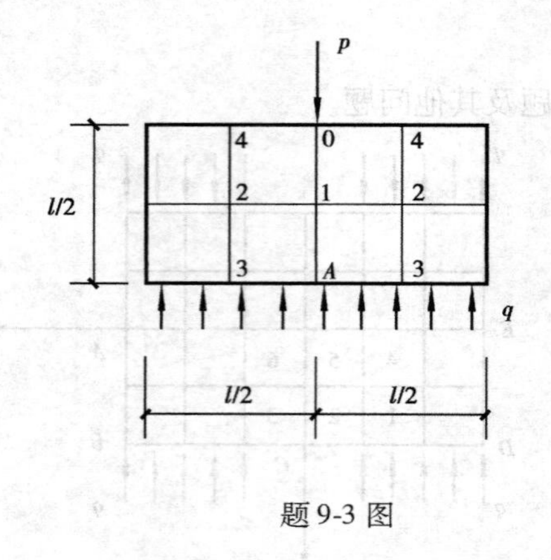

题 9-3 图

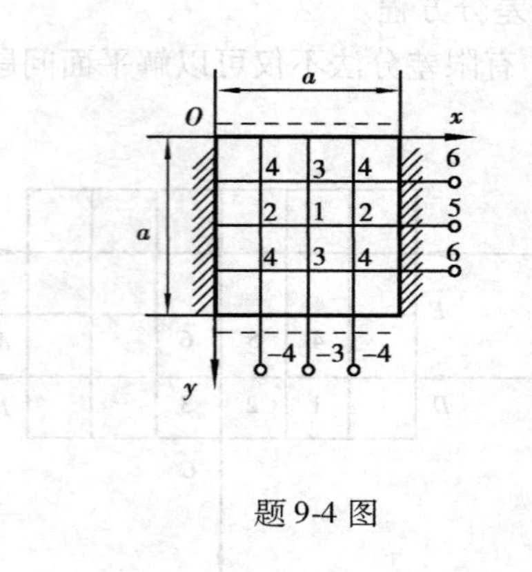

题 9-4 图

# 第10章 能量原理与变分法

## 10.1 弹性体的形变势能

弹性体受力后产生变形，弹性体内部应力在其应变上做功并储存于弹性体内被称为弹性体的形变势能。此处讨论的问题是指整个体系按静力方式加载，即在加载过程中无动能产生；且考虑为理想弹性体，在变形过程中没有（内摩擦）热能损耗。在此前提下，外力在变形过程中所做的功全部转化为形变势能。

首先讨论形变势能的计算。形变势能只与变形状态有关，它又是储存于弹性体内的能量，因而可以先求出任一微元体的形变势能，通过积分求出整个弹性体内的形变势能。由功能原理知，微元体形变势能在数值上等于作用其上的外力所做的功。这里若从弹性体中取一微元体，则外力即为作用在微元体上的应力。将正应力和剪应力作的功分别考虑。微元体如图2.4，计算前后二侧面上正应力 $\sigma_x$ 所做的功，若不计其增量 $\frac{\partial \sigma_x}{\partial x}\mathrm{d}x$ 的话，则拉力 $\sigma_x \mathrm{d}y\mathrm{d}z$ 所做的功为 $\frac{1}{2}\cdot\sigma_x\varepsilon_x\mathrm{d}x\mathrm{d}y\mathrm{d}z$，同理，其他两个方向上正应力做的功分别为 $\frac{1}{2}\cdot\sigma_y\varepsilon_y\mathrm{d}x\mathrm{d}y\mathrm{d}z$，$\frac{1}{2}\cdot\sigma_z\varepsilon_z\mathrm{d}x\mathrm{d}y\mathrm{d}z$。现在计算剪应力做的功，略去其增量，左右两侧面上的竖向剪力 $\tau_{yz}\mathrm{d}x\mathrm{d}z$ 组成一力矩 $\tau_{yz}\mathrm{d}x\mathrm{d}y\mathrm{d}z$，在其相应变形 $\gamma_{yz}$ 上所做的功为 $\frac{1}{2}\tau_{yz}\gamma_{yz}\mathrm{d}x\mathrm{d}y\mathrm{d}z$，同样，其他面上剪应力所做的功分别为 $\frac{1}{2}\tau_{zx}\gamma_{zx}\mathrm{d}x\mathrm{d}y\mathrm{d}z$，$\frac{1}{2}\tau_{xy}\gamma_{xy}\mathrm{d}x\mathrm{d}y\mathrm{d}z$。于是平行六面体微元体上总的应力功为

$$\frac{1}{2}(\sigma_x\varepsilon_x+\sigma_y\varepsilon_y+\sigma_z\varepsilon_z+\tau_{yz}\gamma_{yz}+\tau_{zx}\gamma_{zx}+\tau_{xy}\gamma_{xy})\mathrm{d}x\mathrm{d}y\mathrm{d}z$$

它在数值上就是微元体的形变势能，微元体的体积为 $\mathrm{d}x\mathrm{d}y\mathrm{d}z$，所以单位体积上的形变势能为

$$U_1=\frac{1}{2}(\sigma_x\varepsilon_x+\sigma_y\varepsilon_y+\sigma_z\varepsilon_z+\tau_{yz}\gamma_{yz}+\tau_{zx}\gamma_{zx}+\tau_{xy}\gamma_{xy}) \tag{10.1}$$

$U_1$ 也被称为形变势能密度或比能。整个弹性体的形变势能为

$$U=\iiint U_1\mathrm{d}x\mathrm{d}y\mathrm{d}z=$$
$$\frac{1}{2}\iiint(\sigma_x\varepsilon_x+\sigma_y\varepsilon_y+\sigma_z\varepsilon_z+\tau_{yz}\gamma_{yz}+\tau_{zx}\gamma_{zx}+\tau_{xy}\gamma_{xy})\mathrm{d}x\mathrm{d}y\mathrm{d}z \tag{10.2}$$

在平面问题中,$\tau_{yz}=\tau_{zx}=0$。平面应力问题 $\sigma_z=0$;平面应变问题 $\varepsilon_z=0$,所以两种平面问题的弹性体比能都简化为

$$U_1=\frac{1}{2}(\sigma_x\varepsilon_x+\sigma_y\varepsilon_y+\tau_{xy}\gamma_{xy})$$

那么,整个弹性体的形变势能(假定 $Z$ 方向为一个单位厚度)为:

$$U=\frac{1}{2}\iint(\sigma_x\varepsilon_x+\sigma_y\varepsilon_y+\tau_{xy}\gamma_{xy})\mathrm{d}x\mathrm{d}y \tag{10.3}$$

注意到物理关系,$U_1$ 可用应力分量或用应变分量单独来表示。平面应力问题,用应变分量表示的弹性体形变比能为

$$U_1=\frac{E}{2(1-\nu^2)}\left[\varepsilon_x^2+\varepsilon_y^2+2\nu\varepsilon_x\varepsilon_y+\frac{1-\nu}{2}\gamma_{xy}^2\right] \tag{10.4}$$

如果要将形变比能用位移表示的话,只须将几何方程代入式(10.4)便得

$$U_1=\frac{E}{2(1-\nu^2)}\left[\left(\frac{\partial u}{\partial x}\right)^2+\left(\frac{\partial v}{\partial y}\right)^2+2\nu\frac{\partial u}{\partial x}\frac{\partial v}{\partial y}+\frac{1-\nu}{2}\left(\frac{\partial v}{\partial x}+\frac{\partial u}{\partial y}\right)^2\right] \tag{10.5}$$

式(10.4)及式(10.5)是在平面应力情况下的表达式,若问题为平面应变时,只须将 $E$、$\nu$ 常数分别换为$\frac{E}{1-\nu^2}$和$\frac{\nu}{1-\nu}$即可。

将式(10.4)分别对各应变分量求偏导,并注意到物理方程,则有

$$\frac{\partial U_1}{\partial\varepsilon_x}=\sigma_x \qquad \frac{\partial U_1}{\partial\varepsilon_y}=\sigma_y \qquad \frac{\partial U_1}{\partial\gamma_{xy}}=\tau_{xy} \tag{10.6}$$

这表明:弹性体的形变比能对任一形变分量的偏导数等于其相应的应力分量。

## 10.2 位移变分方程

对于平面问题,记弹性体的真实位移为 $u$、$v$,现在,假想真实位移分量发生了微小改变,即所谓虚位移 $\delta u$、$\delta v$,那么新的位移分量成为

$$u'=u+\delta u \qquad v'=v+\delta v \tag{10.7}$$

这里要求虚位移应当满足位移边界条件,即不会因有 $\delta u$,$\delta v$ 后边界条件发生改变。

对于给定虚位移时,虚位移原理指出:弹性体处于平衡状态的必要与充分条件是,对于任意的,满足协调条件的虚位移,外力所做的总虚功等于弹性体所接受的总虚应变能。虚位移原理的数学表达(即位移变分方程)为:

$$\delta U=\iint(f_x\delta u+f_y\delta v)\mathrm{d}x\mathrm{d}y+\int(F_x\delta u+F_y\delta v)\mathrm{d}s \tag{10.8}$$

式(8.10)左边为弹性体总的虚应变能,右边为外力所做的虚功。二重积分在弹性体的整个面积上,线积分在应力边界条件下,因为在位移边界上 $\delta u$、$\delta v$ 要满足此处边界条件,$\delta u$、$\delta v$ 必为零。

关于虚位移原理的叙述有多种，这里再给出一种叙述法，即：在外力作用下处于平衡状态的可变形体，当给定物体微小虚位移时，外力的总虚功等于物体的总虚应变能。

现在讨论系统的总势能。若 $U$ 为弹性体的形变势能，$V$ 为外力的势能，它也就等于外力在实际位移上所做的功，冠以负号。那么，弹性体的总势能 $\pi$ 为

$$\pi = U + V \tag{10.9}$$

其中

$$U = \iint U_1 \mathrm{d}x\mathrm{d}y = \frac{E}{2(1-\nu^2)}\iint\left(\varepsilon_x^2 + \varepsilon_y^2 + 2\nu\varepsilon_x\varepsilon_y + \frac{1-\nu}{2}\gamma_{xy}^2\right)\mathrm{d}x\mathrm{d}y$$

$$V = -\iint(f_x u + f_y v)\mathrm{d}x\mathrm{d}y - \int(F_x u + F_y v)\mathrm{d}s$$

将式(10.8)变形为

$$\delta U - \left[\iint(f_x\delta u + f_y\delta v)\mathrm{d}x\mathrm{d}y + \int(F_x\delta u + F_y\delta v)\mathrm{d}s\right] = 0$$

由于虚位移是微小的，因此在虚位移过程中，外力的大小和方向可以当做保持不变，只是作用点有了改变，那么上式第二项积分号内的变分记号 $\delta$ 可以提到积分号前面，则上式就成为

$$\delta\left[U - \iint(f_x u + f_y v)\mathrm{d}x\mathrm{d}y + \int(F_x u + F_y v)\mathrm{d}s\right] = 0$$

这实际上就是

$$\delta(U + V) = \delta\pi = 0 \tag{10.10}$$

式(10.10)表明，在给定的外力作用下，实际存在的位移应使系统总势能的变分为零。这一事实被称为极小势能原理，该原理被叙述为：在给定的外力作用下，在满足位移边界条件的所有各种位移中，实际存在的位移应使系统总势能成为极值。还可证明：考虑 $\pi$ 的二阶变分，对于稳定平衡状态，这个极值是极小值。有兴趣的读者可查阅有关变分原理的专门文献。

如果将 $U_1$ 看做应变分量的函数，可得出

$$\begin{aligned}\delta U &= \delta\iint U_1\mathrm{d}x\mathrm{d}y = \iint\delta U_1\mathrm{d}x\mathrm{d}y = \\ &\iint\left(\frac{\partial U_1}{\partial\varepsilon_x}\delta\varepsilon_x + \frac{\partial U_1}{\partial\varepsilon_y}\delta\varepsilon_y + \frac{\partial U_1}{\partial\gamma_{xy}}\delta\gamma_{xy}\right)\mathrm{d}x\mathrm{d}y = \\ &\iint(\sigma_x\delta\varepsilon_x + \sigma_y\delta\varepsilon_y + \tau_{xy}\delta\gamma_{xy})\mathrm{d}x\mathrm{d}y\end{aligned}$$

最后一步应用了式(10.6)的关系。

将上式代入式(10.8)，即得

$$\iint(\sigma_x\delta\varepsilon_x + \sigma_y\delta\varepsilon_y + \tau_{xy}\delta\gamma_{xy})\mathrm{d}x\mathrm{d}y = \iint(f_x\delta u + f_y\delta v)\mathrm{d}x\mathrm{d}y + \int(F_x\delta u + F_y\delta v)\mathrm{d}s \tag{10.11}$$

式(10.11)被称为虚功方程，它表示，若在虚位移发生之前，弹性体是处于平衡状态，那么，在虚位移过程中，外力在虚位移上所做的虚功就等于应力在虚应变上所做的虚功。

位移变分方程、极小势能原理及虚功方程，实际上都是能量守恒原理的具体反映，只是数学表达上有所不同。由上述讨论知，虚位移只要满足了方程(10.11)就是真实的位移，而对虚位移的要求仅仅是满足位移边界条件(即允许位移)，那么方程(10.11)自然就代替了平衡微分方程和应力边界条件。

## 10.3 位移变分法

最小势能原理能给弹性力学提供近似解法。可设定位移分量的函数形式，并使其满足位移边界条件，但其中包含若干待定常数，然后利用位移变分方程决定这些待定常数。

现以平面问题的最小势能原理为基础，说明一种近似解法 —— 瑞次(W. Ritz) 法。

首先，选取一组允许位移

$$
\begin{aligned}
u &= u_0(x,y) + \sum a_n u_n(x,y) \\
v &= v_0(x,y) + \sum b_n v_n(x,y)
\end{aligned} \tag{10.12}
$$

其中，$u_n$、$v_n$ 均为 $x$、$y$ 的已知连续可微函数，彼此独立，在边界上满足位移边界条件，系数 $a_n$、$b_n$ 待定。

其次，利用最小势能原理来求位移函数中的待定系数。

位移的变分为

$$
\delta u = \sum_n u_n(x,y)\delta a_n \qquad \delta v = \sum_n v_n(x,y)\delta b_n \tag{a}
$$

这里位移变分是要对其系数变分，即通过系数的变化来选择同一性质不同形式的函数。

形变势能的变分成为

$$
\delta U = \sum_n \left( \frac{\partial U}{\partial a_n}\delta a_n + \frac{\partial U}{\partial b_n}\delta b_n \right) \tag{b}
$$

考虑式(b)、式(a)，位移变分方程就成为

$$
\sum_n \left( \frac{\partial U}{\partial a_n}\delta a_n + \frac{\partial U}{\partial b_n}\delta b_n \right) = \sum_n \left\{ \iint (f_x u_n \delta a_n + f_y v_n \delta b_n)\mathrm{d}x\mathrm{d}y + \int (F_x u_n \delta a_n + F_y v_n \delta b_n)\mathrm{d}s \right\}
$$

移项并将 $\delta a_n$ 和 $\delta b_n$ 的系数归并，可得

$$
\sum_n \left[ \frac{\partial U}{\partial a_n} - \iint f_x u_n \mathrm{d}x\mathrm{d}y - \int F_x u_n \mathrm{d}s \right] \delta a_n + \sum_n \left[ \frac{\partial U}{\partial b_n} - \iint f_y v_n \mathrm{d}x\mathrm{d}y - \int F_y v_n \mathrm{d}s \right] \delta b_n = 0
$$

由于变分 $\delta a_n$ 和 $\delta b_n$ 的任意性，欲使上式满足，则 $\delta a_n$ 和 $\delta b_n$ 的系数必为零，于是得

$$
\begin{aligned}
\frac{\partial U}{\partial a_n} &= \iint f_x u_n \mathrm{d}x\mathrm{d}y + \int F_x u_n \mathrm{d}s \\
\frac{\partial U}{\partial b_n} &= \iint f_y v_n \mathrm{d}x\mathrm{d}y + \int F_y v_n \mathrm{d}s
\end{aligned} \tag{10.13}
$$

请注意，若将位移表达式(10.12) 代入形变比能表达式(10.5)，则形变比能是 $a_n$ 和 $b_n$ 的二次齐式，由此求得的形变势能也应是 $a_n$ 和 $b_n$ 的二次齐式；还知道在给定位移(10.12)时，$a_n$、$b_n$ 各系数是互相独立的，所以，总能由(10.13) 这些方程求得所有系数 $a_n$、$b_n$，进而由式(10.12) 求得位移。只要求出位移，则应变分量和应力分量是不难求得的。一般来讲，在式(10.12) 中取不多的几项系数 $a_n$、$b_n$，即可求得较精确的位移，而要求出较精确的应力，则须取稍多几项系数 $a_n$、$b_n$，方能实现。

## 10.4　举　例

**例1**　设给定等截面梁，长度为 $l$，抗弯刚度为 $EI$ = 常数。若梁在 $x=0$ 和 $x=l$ 端是简支的，并受分布荷载 $q(x)$ 的作用，求其挠度。

**解**　先给出其挠度（位移）$v(x)$ 的表达式，这必须考虑满足位移边界条件，在此题中，则是必须满足端部条件

$$v(0)=v(l)=0$$

设挠度为

$$v(x)=\sum_{n=1}^{\infty}a_n\sin\frac{n\pi x}{l}$$

已满足位移边界条件，现在求待定常数 $a_n$。在材力中已求过梁的形变势能为

$$\int_0^l\frac{EI}{2}\left(\frac{\mathrm{d}^2v}{\mathrm{d}x^2}\right)^2\mathrm{d}x$$

将 $v(x)$ 的表达式代入上式，并利用三角函数的正交性条件

$$\int_0^l\sin\frac{m\pi x}{l}\sin\frac{n\pi x}{l}\mathrm{d}x=\begin{cases}0 & \text{当 } m\neq n \text{ 时}\\ \dfrac{l}{2} & \text{当 } m=n \text{ 时}\end{cases}$$

$$U=\frac{EI\pi^4}{4l^3}\sum_{n=1}^{\infty}n^4a_n^2$$

均布荷载在位移 $v(x)$ 上作的功为

$$\int_0^lq(x)v(x)\mathrm{d}x=\sum_{n=1}^{\infty}a_nq_n$$

其中，$q_n=\int_0^lq(x)\sin\frac{n\pi x}{l}\mathrm{d}x$

将此式代入式（10.13）中可得到

$$\frac{EI\pi^4}{2l^3}\sum_{n=1}^{\infty}n^4a_n\delta a_n=\sum_{n=1}^{\infty}q_n\delta a_n$$

比较 $\delta a_n$ 的系数，得

$$a_n=\frac{2l^3q_n}{EI\pi^4n^4}=\frac{2l^3}{EI\pi^4n^4}\int_0^lq(x)\sin\frac{n\pi x}{l}\mathrm{d}x$$

若 $q(x)$ 为常数 $q_0$，则有

$$a_n=\frac{4l^4q_0}{EI\pi^5n^5}\qquad n=1,3,5,\cdots$$

于是得到在均布荷载作用下简支梁的挠度表达式

$$v(x)=\frac{4l^4q_0}{EI\pi^5}\sum_{n=1,3,\cdots}^{\infty}\frac{1}{n^5}\sin\frac{n\pi x}{l}$$

当取上式级数中一项，即 $n=1$ 时，挠度的最大值为

$$v_{\max}=v\left(\frac{1}{2}\right)\cong\frac{4l^4}{\pi^5}\frac{q_0}{EI}=\frac{q_0l^4}{76.5EI}$$

材力中求得的精确解为

$$v_{\max}=\frac{q_0l^4}{76.8EI}$$

误差小于 0.5%,由此看到了里兹法求解的有效性。

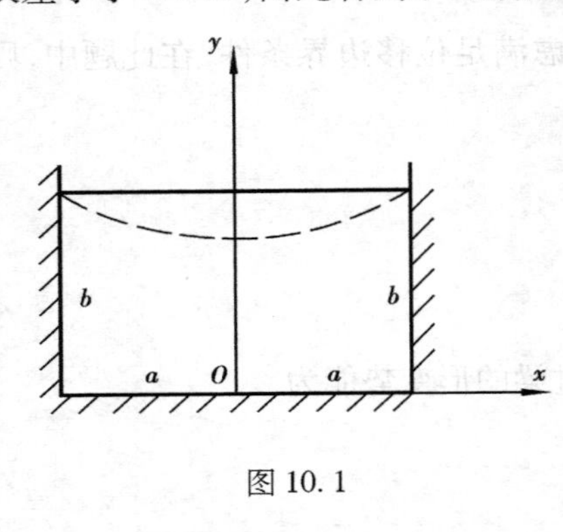


图 10.1

**例 2** 设有宽度为 $2a$ 而高度为 $b$ 的矩形薄板如图 10.1 所示,其三边固定,上边具有给定位移,

$$u=0\qquad v=-\eta\left(1-\frac{x^2}{a^2}\right)$$

若不计体力,试求薄板的位移。

**解** 坐标如图,按(10.12)的形式,但只取一项,将位移分量的表达式取为

$$u=A_1\left(1-\frac{x^2}{a^2}\right)\left(1-\frac{y}{b}\right)\frac{xy}{ab}$$

$$v=-\eta\left(1-\frac{x^2}{a^2}\right)\frac{y}{b}+B_1\left(1-\frac{x^2}{a^2}\right)\frac{y}{b}\left(1-\frac{y}{b}\right)$$

以上的位移表达式满足位移的对称性,即 $u$ 和 $v$ 分别是 $x$ 的奇函数和偶函数,并且满足如下的边界条件:

$$u|_{x=\pm a}=0,\quad v|_{x=\pm a}=0,\quad u|_{y=0}=0,\quad v|_{y=0}=0,\quad v|_{y=b}=-\eta\left(1-\frac{x^2}{a^2}\right)$$

$f_x=f_y=0,F_x=F_y=0$,所以式(10.13)成为

$$\frac{\partial U}{\partial A_1}=0,\qquad \frac{\partial U}{\partial B_1}=0$$

将 $U$ 以位移表出,即有

$$U=\frac{E}{2(1-\nu^2)}\cdot 2\int_0^a\int_0^b\left[\left(\frac{\partial u}{\partial x}\right)^2+\left(\frac{\partial v}{\partial y}\right)^2+2\nu\frac{\partial u}{\partial x}\frac{\partial v}{\partial y}+\frac{1-\nu}{2}\left(\frac{\partial v}{\partial x}+\frac{\partial u}{\partial y}\right)^2\right]\mathrm{d}x\mathrm{d}y \tag{10.14}$$

以上的积分利用对称性。将 $u$、$v$ 的表达式代入上式积分后,再分别关于 $A_1$、$B_1$ 求偏导令其为零,则得到两个确定常数 $A_1$、$B_1$ 的代数方程式,由此求得 $A_1$ 及 $B_1$,即得位移分量解答如下:

$$u=\frac{35(1+\nu)\eta}{42\dfrac{b}{a}+20(1-\nu)\dfrac{a}{b}}\left(1-\frac{x^2}{a^2}\right)\frac{x}{a}\frac{y}{b}\left(1-\frac{y}{b}\right)$$

$$v=-\eta\left(1-\frac{x^2}{a^2}\right)\frac{y}{b}+\frac{50(1-\nu)\eta}{16\dfrac{a^2}{b^2}+2(1-\nu)}\left(1-\frac{x^2}{a^2}\right)\frac{y}{b}\left(1-\frac{y}{b}\right)$$

由上述两例看到,此类问题的求解,主要是如何设定位移函数,位移函数的给出需考虑位移边界条件,如例 1 中 $\sin\dfrac{n\pi x}{l}$ 满足 $x=0$ 及 $x=l$ 时 $v=0$;在例 2 中因子 $1-\dfrac{x^2}{a^2}$ 和 $1-\dfrac{y}{b}$ 是为满足固定边的条件,$v$ 的第一项是为满足给出的位移条件,除此还可考虑问题的对称性等因素。还需说明的是,位移函数的取法是多种多样的,很多取法有赖于对力学问题的认识程度和数学上的技巧。

## 本 章 小 结

1. 弹性体的弹性势能的概念及其表达式(10.3)、式(10.4)。

2. 理解虚功方程(10.11)的推导过程及意义。

3. 按功能原理求解问题时主要是先选好可能的位移,可利用式(10.12)来做到;具体确定位移表达式时用式(10.13)。

## 习　　题

10-1　对例 1 的结构取挠度函数

$$v(x) = ax(l - x)$$

求其最大挠度,并与例 1 结果作比较。

10-2　一等截面梁长为 $l$,$x = 0$ 端简支,$x = l$ 端固定,梁受均布载荷 $q_0$ 的作用,选择其挠度函数为

$$① \; v(x) = a\frac{x}{l}\left(1 - \frac{x^2}{l^2}\right)$$

$$② \; v(x) = a\left\{\cos\left[\frac{\pi}{2}\left(1 - \frac{x}{l}\right)\right] - \cos\left[\frac{3\pi}{2}\left(1 - \frac{x}{l}\right)\right]\right\}$$

试求其中点处的挠度,并与材力解作比较。

10-3　一矩形薄板宽为 $a$,高为 $b$,约束及受力如题 10-3 图所示,试求其位移场($E$,$\nu$ 已知)。

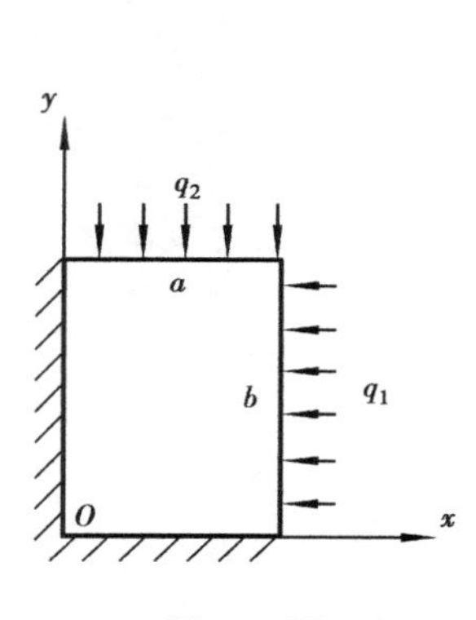


题 10-3 图

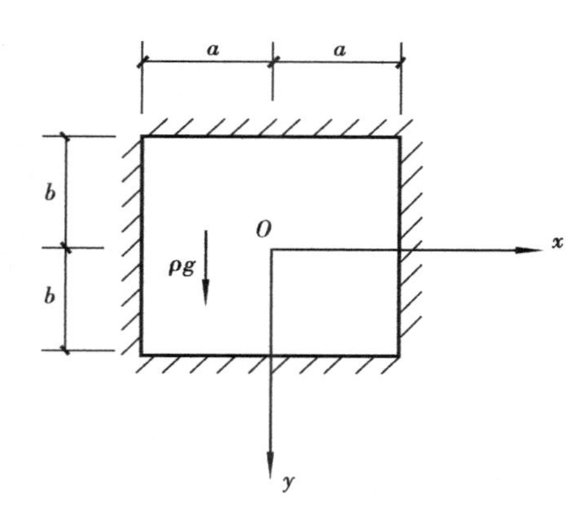


题 10-4 图

10-4　一正方形薄板,边长为 $2a$,受重力作用,四边固定,取坐标如题 10-4 图所示,若设 $\nu = 0$,取位移分量如下

$$u = \left(1 - \frac{x^2}{a^2}\right)\left(1 - \frac{y^2}{b^2}\right)\frac{x}{a}\frac{y}{b}\left(A_1 + A_2\frac{x^2}{a^2} + A_3\frac{x^2}{a^2} + \cdots\right)$$

$$v = \left(1 - \frac{x^2}{a^2}\right)\left(1 - \frac{y^2}{b^2}\right)\left(B_1 + B_2\frac{x^2}{a^2} + B_3\frac{x^2}{a^2} + \cdots\right)$$

求其应力场。

10-5　悬臂梁自由端作用一集中力 $p$，梁的跨度为 $l$，如题 10-5 图，用瑞兹法求梁的挠度。

10-6　四边简支矩形薄板，长为 $a$，宽为 $b$，如题 10-6 图，受垂直于板面的均布荷载 $q_0$ 作用，用瑞兹法求薄板的挠度。

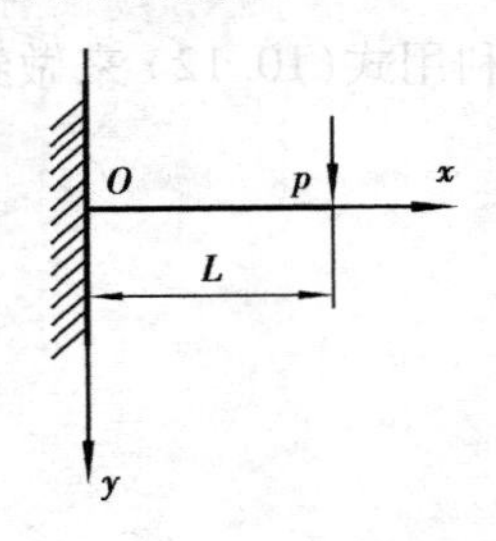


题 10-5 图

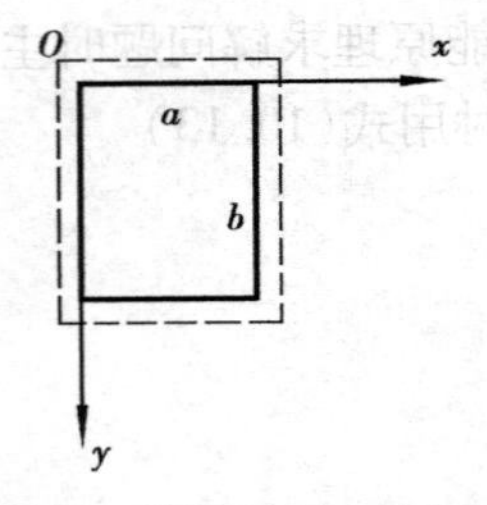


题 10-6 图

# 第 11 章
# 有限单元法简介

## 11.1 有限单元法的基本思想

有限单元法是目前利用计算机求解弹性力学问题数值解的一种重要方法。许多实际工程问题都可藉有限单元法求得其近似解，为工程问题的解决提供了有效的方法。

有限单元法的具体作法是，将弹性连续体进行离散化，即从几何上把整个弹性体划分为有限个单元体，这些单元仅在有限个结点上以铰相连接，以一个有限个单元的体系代替一个无限个自由度的连续体，作了物理上的近似。在求解力学问题时，有的以位移为基本未知量，有的以应力为基本未知量。在此所介绍的有限单元法中将按位移求解，在整个解题过程中全部以结点的位移作为基本未知量，这类似于结构力学中的位移法。每个单元中的任意点的位移，均按一定的函数关系用结点位移来表达，这个表达任意点位移的函数称为插值函数，它必须满足单元之间变形的连续性。由变分法知，单元的变形势能是结点位移的二次函数（由式(10.14)可证），各个单元的变形势能之和就是整个弹性体的变形势能，并将荷载的势能也用结点位移来表示，这样整个系统的总势能也必然是节点位移的二次函数。应用最小势能原理把势能二次泛函的极值问题化成普通多元二次函数的极值问题，即令系统总势能对结点位移偏导数为零，由此得到一组以结点位移为未知数的多元线性代数方程，从而求出结点位移，由此计算出各单元或结点的应变和应力。

由上述的过程可知，有限单元法是从分析每个单元入手，再进行综合研究整个弹性体。从原则上讲，有限单元法允许各个单元具有不同材料。因此，对于复杂几何边界和复杂材料构成的弹性体，总可以通过足够细小的划分来逼近真实情况。此外，有限单元法从计算方法上有通用的分析方法和程序，这些都是有限单元法的优点。

## 11.2 弹性体的离散化——单元划分

在平面问题中，将弹性体用直线划分为有限个任意形状的单元，本章只介绍三角形单元。

划分到边界上时，当边界为直线段时，就取为三角形单元的一边；当边界为曲线时，则在每一小段上用相应的直线近似代替。单元的大小和数目要根据精度要求确定，一般说来，单元分得越小，计算结果越精确。单元的划分通常要注意下面几点：

① 任意一个三角形单元的顶点必须同时也是其相邻三角形单元的顶点，而不能是其相邻三角形的内点。

② 每个单元三边的长度最好相差不大。此外，在三角形单元中不要出现钝角。

③ 在应力较大和应力集中的区域单元应分得相对小一些，以提高精度。

④ 如果边界上有集中力作用，则该点应被划分为结点。

⑤ 结点编号，原则上讲可任意，但它影响基本方程系数矩阵的带宽，所以，单元的两个相邻结点编号之差应尽可能小。

## 11.3　荷载向结点移置　总荷载列阵

弹性体上作用的力有体力、面力(包括均布力和集中力)。在有限元计算时，要把单元所受的荷载全部移置到结点上，而成为结点荷载。这种移置必须符合静力等效原则，只有这样才能使得由于荷载的移置引起的应力误差是局部的，不影响整体应力分布(圣维南原理)。所谓静力等效，即是说原荷载和移置后的结点荷载，在弹性体的任何虚位移过程中所做虚功相等。当位移插值函数确定后这种移置是惟一的。

按上节介绍的单元划分法，集中力作用点一般选为结点，不再须要移置，下面仅讨论体力和均布面力的移置问题。

### 11.3.1　体力的移置

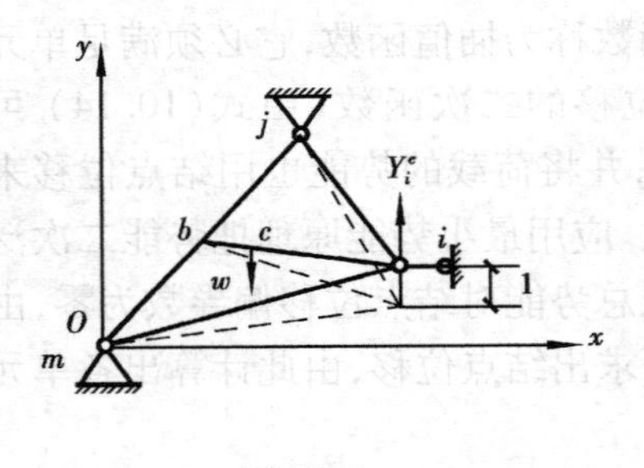


图 11.1

一般情况下体力主要是重力，以此为例说明体力的移置。

如图 11.1，在三角形 $ijm$ 中，$\overline{mb} = \overline{bj}$，$\overline{bc} = \frac{1}{3}\overline{bi}$，现在计算移置到 $i$ 结点上的垂直结点荷载 $Y_i^e$，下标 $i$ 表示结点位置，$e$ 是单元的意思。为利用虚功方程计算，可假设结点 $i$ 沿 $y$ 方向产生一个单位的虚位移，其他两点不动，这相当于图 11.1 中的结构。

在三角形单元中将采用线性位移插值(下节将仔细讨论)，所以单元上任一条直线上各点的位移都呈线性变化。由此推知$\overline{jm}$ 边上各点位移为零，$\overline{bi}$ 上各点的垂直位移按线性变化，在 $b$ 点为零，在 $i$ 点为1，那么 $c$ 点的位移为$\frac{1}{3}$，在此位移过程中，体力荷载 $W$ 的虚功应等于结点力$Y_i^e$的虚功：

$$W \times \frac{1}{3} = Y_i^e \times (-1)$$

所以

$$Y_i^e = -\frac{1}{3}W$$

按照同样的方法还可得到

$$Y_j^e = -\frac{1}{3}W \qquad Y_m^e = -\frac{1}{3}W$$

再来求移置到结点 $i$ 上的水平荷载 $X_i^e$。如图11.2，设结点 $i$ 沿水平方向移动单位距离，$c$ 点的垂直位移为零，水平位移为 $\frac{1}{3}$，仿照上述做法，由虚功方程推证可知

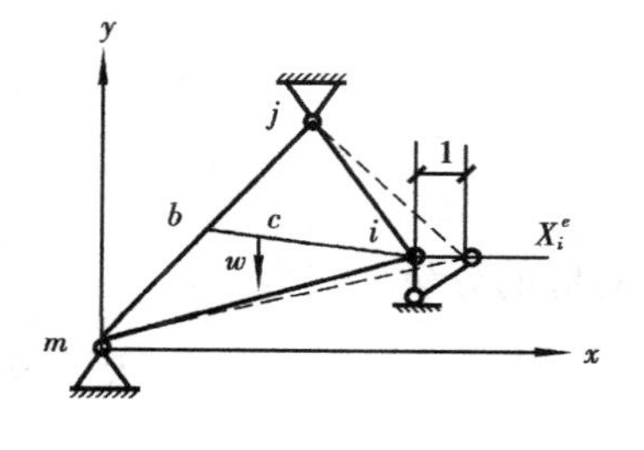


图11.2

$$W \times 0 = X_i^e \times 1$$

所以

$$X_i^e = 0$$

同理可证

$$X_j^e = 0 \qquad X_m^e = 0$$

由上述证明可知，对于匀质等厚度的三角形单元，当体力是重力时，只要把重量的 $\frac{1}{3}$ 移置到3个结点上就完成了体力荷载的移置。

必须说明的是，上述结果的前提是位移插值函数为线性函数；一旦位移插值函数为非线性函数，那就必须用虚功方程按照上面已述的步骤来计算移置到结点上的荷载。

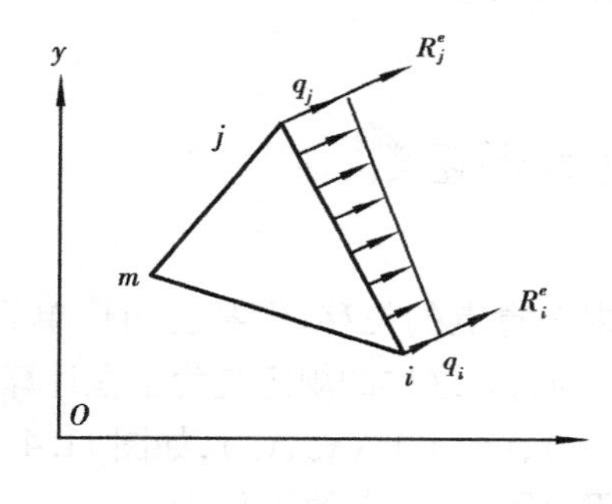


图11.3

### 11.3.2　面力的移置

设三角形单元的3个结点为 $i,j,m$，其 $\overline{ij}$ 边上受有垂直于边界的分布面力，该面力为梯形分布，如图11.3。仍采用位移线性插值，此梯形分布的面力荷载移置到两侧结点 $i,j$ 上，等效荷载为

$$\begin{aligned} R_i^e &= \frac{l}{6}(2q_i + q_j) \\ R_j^e &= \frac{l}{6}(2q_j + q_i) \\ R_m^e &= 0 \end{aligned} \tag{a}$$

式中 $l$ 为 $\overline{ij}$ 边的长度，$R_i^e$ 和 $R_j^e$ 仍与原荷载平行。单元的结点荷载列阵为

$$\{R\}^e = [R_i^e \quad R_j^e \quad R_m^e]^T = \frac{l}{6}[2q_i + q_j \quad 2q_j + q_i \quad 0]^T \tag{b}$$

三角形单元每个结点上的集中力投影到坐标方向上记为 $X$ 和 $Y$，那么结点荷载的分量形式为

$$\{R\}^e = [X_i^e \quad Y_i^e \quad X_j^e \quad Y_j^e \quad X_m^e \quad Y_m^e]^T = \frac{l}{6}[2q_{ix} + q_{jx} \quad 2q_{iy} + q_{jy} \quad 2q_{jx} + q_{ix} \quad 2q_{jy} + q_{iy} \quad 0 \quad 0]^T \tag{11.1}$$

式中下标 $x$、$y$ 表示在此方向的分量。

若 $\overline{ij}$ 边上受有三角形分布荷载或矩形分布荷载，则不难证明，其结点荷载列阵分别为：

$$\{R\}^e = \frac{l}{6}[2q_i \quad q_i \quad 0]^T$$

$$\{R\}^e = \frac{l}{2}[q \quad q \quad 0]^T$$

其对应的分量形式为:

$$\{R\}^e = \frac{l}{6}[2q_{ix} \quad 2q_{iy} \quad q_{ix} \quad q_{iy} \quad 0 \quad 0]^T \tag{11.2}$$

$$\{R\}^e = \frac{l}{2}[q_x \quad q_y \quad q_x \quad q_y \quad 0 \quad 0]^T \tag{11.3}$$

把同一个结点上相同方向(这里有 $x,y$ 两个方向)的荷载迭加,就得到了弹性体总的结点荷载列阵,若有 $n$ 个结点,则总荷载列阵可表为:

$$\{R\} = [R_1 \quad R_2 \quad \cdots \quad R_n]^T$$

分量形式为

$$\{R\} = [X_1 \quad Y_1 \quad X_2 \quad Y_2 \quad \cdots \quad X_n \quad Y_n]^T \tag{11.4}$$

式中 $R_i = \sum_e R_i^e \quad X_i = \sum_e X_i^e \quad Y_i = \sum_e Y_i^e$

$\sum_e$ 表示对所有单元求和,实际只需对环绕结点 $i$ 的单元求和即可。

## 11.4 单元的位移插值函数和形函数

单元的位移插值就是以单元结点的位移来表示该单元内任意点的位移。设某三角形单元 $e$ 的结点编号为 $i,j,m$,现规定 $i,j,m$ 在单元上的次序为逆时针方向,做这样的规定是为了在计算中不致使三角形的面积为负值,并设 $i,j,m$ 点的坐标分别为$(x_i,y_i)$,$(x_j,y_j)$,$(x_m,y_m)$,如图 11.4。

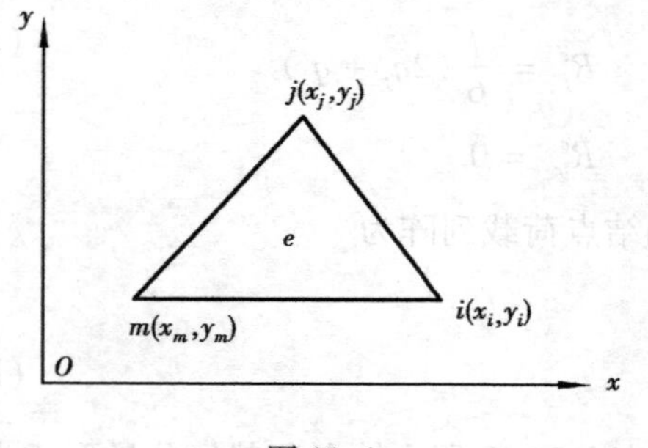


图 11.4

对于平面问题,设 $i,j,m$ 点的位移为

$$\{\delta_i\} = \begin{Bmatrix} u_i \\ v_i \end{Bmatrix}$$

$$\{\delta_j\} = \begin{Bmatrix} u_j \\ v_j \end{Bmatrix}$$

$$\{\delta_m\} = \begin{Bmatrix} u_m \\ v_m \end{Bmatrix}$$

则单元的结点位移列阵为

$$\{\delta\}^e = \begin{Bmatrix} \delta_i \\ \delta_j \\ \delta_m \end{Bmatrix} = \begin{Bmatrix} u_i \\ v_i \\ u_j \\ v_j \\ u_m \\ v_m \end{Bmatrix} \tag{11.5}$$

对单元内的位移假定为

$$
\begin{aligned}
u &= a_1 + a_2 x + a_3 y \\
v &= a_4 + a_5 x + a_6 y
\end{aligned} \tag{11.6}
$$

即单元的位移为坐标的线性函数,已有的实际计算表明当单元足够小时,位移线性假定是合理的。位移表达式中的 $a_1, a_2, \cdots, a_6$ 为待定常数,由单元的边界条件确定。当给出单元的结点位移时,则有

$$
\begin{aligned}
u_i &= a_1 + a_2 x_i + a_3 y_i \\
u_j &= a_1 + a_2 x_j + a_3 y_j \\
u_m &= a_1 + a_2 x_m + a_3 y_m \\
v_i &= a_4 + a_5 x_i + a_6 y_i \\
v_j &= a_4 + a_5 x_j + a_6 y_j \\
v_m &= a_4 + a_5 x_m + a_6 y_m
\end{aligned}
$$

解上述线代数方程组,可得:

$$
\left.
\begin{aligned}
a_1 &= \frac{1}{2\Delta}(a_i u_i + a_j u_j + a_m u_m) \\
a_2 &= \frac{1}{2\Delta}(b_i u_i + b_j u_j + b_m u_m) \\
a_3 &= \frac{1}{2\Delta}(c_i u_i + c_j u_j + c_m u_m) \\
a_4 &= \frac{1}{2\Delta}(a_i v_i + a_j v_j + a_m v_m) \\
a_5 &= \frac{1}{2\Delta}(b_i v_i + b_j v_j + b_m v_m) \\
a_6 &= \frac{1}{2\Delta}(c_i v_i + c_j v_j + c_m v_m)
\end{aligned}
\right\} \tag{11.7}
$$

其中

$$
\begin{aligned}
a_i &= x_j y_m - x_m y_j \qquad b_i = y_j - y_m \qquad c_i = -x_j + x_m \\
a_j &= x_m y_i - x_i y_m \qquad b_j = y_m - y_i \qquad c_j = -x_m + x_i \\
a_m &= x_i y_j - x_j y_i \qquad b_m = y_i - y_j \qquad c_m = -x_i + x_j
\end{aligned}
$$

$$
\Delta = \frac{1}{2}\begin{vmatrix} 1 & x_i & y_i \\ 1 & x_j & y_j \\ 1 & x_m & y_m \end{vmatrix} = \frac{1}{2}(b_i c_j - b_j c_i)
$$

是三角形单元的面积。

将式(11.7)代入式(11.6),即得单元的位移插值函数:

$$
\begin{aligned}
u &= \frac{1}{2\Delta}(a_i + b_i x + c_i y)u_i + \frac{1}{2\Delta}(a_j + b_j x + c_j y)u_j + \frac{1}{2\Delta}(a_m + b_m x + c_m y)u_m = \\
&\qquad N_i^e u_i + N_j^e u_j + N_m^e u_m \\
v &= N_i^e v_i + N_j^e v_j + N_m^e v_m
\end{aligned} \tag{11.8}
$$

其中

$$
N_i^e = \frac{1}{2\Delta}(a_i + b_i x + c_i y)
$$

$$N_j^e = \frac{1}{2\Delta}(a_j + b_j x + c_j y) \tag{11.9}$$

$$N_m^e = \frac{1}{2\Delta}(a_m + b_m x + c_m y)$$

$N_i^e, N_j^e, N_m^e$ 被称为单元的形函数。形函数是坐标的线性函数，它将单元内任意点的位移与单元的结点位移联系起来了。若将位移写成矩阵形式，则为

$$\begin{Bmatrix} u \\ v \end{Bmatrix} = \begin{bmatrix} N_i^e & 0 & N_j^e & 0 & N_m^e & 0 \\ 0 & N_i^e & 0 & N_j^e & 0 & N_m^e \end{bmatrix} \begin{Bmatrix} u_i \\ v_i \\ u_j \\ v_j \\ u_m \\ v_m \end{Bmatrix} =$$

$$[IN_i^e \quad IN_j^e \quad IN_m^e]\{\delta\}^e \tag{11.10}$$

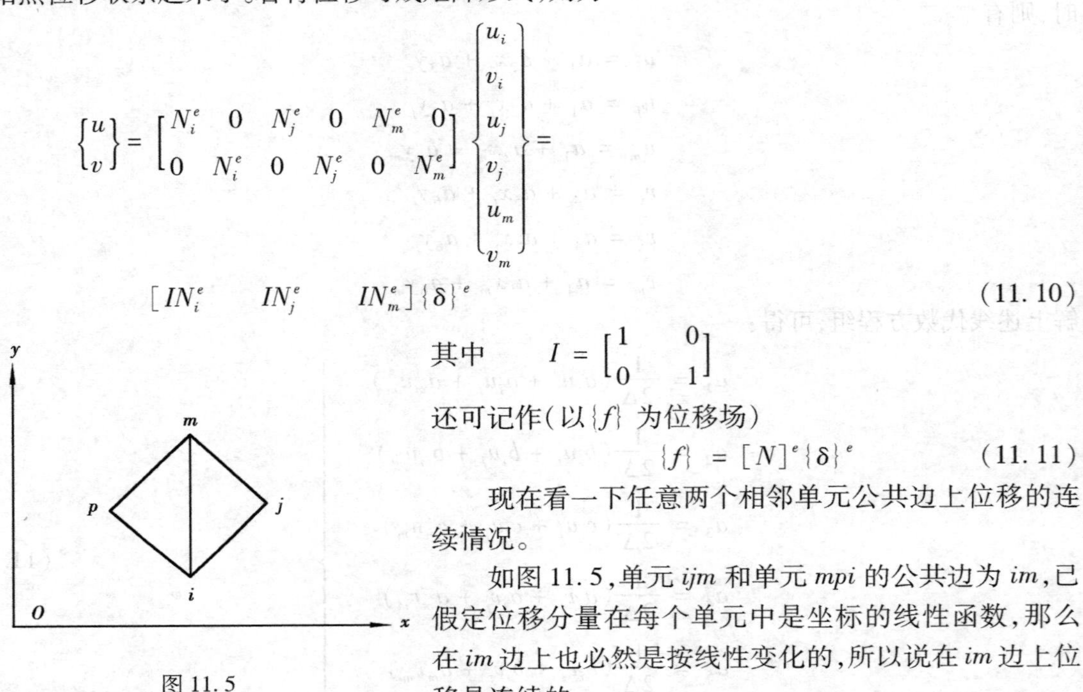


图 11.5

其中 $I = \begin{bmatrix} 1 & 0 \\ 0 & 1 \end{bmatrix}$

还可记作（以 $\{f\}$ 为位移场）

$$\{f\} = [N]^e\{\delta\}^e \tag{11.11}$$

现在看一下任意两个相邻单元公共边上位移的连续情况。

如图 11.5，单元 $ijm$ 和单元 $mpi$ 的公共边为 $im$，已假定位移分量在每个单元中是坐标的线性函数，那么在 $im$ 边上也必然是按线性变化的，所以说在 $im$ 边上位移是连续的。

## 11.5 单元的应变矩阵和应力矩阵

上节讨论了单元内的位移，本节讨论单元的应变和应力。任一单元内的应变可用位移表示成

$$\varepsilon_x = \frac{\partial u}{\partial x} = \frac{1}{2\Delta}(b_i u_i + b_j u_j + b_m u_m)$$

$$\varepsilon_y = \frac{\partial v}{\partial y} = \frac{1}{2\Delta}(c_i v_i + c_j v_j + c_m v_m)$$

$$\gamma_{xy} = \frac{\partial u}{\partial y} + \frac{\partial v}{\partial x} = \frac{1}{2\Delta}[(c_i u_i + b_i v_i) + (c_j u_j + b_j v_j) + (c_m u_m + b_m v_m)]$$

其矩阵形式为

$$\begin{Bmatrix} \varepsilon_x \\ \varepsilon_y \\ \gamma_{xy} \end{Bmatrix} = \frac{1}{2\Delta}\begin{bmatrix} b_i & 0 & b_j & 0 & b_m & 0 \\ 0 & c_i & 0 & c_j & 0 & c_m \\ c_i & b_i & c_j & b_j & c_m & b_m \end{bmatrix}\begin{Bmatrix} u_i \\ v_i \\ u_j \\ v_j \\ u_m \\ v_m \end{Bmatrix} \tag{11.12}$$

令
$$[B] = \frac{1}{2\Delta}\begin{bmatrix} b_i & 0 & b_j & 0 & b_m & 0 \\ 0 & c_i & 0 & c_j & 0 & c_m \\ c_i & b_i & c_j & b_j & c_m & b_m \end{bmatrix} \tag{11.13}$$

称为单元的应变矩阵。由于$[B]$是常量，即$[B]$由三角形单元面积和结点坐标确定，那么在每个单元中，应变分量是常量，所以称线性位移插值函数的单元为常应变单元。

将式(11.12)代入物理方程，即可得到用结点位移表示的应力表达式：

$$\{\sigma\} = [D]\{\varepsilon\} = [D][B]\{\delta\}^e \tag{11.14}$$

式中$[D]$为弹性矩阵，对于平面应力问题

$$[D] = \frac{E}{1-\nu^2}\begin{bmatrix} 1 & \nu & 0 \\ \nu & 1 & 0 \\ 0 & 0 & \frac{1-\nu}{2} \end{bmatrix} \tag{11.15}$$

对于平面应变问题

$$[D] = \frac{(1-\nu)E}{(1+\nu)(1-2\nu)}\begin{bmatrix} 1 & \frac{\nu}{1-\nu} & 0 \\ \frac{\nu}{1-\nu} & 1 & 0 \\ 0 & 0 & \frac{1-2\nu}{2(1-\nu)} \end{bmatrix} \tag{11.16}$$

令
$$[S] = [D][B] \tag{11.17}$$

则
$$\{\sigma\} = [S]\{\delta\}^e \tag{11.18}$$

$[S]$被称为单元的应力矩阵。由式(11.15)和式(11.16)知弹性矩阵是一常量矩阵，应变矩阵$[B]$也是一常量矩阵，所以应力矩阵亦是常量矩阵，由此可知单元中的应力分量也是常量。

必须说明，相邻单元的应力是不同的，在其公共边界线上应力有突变，随着单元划分越来越小，这种突变将很快减弱，不会影响有限单元法解答的收敛性。

下面给出应力矩阵$[S]$的具体形式（以平面应力为例）：

$$[S] = \frac{E}{2(1-\nu^2)\Delta}\begin{bmatrix} b_i & \nu c_i & b_j & \nu c_j & b_m & \nu c_m \\ \nu b_i & c_i & \nu b_j & c_j & \nu b_m & c_m \\ \frac{1-\nu}{2}c_i & \frac{1-\nu}{2}b_i & \frac{1-\nu}{2}c_j & \frac{1-\nu}{2}b_j & \frac{1-\nu}{2}c_m & \frac{1-\nu}{2}b_m \end{bmatrix} \tag{11.19}$$

对于平面应变问题只须将式(11.19)中的弹性常数改换，$E$换为$\frac{E}{1-\nu^2}$，$\nu$换为$\frac{\nu}{1-\nu}$。

## 11.6　单元刚度矩阵

设单元的厚度为 $t$，对于平面问题，单元的形变势能如下：

$$U^e = \frac{1}{2}\iint \{\varepsilon\}^T [D] \{\varepsilon\} t\mathrm{d}x\mathrm{d}y \tag{11.20}$$

由于基本未知量是结点位移，注意到 $\{\varepsilon\} = [B]\{\delta\}^e$，那么上式用结点位移表示出来，为

$$U^e = \frac{1}{2}\iint ([B]\{\delta\}^e)^T [D][B]\{\delta\}^e t\mathrm{d}x\mathrm{d}y =$$

$$\frac{1}{2}\iint (\{\delta\}^e)^T [B]^T [D][B]\{\delta\}^e t\mathrm{d}x\mathrm{d}y$$

因为 $\{\delta\}^e$ 与 $x,y$ 坐标无关，故上式可写为

$$U^e = \frac{1}{2}(\{\delta\}^e)^T \iint [B]^T [D][B] t\mathrm{d}x\mathrm{d}y \{\delta\}^e$$

令

$$[K]^e = \iint [B]^T [D][B] t\mathrm{d}x\mathrm{d}y \tag{11.21}$$

则

$$U^e = \frac{1}{2}(\{\delta\}^e)^T [K]^e \{\delta\}^e \tag{11.22}$$

矩阵 $[K]^e$ 被称为单元刚度矩阵。由于 $[D]$ 和 $[B]$ 矩阵中的元素都是常量，积分后 $[K]^e$ 成为

$$[K]^e = [B]^T [D][B] t\Delta \tag{11.23}$$

$\Delta$ 为单元面积。$[K]^e$ 的物理意义是表示产生单位结点位移时所需要的力。由 $[K]^e$ 的构成来看，$[D]$ 是对称矩阵，$[K]^e$ 必为对称矩阵，另外，单元变形势能恒为正，即式(11.22)等号右边关于结点位移的二次型恒正，所以，单元刚度矩阵 $[K]^e$ 是一个对称正定阵。

将式(11.23)乘开，并写成分块形式，则有

$$[K]^e = \begin{bmatrix} [K_{ii}]^e & [K_{ij}]^e & [K_{im}]^e \\ [K_{ji}]^e & [K_{jj}]^e & [K_{jm}]^e \\ [K_{mi}]^e & [K_{mj}]^e & [K_{mm}]^e \end{bmatrix} \tag{11.24}$$

式中

$$[K_{rs}]^e = \frac{Et}{4(1-\nu^2)\Delta} \begin{bmatrix} b_r b_s + \frac{1-\nu}{2} c_r c_s & \nu b_r c_s + \frac{1-\nu}{2} c_r b_s \\ \nu c_r b_s + \frac{1-\nu}{2} b_r c_s & c_r c_s + \frac{1-\nu}{2} b_r b_s \end{bmatrix}$$

由此可知，$[K]^e$ 是一六阶方阵。这是平面应力问题的表达式，平面应变问题时，只须将弹性常数作相应替换即可。

## 11.7　总刚度矩阵　基本方程

设将整个弹性体划分后有 $n$ 个结点，则结点位移列阵为

$$\{\boldsymbol{\delta}\} = \begin{Bmatrix} \delta_1 \\ \delta_2 \\ \vdots \\ \delta_n \end{Bmatrix} = \begin{Bmatrix} u_1 \\ v_1 \\ u_2 \\ v_2 \\ \vdots \\ u_n \\ v_n \end{Bmatrix} \tag{11.25}$$

现在由式(11.24)的单元刚度矩阵来形成系统的总刚度矩阵。假定 $i,j,m$ 的顺序是从小到大，则先将式(11.24)扩大成总刚度矩阵的规模，即扩成 $2n$ 阶方阵：

$$[\boldsymbol{K}]^e = \begin{bmatrix} & i & & j & & m & \\ \cdots\cdots & \cdots\cdots & \cdots\cdots & \cdots\cdots & \cdots\cdots & \cdots\cdots & \cdots\cdots \\ \cdots\cdots & [K_{ii}]^e & \cdots\cdots & [K_{ij}]^e & \cdots\cdots & [K_{im}]^e & \cdots\cdots \\ \cdots\cdots & \cdots\cdots & \cdots\cdots & \cdots\cdots & \cdots\cdots & \cdots\cdots & \cdots\cdots \\ \cdots\cdots & [K_{ji}]^e & \cdots\cdots & [K_{jj}]^e & \cdots\cdots & [K_{jm}]^e & \cdots\cdots \\ \cdots\cdots & \cdots\cdots & \cdots\cdots & \cdots\cdots & \cdots\cdots & \cdots\cdots & \cdots\cdots \\ \cdots\cdots & [K_{mi}]^e & \cdots\cdots & [K_{mj}]^e & \cdots\cdots & [K_{mm}]^e & \cdots\cdots \\ \cdots\cdots & \cdots\cdots & \cdots\cdots & \cdots\cdots & \cdots\cdots & \cdots\cdots & \cdots\cdots \end{bmatrix} \begin{matrix} \\ \\ i \\ \\ j \\ \\ m \\ \\ \end{matrix} \tag{11.26}$$

此矩阵中虚点处元素均为零，矩阵上边和右边的 $i,j,m$ 表示分块矩阵所在的行和列位置。这样扩大后的矩阵仍是对称的。

这样一来，式(11.22)的势能表达式成为

$$U^e = \frac{1}{2}\{\delta\}^T[K]^e\{\delta\} \tag{11.27}$$

经此处理，把 $U^e$ 与整个弹性体的结点位移联系了起来。

弹性体的变形势能为全部单元变形势能之和，即

$$U = \sum_e U^e = \frac{1}{2}\{\delta\}^T\left(\sum_e [K]^e\right)\{\delta\} \tag{11.28}$$

令

$$[K] = \sum_e [K]^e \tag{11.29}$$

$[K]$ 为弹性体的总刚度矩阵，它是各单元矩阵扩大后叠加而形成的。这种叠加方法是：先将各单元刚度矩阵扩充成总刚度矩阵的规模($2n$ 阶)，再将相同行、列的元素相加而成。

弹性体的总变形势能为

$$U = \frac{1}{2}\{\delta\}^T[K]\{\delta\} \tag{11.30}$$

现在总变形势能已表成结点位移的函数。接下来计算外力的势能，此时所有外力即为结点力，因为已将全部体力、面力移置到了结点上，所以，外力势为

$$V = -A = -(X_1u_1 + Y_1v_1 + X_2u_2 + Y_2v_2 + \cdots + X_nu_n + Y_nv_n) = -\{\delta\}^T\{R\} \tag{11.31}$$

那么,弹性系统的总势能为

$$U + V = \frac{1}{2}\{\delta\}^T[K]\{\delta\} - \{\delta\}^T[R] \tag{11.32}$$

从第10章的最小势能原理知,在所有满足边界条件的结点位移中,使系统的总势能为最小值的位移,就是能满足平衡条件的结点位移。所以,真实的结点位移应有如下条件:

$$\frac{\partial}{\partial\{\delta\}}(U + V) = 0 \tag{11.33}$$

$\partial\{\delta\}$ 表示对$\{\delta\}$ 的全部分量逐个求偏导。

将式(11.32)代入式(11.33)中求导可得

$$[K]\{\delta\} = \{R\} \tag{11.34}$$

等式右端是总结点荷载列阵,当外荷载给定后,它是已知的,$[K]$ 也是已知的。因此(11.34)是一个以$\{\delta\}$ 为基本未知量的线性代数方程组,这就是有限单元法的基本方程。

接下来讨论方程(11.34)的具体求解问题。到目前为止,还未考虑弹性体边界位移的约束条件。若弹性体的边界均无位移约束,则在外力作用下,弹性体将有产生刚体运动的可能性,反映在基本方程上,其系数矩阵$[K]$ 将是一个奇异矩阵,基本方程(11.34)具有不定解。若不考虑刚性位移的话,应在计算时剔除它,因此,必须根据弹性体具体的边界位移约束条件,对基本方程加以处理,方可求解。

例如,弹性体划分为$n$个结点,若其中的位移约束是$u_n = 0, v_n = 0, v_{n-1} = 0$(这其实相当于弹性体被简支,类似于简支梁的约束)。而这三个位移分量在$\{\delta\}$ 中是最后三个量。那么,可对基本方程作如下处理:将$[K]$ 中的最后三行和最后三列划去,此时$[K]$ 由 $2n$ 阶矩阵变为$(2n-3)$ 阶矩阵,记为$[\tilde{K}]$ 并被称为总刚度矩阵的缩聚或降阶。同时也划去列阵$\{\delta\}$ 和$\{R\}$ 的对应量,即最后三行,并分别记为$\{\tilde{\delta}\}$ 和$\{\tilde{R}\}$。此时基本方程变为

$$[\tilde{K}]\{\tilde{\delta}\} = \{\tilde{R}\} \tag{11.35}$$

若零位移的结点编号在中间时,可用同样方法处理,只是划去相应的列和行而已,仍能得到式(11.35)形式的基本方程。

## 11.8 举 例

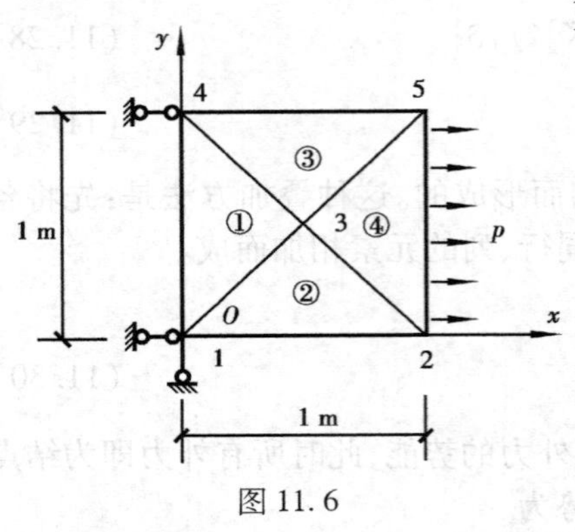

图 11.6

现在举例来说明用有限单元法解弹性平面问题的步骤和方法。

设有单位厚度的正方形弹性体,边界上的约束和荷载情况如图11.6。

已知材料的弹性模量$E = 3 \times 10^{11}$ 牛顿/米$^2$,泊松比$\nu = 0.3$,水平均布荷载的合力$P = 3 \times 10^8$ 牛顿,不计自重。这是一个平面应力问题。解题步骤如下:

①将平面弹性体剖分为4个单元和5个结点,取坐标系如图。其结点坐标及单元结点信息如表11.1和表11.2。

表11.1　结点坐标

| 结点号 / 坐标值 | 1 | 2 | 3 | 4 | 5 |
|---|---|---|---|---|---|
| $x$ | 0 | 1 | 0.5 | 0 | 1 |
| $y$ | 0 | 0 | 0.5 | 1 | 1 |

表11.2　单元结点信息

| 单元号 / 节点号 | ① | ② | ③ | ④ |
|---|---|---|---|---|
| $i$ | 1 | 1 | 3 | 2 |
| $j$ | 3 | 2 | 5 | 5 |
| $m$ | 4 | 3 | 4 | 3 |

②计算各单元的$b$、$c$和面积$\Delta$值:

单元①　$b_1^{①}=-0.5$,　$c_1^{①}=-0.5$,　$b_3^{①}=1$,
$c_3^{①}=0$,　$b_4^{①}=-0.5$,　$c_4^{①}=0.5$;

单元②　$b_1^{②}=-0.5$,　$c_1^{②}=-0.5$,　$b_2^{②}=0.5$,
$c_2^{②}=-0.5$,　$b_3^{②}=0$,　$c_3^{②}=1$;

单元③　$b_3^{③}=0$,　$c_3^{③}=-1$,　$b_5^{③}=0.5$,
$c_5^{③}=0.5$,　$b_4^{③}=-0.5$,　$c_4^{③}=0.5$;

单元④　$b_2^{④}=0.5$,　$c_2^{④}=-0.5$,　$b_5^{④}=0.5$,
$c_5^{④}=0.5$,　$b_3^{④}=-1$,　$c_3^{④}=0$。

各单元的面积均相等,即

$$\Delta^{①}=\Delta^{②}=\Delta^{③}=\Delta^{④}=0.25$$

③按式(11.24)计算单元刚度矩阵。

单元①:

$$[K]^{①}=\begin{matrix} & \delta_1 & \delta_3 & \delta_4 & \\ & \begin{bmatrix}[K_{11}]^{①} & [K_{13}]^{①} & [K_{14}]^{①}\\ [K_{31}]^{①} & [K_{33}]^{①} & [K_{34}]^{①}\\ [K_{41}]^{①} & [K_{43}]^{①} & [K_{44}]^{①}\end{bmatrix} & & & \begin{matrix}\delta_1\\ \delta_3\\ \delta_4\end{matrix}\end{matrix}=$$

$$\begin{matrix} & u_1 & v_1 & u_3 & v_3 & u_4 & v_4 & \\ 3.2967\times10^{11} & \left[\begin{matrix}0.3375 & & & & \text{对称} & \\ 0.1625 & 0.3375 & & & & \\ -0.5 & -0.15 & 1 & & & \\ -0.175 & -0.175 & 0 & 0.35 & & \\ 0.1625 & -0.0125 & -0.5 & 0.175 & 0.3375 & \\ 0.0125 & -0.1625 & 0.15 & -0.175 & -0.1625 & 0.3375\end{matrix}\right. & & & & & \left.\right] & \begin{matrix}u_1\\ v_1\\ u_3\\ v_3\\ u_4\\ v_4\end{matrix}\end{matrix}$$

单元②：

$$[K]^{②}=\begin{array}{c}\delta_1\qquad\qquad\delta_2\qquad\qquad\delta_3\\ \begin{bmatrix}[K_{11}]^{②} & [K_{12}]^{②} & [K_{13}]^{②}\\ [K_{21}]^{②} & [K_{22}]^{②} & [K_{23}]^{②}\\ [K_{31}]^{②} & [K_{32}]^{②} & [K_{33}]^{②}\end{bmatrix}\begin{matrix}\delta_1\\ \delta_2\\ \delta_3\end{matrix}\end{array}=$$

$$3.296\,7\times10^{11}\begin{array}{c}\begin{matrix}u_1 & v_1 & u_2 & v_2 & u_3 & v_3\end{matrix}\\ \begin{bmatrix}0.337\,5 & & & & & \\ 0.162\,5 & 0.337\,5 & & & & \text{对称}\\ -0.162\,5 & 0.012\,5 & 0.337\,5 & & & \\ -0.012\,5 & 0.162\,5 & -0.162\,5 & 0.337\,5 & & \\ -0.175 & -0.175 & -0.175 & 0.175 & 0.35 & \\ -0.15 & -0.5 & 0.15 & -0.5 & 0 & 1\end{bmatrix}\begin{matrix}u_1\\ v_1\\ u_2\\ v_2\\ u_3\\ v_3\end{matrix}\end{array}$$

单元③：

$$[K]^{③}=\begin{array}{c}\delta_3\qquad\qquad\delta_5\qquad\qquad\delta_4\\ \begin{bmatrix}[K_{33}]^{③} & [K_{35}]^{③} & [K_{34}]^{③}\\ [K_{53}]^{③} & [K_{55}]^{③} & [K_{54}]^{③}\\ [K_{43}]^{③} & [K_{45}]^{③} & [K_{44}]^{③}\end{bmatrix}\begin{matrix}\delta_3\\ \delta_5\\ \delta_4\end{matrix}\end{array}=$$

$$3.296\,7\times10^{11}\begin{array}{c}\begin{matrix}u_3 & v_3 & u_5 & v_5 & u_4 & v_4\end{matrix}\\ \begin{bmatrix}0.35 & & & & & \\ 0 & 1 & & \text{对称} & & \\ -0.175 & -0.15 & 0.337\,5 & & & \\ -0.175 & -0.5 & 0.162\,5 & 0.337\,5 & & \\ -0.175 & 0.15 & -0.162\,5 & 0.012\,5 & 0.337\,5 & \\ 0.175 & -0.5 & -0.012\,5 & 0.162\,5 & -0.162\,5 & 0.337\,5\end{bmatrix}\begin{matrix}u_3\\ v_3\\ u_5\\ v_5\\ u_4\\ v_4\end{matrix}\end{array}$$

单元④：

$$[K]^{④}=\begin{array}{c}\delta_2\qquad\qquad\delta_5\qquad\qquad\delta_3\\ \begin{bmatrix}[K_{22}]^{④} & [K_{25}]^{④} & [K_{23}]^{④}\\ [K_{52}]^{④} & [K_{55}]^{④} & [K_{53}]^{④}\\ [K_{32}]^{④} & [K_{35}]^{④} & [K_{33}]^{④}\end{bmatrix}\begin{matrix}\delta_2\\ \delta_5\\ \delta_3\end{matrix}\end{array}=$$

$$3.296\,7\times10^{11}\begin{array}{c}\begin{matrix}u_2 & v_2 & u_5 & v_5 & u_3 & v_3\end{matrix}\\ \begin{bmatrix}0.3375 & & & & & \\ -0.162\,5 & 0.337\,5 & & & \text{对称} & \\ 0.162\,5 & 0.012\,5 & 0.337\,5 & & & \\ -0.012\,5 & -0.162\,5 & 0.162\,5 & 0.337\,5 & & \\ -0.5 & 0.15 & -0.5 & -0.15 & 1 & \\ 0.175 & -0.175 & -0.175 & -0.175 & 0 & 0.35\end{bmatrix}\begin{matrix}u_2\\ v_2\\ u_5\\ v_5\\ u_3\\ v_3\end{matrix}\end{array}$$

④ 按式(11.29)形成总刚度矩阵。实际计算时，不必将每一个单元刚度矩阵都扩大为总刚度矩阵的规模，而只须把各个单元刚度矩阵的元素按规定的下标编号，填入预先制订好的总刚度矩阵表的相应行和列中(下标相同者叠加)即得如第143页的矩阵。

⑤ 进行均布荷载的移置，得到结点荷载列阵：

$$
[K]=\begin{bmatrix}
[K_{11}]^{\textcircled{1}}+[K_{11}]^{\textcircled{2}} & [K_{12}]^{\textcircled{2}} & [K_{13}]^{\textcircled{1}}+[K_{13}]^{\textcircled{2}} & [K_{14}]^{\textcircled{1}} & \\
[K_{21}]^{\textcircled{2}} & [K_{22}]^{\textcircled{2}}+[K_{22}]^{\textcircled{4}} & [K_{23}]^{\textcircled{2}}+[K_{23}]^{\textcircled{4}} & & [K_{25}]^{\textcircled{4}} \\
[K_{31}]^{\textcircled{1}}+[K_{31}]^{\textcircled{2}} & [K_{32}]^{\textcircled{2}}+[K_{32}]^{\textcircled{4}} & [K_{33}]^{\textcircled{1}}+[K_{33}]^{\textcircled{2}}+[K_{33}]^{\textcircled{3}}+[K_{33}]^{\textcircled{4}} & [K_{34}]^{\textcircled{1}}+[K_{34}]^{\textcircled{3}} & [K_{35}]^{\textcircled{3}}+[K_{35}]^{\textcircled{4}} \\
[K_{41}]^{\textcircled{1}} & & [K_{43}]^{\textcircled{1}}+[K_{43}]^{\textcircled{3}} & [K_{44}]^{\textcircled{1}}+[K_{44}]^{\textcircled{3}} & [K_{45}]^{\textcircled{3}} \\
 & [K_{52}]^{\textcircled{4}} & [K_{53}]^{\textcircled{3}}+[K_{53}]^{\textcircled{4}} & [K_{54}]^{\textcircled{3}} & [K_{55}]^{\textcircled{3}}+[K_{55}]^{\textcircled{4}}
\end{bmatrix}
\begin{matrix}\delta_1\\ \delta_2\\ \delta_3\\ \delta_4\\ \delta_5\end{matrix}
=
$$

(Column labels: $\delta_1$, $\delta_2$, $\delta_3$, $\delta_4$, $\delta_5$)

$$
\begin{matrix} u_1 & v_1 & u_2 & v_2 & u_3 & v_3 & u_4 & v_4 & u_5 & v_5 \end{matrix}
$$

$$
3.296\,7\times10^{11}\begin{bmatrix}
0.675 & & & & & & & & & \\
0.325 & 0.675 & & & & \text{对称} & & & & \\
-0.162\,5 & 0.012\,5 & 0.675 & & & & & & & \\
-0.012\,5 & 0.162\,5 & -0.325 & 0.675 & & & & & & \\
-0.675 & -0.325 & -0.675 & 0.325 & 2.7 & & & & & \\
-0.325 & -0.675 & 0.325 & -0.675 & 0 & 2.7 & & & & \\
0.162\,5 & -0.012\,5 & & & -0.675 & 0.325 & 0.675 & & & \\
0.012\,5 & -0.162\,5 & & & 0.325 & -0.675 & -0.325 & 0.675 & & \\
 & & 0.162\,5 & 0.012\,5 & -0.675 & -0.325 & -0.162\,5 & -0.012\,5 & 0.675 & \\
 & & -0.0125 & -0.1625 & -0.325 & -0.675 & 0.012\,5 & 0.162\,5 & 0.325 & 0.675
\end{bmatrix}
\begin{matrix}u_1\\ v_1\\ u_2\\ v_2\\ u_3\\ v_3\\ u_4\\ v_4\\ u_5\\ v_5\end{matrix}
$$

$$\{\boldsymbol{R}\} = \begin{Bmatrix} X_1 \\ Y_1 \\ 1.5 \times 10^8 \\ 0 \\ 0 \\ 0 \\ X_4 \\ 0 \\ 1.5 \times 10^8 \\ 0 \end{Bmatrix} \text{牛顿}$$

⑥ 根据边界约束条件：$u_1 = 0, v_1 = 0, u_4 = 0$，对基本方程进行处理（划去总刚度矩阵1,2,7行和列，结点荷载列阵和结点位移列阵1,2,7行），得式（11.35）的具体形式（缩聚形式）是：

$$3.2967 \times 10^{11} \begin{bmatrix} 0.675 & & & & & & \\ -0.325 & 0.675 & & & \text{对称} & & \\ -0.675 & 0.325 & 2.7 & & & & \\ 0.325 & -0.675 & 0 & 2.7 & & & \\ 0 & 0 & 0.325 & -0.675 & 0.675 & & \\ 0.1625 & 0.0125 & -0.675 & -0.325 & -0.0125 & 0.675 & \\ -0.0125 & -0.1625 & -0.325 & -0.675 & 0.1625 & 0.325 & 0.675 \end{bmatrix} \times$$

$$\begin{Bmatrix} u_2 \\ v_2 \\ u_3 \\ v_3 \\ v_4 \\ u_5 \\ v_5 \end{Bmatrix} = \begin{Bmatrix} 1.5 \times 10^8 \\ 0 \\ 0 \\ 0 \\ 0 \\ 1.5 \times 10^8 \\ 0 \end{Bmatrix}$$

⑦ 解上述线性代数方程组，得到全部结点位移：

$$\{\delta\} = \begin{Bmatrix} u_1 \\ v_1 \\ u_2 \\ v_2 \\ u_3 \\ v_3 \\ u_4 \\ v_4 \\ u_5 \\ v_5 \end{Bmatrix} = \begin{Bmatrix} 0 \\ 0 \\ 0.001 \\ 0 \\ 0.0005 \\ -0.00015 \\ 0 \\ -0.0003 \\ 0.001 \\ -0.0003 \end{Bmatrix}\text{米}$$

⑧ 按式(11.18)求出单元的应力分量。

单元①：

$$\begin{Bmatrix} \sigma_x^{①} \\ \sigma_y^{①} \\ \tau_{xy}^{①} \end{Bmatrix} = \frac{3\times10^{11}}{0.455}\begin{bmatrix} -0.5 & -0.15 & 1 & 0 & -0.5 & 0.15 \\ -0.15 & -0.5 & 0.3 & 0 & -0.15 & 0.5 \\ -0.175 & -0.175 & 0 & 0.35 & 0.175 & -0.175 \end{bmatrix}\begin{Bmatrix} 0 \\ 0 \\ 0.0005 \\ -0.00015 \\ 0 \\ -0.0003 \end{Bmatrix} =$$

$$\begin{Bmatrix} 3\times10^{8} \\ 0 \\ 0 \end{Bmatrix}\text{牛顿／米}^2$$

单元②：

$$\begin{Bmatrix} \sigma_x^{②} \\ \sigma_y^{②} \\ \tau_{xy}^{②} \end{Bmatrix} = \frac{3\times10^{11}}{0.455}\begin{bmatrix} -0.5 & -0.15 & 0.5 & -0.15 & 0 & 0.3 \\ -0.15 & -0.5 & 0.15 & -0.5 & 0 & 1 \\ -0.175 & -0.175 & -0.175 & 0.175 & 0.35 & 0 \end{bmatrix}\begin{Bmatrix} 0 \\ 0 \\ 0.001 \\ 0 \\ 0.0005 \\ -0.00015 \end{Bmatrix} =$$

$$\begin{Bmatrix} 3\times10^{8} \\ 0 \\ 0 \end{Bmatrix}\text{牛顿／米}^2$$

单元:③

$$\begin{Bmatrix}\sigma_x^{③}\\ \sigma_y^{③}\\ \tau_{xy}^{③}\end{Bmatrix}=\frac{3\times10^{11}}{0.455}\begin{bmatrix}0 & -0.3 & 0.5 & 0.15 & -0.5 & 0.15\\ 0 & -1 & 0.15 & 0.5 & -0.15 & 0.5\\ -0.35 & 0 & 0.175 & 0.175 & 0.175 & -0.175\end{bmatrix}\begin{Bmatrix}0.0005\\ -0.00015\\ 0.001\\ -0.0003\\ 0\\ -0.0003\end{Bmatrix}=$$

$$\begin{Bmatrix}3\times10^{8}\\ 0\\ 0\end{Bmatrix}\text{牛顿 / 米}^2$$

单元:④

$$\begin{Bmatrix}\sigma_x^{④}\\ \sigma_y^{④}\\ \tau_{xy}^{④}\end{Bmatrix}=\frac{3\times10^{11}}{0.455}\begin{bmatrix}-1 & 0 & 0.5 & -0.15 & 0.5 & 0.15\\ -0.3 & 0 & 0.15 & -0.5 & 0.15 & 0.5\\ 0 & -0.35 & -0.175 & 0.175 & 0.175 & 0.175\end{bmatrix}\begin{Bmatrix}0.0005\\ -0.00015\\ 0.001\\ 0\\ 0.001\\ -0.0003\end{Bmatrix}=$$

$$\begin{Bmatrix}3\times10^{8}\\ 0\\ 0\end{Bmatrix}\text{牛顿 / 米}^2$$

由此可见,各单元和各结点的应力均相同。而且,因为 $\sigma_y=\tau_{xy}=0$,所以 $\sigma_x$ 也就是主应力 $\sigma_1$。即

$$\sigma_1=\sigma_x=3\times10^{8}\ \text{牛顿 / 米}^2,\quad \sigma_2=\sigma_y=0$$

最后,还必须指出,前面采用的以线性函数为位移插值函数的三结点三角形单元,是平面问题最基本的单元形态。目前,在有限单元法中所采用的单元形态种类较多,例如在平面问题中,有时为了提高计算精度或适应边界情况,还常常采用六结点三角形单元或八结点任意曲边四边形等参数单元等。它们的位移插值函数已不是坐标的线性函数。有关问题可参考有限单元法的专门著作。

## 习　题

11-1　有限单元法中荷载向结点移置时有什么要求?

11-2　为什么采用线性位移插值函数时,单元内各点的应变和应力是常量?

11-3　考察第 8 节例题中,各单元在边界处的应力变化及变形连续情况,并说明理由。

11-4　对题 11-4 图按有限元法划分为 4 个单元求解,并与前已求出的解析解进行对比。

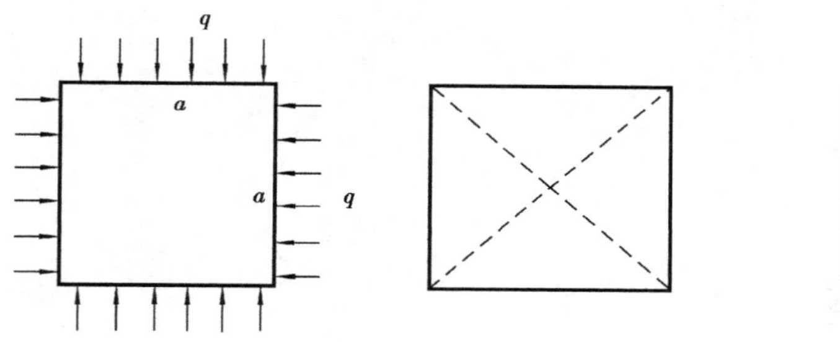


题 11-4 图　　　　　　　　　　　　　　　　题 11-5 图

11-5　对上题划分成 8 个单元求解,并进行精度比较。

11-6　总结有限单元法解题步骤。

# 习题参考答案

## 第2章

2-1　$X_N=31.97\ \text{MPa}$，　$Y_N=-8.41\ \text{MPa}$，　$Z_N=-5.61\ \text{MPa}$；

$S_N=33.53\ \text{MPa}$，　$\sigma_N=7.81\ \text{MPa}$，　$\tau_N=32.61\ \text{MPa}$；

$\sigma_1=29.89\ \text{MPa}$，　$\sigma_2=17.57\ \text{MPa}$，　$\sigma_3=-41.46\ \text{MPa}$，　$\tau_{\max}=35.67\ \text{MPa}$

2-2　三个不变量为 $\Theta_1=\sigma_x+\sigma_y$，　$\Theta_2=\sigma_x\sigma_y-\tau_{xy}^2$，　$\Theta_3=0$；

三个主应力为 $\sigma_{1,3}=\dfrac{\sigma_x+\sigma_y}{2}\pm\sqrt{(\dfrac{\sigma_x-\sigma_y}{2})^2+\tau_{xy}^2}$，$\sigma_2=0$

2-4　(1) $\sigma_2=0$，　$\sigma_{1,3}=\pm\sqrt{2}\tau$

$N_1=(\frac{1}{2},\frac{\sqrt{2}}{2},\frac{1}{2})$，　$N_2=(\frac{\sqrt{2}}{2},0,\frac{\sqrt{2}}{2})$，　$N_3=(\frac{1}{2},-\frac{\sqrt{2}}{2},\ \frac{1}{2})$；

(2) $\sigma_1=2\tau$，　$\sigma_{2,3}=-\tau$；

$N_1=(\frac{\sqrt{3}}{3},\frac{\sqrt{3}}{3},\frac{\sqrt{3}}{3})$，$N_2$、$N_3$ 相互垂直且垂直于 $N_1$。

2-5　$S_N=1\,117.7a$，　$\sigma_N=260.3a$，　$\tau_N=1\,087.0a$。

2-6　$X_n=1.508a,Y_n=2.111a,Z_n=0.905a,\sigma_N=2.637a,\tau_N=0.771a$

## 第3章

3-2　$J_1=\varepsilon_x+\varepsilon_y,J_2=\varepsilon_x\varepsilon_y-\frac{1}{4}\gamma_{xy}^2,J_3=0$

$$\varepsilon_{1,3}=\frac{\varepsilon_x+\varepsilon_y}{2}\pm\sqrt{(\frac{\varepsilon_x-\varepsilon_y}{2})^2+\frac{1}{4}\gamma_{xy}},\varepsilon_2=0$$

3-3　$\varepsilon_1=10.26\times10^{-4},\varepsilon_2=5.10\times10^{-4},\varepsilon_3=-1.36\times10^{-4}$。

3-5 $\frac{\partial^4\varphi}{\partial x^2}+2\frac{\partial^4\varphi}{\partial x^2\partial y^2}+\frac{\partial^2\varphi}{\partial y^4}=0$。

3-6 应变分量为

$\varepsilon_x=b_2+2b_4x+b_5y$； $\varepsilon_y=b_9+b_{11}x+2b_{12}y$； $\varepsilon_z=0$；

$\gamma_{xy}=(b_3+b_8)+(2b_5+2b_{10})x+(2b_6+b_{11})y$； $\gamma_{yz}=\gamma_{zx}=0$。

所得应变分量是 $x,y$ 的线形函数,显然能够满足变形协调条件。

3-7 提示:首先用几何方程求得应变分量,得到的应变分量只存在正应变,剪应变为零,即各棱边只有长短变化,棱边间夹角不变仍为直角,该弹性体变形后仍为长方体(无形状改变)。

由位移约来条件确定常:在 $O(0,0)$ 点,得到

$a_1=a_2=a_3=0,b_1=b_2=b_3=0,u=v=w=-\frac{P(1-2\mu)}{E}$。

# 第5章

5-1 此时的边界条件成为:

$\sigma_x l+\tau_{xy}m=F_x$

$\tau_{xy}l+\sigma_y m=F_y$

5-2 经验证该应力场只满足平衡微分方程不满足协调方程,所以不能作为弹性力学问题的解。

5-3 (1) $\varepsilon_x=a_2$, $\varepsilon_y=a_6$, $\varepsilon_z=0$

$\gamma_{yz}=0$, $\gamma_{zx}=0$, $\gamma_{xy}=a_3+a_5$

满足协调方程。

(2) $\varepsilon_x=b_2+2b_4x+b_5y$, $\varepsilon_y=c_3+c_5x+2c_6y$, $\varepsilon_z=0$

$\gamma_{zy}=0$ $\gamma_{zx}=0$, $\gamma_{xy}=b_3+c_2+(b_5+2a_4)x+(2b_6+c_5)y$

满足协调方程。

5-4 $2a_1+2b_1=c_1,c_2=4$

5-5 $u=\frac{\nu}{2a}x^2-\frac{\nu}{2a}y^2+\frac{1}{2a}z^2+A_1y+B_1+A_2z$

$v=\frac{\nu}{a}xy-A_1x+B_2+A_3z$

$w=-\frac{1}{a}xz-A_3y-A_2x+B_3$

5-6 三类基本方程:(采用柱坐标)

平衡微分方程:

$$\frac{\partial\sigma_\rho}{\partial\rho}+\frac{1}{\rho}\frac{\partial\tau_{\rho\varphi}}{\partial\varphi}+\frac{\partial\tau_{\rho z}}{\partial z}+\frac{1}{\rho}(\sigma_\rho-\sigma_\varphi)=0$$

$$\frac{\partial\tau_{\rho\varphi}}{\partial\rho}+\frac{1}{\rho}\frac{\partial\sigma_\varphi}{\partial\varphi}+\frac{\partial\tau_{\varphi z}}{\partial z}+\frac{2}{\rho}\tau_{\rho\varphi}=0$$

$$\frac{\partial\tau_{z\rho}}{\partial\rho}+\frac{1}{\rho}\frac{\partial\tau_{z\varphi}}{\partial\varphi}+\frac{\partial\sigma_z}{\partial z}+\frac{1}{\rho}\tau_{z\rho}+\gamma=0$$

几何方程：$\varepsilon_\rho=\dfrac{\partial u_\rho}{\partial\rho},\varepsilon_\varphi=\dfrac{u_\rho}{\rho}+\dfrac{1}{r}\dfrac{\partial u_\varphi}{\partial\varphi},\varepsilon_z=\dfrac{\partial w}{\partial z},\gamma_{z\rho}=\dfrac{1}{r}\dfrac{\partial u_\rho}{\partial\varphi}+\dfrac{\partial u_\varphi}{\partial\rho}-\dfrac{u_\varphi}{\rho}$；

物理方程：

$$\varepsilon_\rho=\frac{1}{E}[\sigma_\rho-\nu(\sigma_\varphi+\sigma_z)]$$

$$\varepsilon_\varphi=\frac{1}{E}[\sigma_\varphi-\nu(\sigma_\rho+\sigma_z)]$$

$$\varepsilon_z=\frac{1}{E}[\sigma_z-\nu(\sigma_\varphi+\sigma_\rho)]$$

$$\gamma_{z\rho}=\frac{2(1+\nu)}{E}\tau_{z\rho}$$

边界条件：

$$z=0:u_\rho=0,u_\varphi=0,u_z=0$$

$$z=l:F_\rho=0,F_\varphi=0,F_z=0$$

$$\rho=R:F_\rho=0,F_\varphi=0,F_z=0$$

此时，弹性力学的边值问题，成为数学上的偏微分方程的边值问题。

5-8 $x=0:\sigma_x=-\gamma y,\tau_{xy}=0$

$y=h,0\leqslant x\leqslant h:\tau_{xy}=0,\sigma_y=-\gamma h$

$y=x\cdot\tan\alpha,0\leqslant y\leqslant h:\sigma_x\cdot l+\tau_{xy}\cdot m=-\gamma y\sin\alpha,\tau_{xy}\cdot l+\sigma_y\cdot m=\gamma y\cos\alpha$

式中：$l=\cos\alpha,m=-\sin\alpha$。

5-9 边界条件见下表

水坝的应力边界条件

| 名称 | 直角坐标形式 | 柱坐标形式 |
|---|---|---|
| 水平边界 | $y=0,l=0,m=-1,n=0$：<br>$\sigma_y=0,\tau_{xy}=0,\tau_{yz}=0$ | $\theta=0$：<br>$\sigma_\theta=0,\tau_{\theta r}=0,\tau_{z\theta}=0$ |
| 斜边界 | $0\leqslant y\leqslant h,l=-\cos\alpha,m=-\sin\alpha,n=0$：<br>$\sigma_x\cos\alpha+\tau_{xy}\sin\alpha=0$，<br>$\tau_{xy}\cos\alpha+\sigma_y\sin\alpha=0$，<br>$\tau_{xz}\cos\alpha+\tau_{yz}\sin\alpha=0$；<br>$y\geqslant h,l=-\cos\alpha,m=-\sin\alpha,n=0$：<br>$\sigma_x\cos\alpha+\tau_{xy}\sin\alpha=-\gamma(y-h)\cos\alpha$ | $0\leqslant r\leqslant h\sec\alpha,\theta=\dfrac{\pi}{2}+\alpha$：<br>$\sigma_\theta=0,\tau_{r\theta}=0,\tau_{z\theta}=0$；<br>$r\geqslant h\sec\alpha,\theta=\dfrac{\pi}{2}+\alpha$：<br>$\sigma_\theta=-\gamma(r\cos\alpha-h)$，<br>$\tau_{z\theta}=\tau_{\theta z}=0$ |

# 第 6 章

6-1 提示：同时写出 $AB$ 和 $AC$ 的边界条件，从而说明题目的结论。

6-3 法向应力和切向应力的求法如下图：

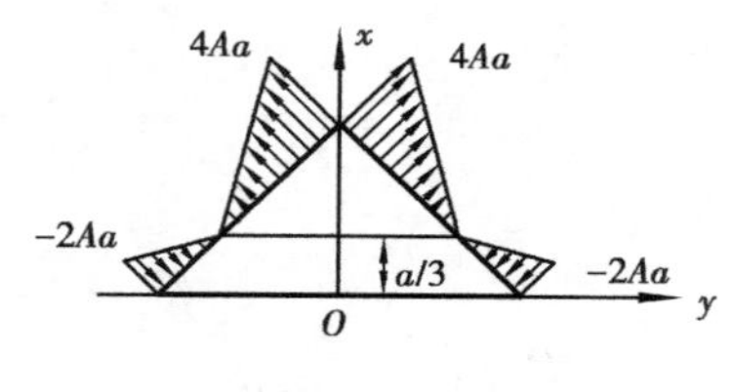

正应力

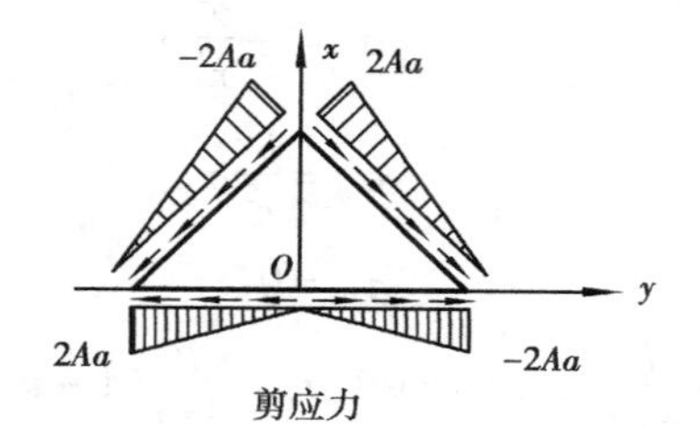

剪应力

6-4 $\sigma_x=0,\sigma_y=-\frac{6q}{h^2}xy+\frac{2q}{h}y-\rho gy,\tau_{xy}=\frac{3q}{h^2}x^2-\frac{2q}{h}x$

6-5 $\sigma_x=x\rho g\cot\alpha-2y\rho g\cot^2\alpha,\sigma_y=-\rho gy,\tau_{xy}=-y\rho g\cot\alpha$

6-6 $\sigma_x=0,\sigma_y=\rho g(l-y),\tau_{xy}=0;$

$u=-\frac{\nu}{E}\rho g(l-y)x,v=\frac{1}{E}\rho g(ly-\frac{1}{2}y^2)-\frac{\nu}{2E}\rho gx^2$

6-7 由材料力学知：

$\sigma_x=\frac{M_zy}{J_z}=-\frac{2q}{lh^3}x^3y,\sigma_y=-\frac{q}{2lh^3}(4y^3-3h^2y+h^3)x,\tau_{xy}=\frac{3qx^3}{4lh^3}(4y^2-h^2)$

6-8 (ⅰ) $\sigma_x=\tau_{xy}=0,\sigma_y=-\frac{3}{4}\frac{P}{a^2}x-\frac{P}{2a}$

(ⅱ) $\varepsilon_x=\frac{\mu}{E}\left(\frac{3}{4}\frac{P}{a^2}x+\frac{P}{2a}\right),\varepsilon_y=-\frac{1}{E}\left(\frac{3}{4}\frac{P}{a^2}x+\frac{P}{2a}\right)$

(ⅲ) $u=\frac{\mu}{E}\left(\frac{3}{8}\frac{P}{a^2}x^2+\frac{P}{2a}x\right)+\frac{1}{E}\frac{3}{8}\frac{P}{a^2}y^2,v=-\frac{1}{E}\left(\frac{3}{4}\frac{P}{a^2}xy+\frac{P}{2a}y\right)$

(ⅳ) $(u)_{x=0}=\frac{3}{8}\frac{P}{Ea^2}y^2$

6-9 只有内压时：$u_{r=a}=-\frac{(1+\nu)aq_a}{E(b^2-a^2)}[(1-2\nu)a^2+b^2],u_{r=b}=\frac{2(1-\nu^2)a^2bq_a}{E(b^2-a^2)}$

只有外压时：$u_{r=a}=-\frac{2(1-\nu^2)ab^2q_b}{E(b^2-a^2)},u_{r=b}=-\frac{(1+\nu)bq_b}{E(b^2-a^2)}[(1-2\nu)b^2+a^2]$

6-10 $u_r=-\frac{(1-\nu^2)rb^2q_b}{E[b^2(1+\nu)+a^2(1-\nu)]}+\frac{(1-\nu^2)a^2b^2q_b}{Er[b^2(1+\nu)+a^2(1-\nu)]},u_\theta=0;$

$\sigma_r=-\frac{b^2q_b}{b^2(1+\nu)+a^2(1-\nu)}\cdot\frac{r^2+a^2+\nu(r^2-a^2)}{r^2}$

$\sigma_\theta=-\frac{b^2q_b}{b^2(1+\nu)+a^2(1-\nu)}\cdot\frac{r^2-a^2+\nu(r^2+a^2)}{r^2}$

$\tau_{r\theta}=0$

6-11 $a\leqslant r\leqslant b$：

$\sigma_r=\frac{a^2b^2}{b^2-a^2}\cdot(\sigma_b-q)\frac{1}{r^2}+\frac{qa^2-\sigma_bb^2}{b^2-a^2}$

$\sigma_\theta=-\frac{a^2b^2}{b^2-a^2}\cdot(\sigma_b-q)\frac{1}{r^2}+\frac{qa^2-\sigma_bb^2}{b^2-a^2}$

$\tau_{r\theta}=0;$

$r > b$:
$$\sigma_r = -\frac{b^2}{r^2}\sigma_b$$
$$\sigma_\theta = \frac{b^2}{r^2}\sigma_b$$
$$\tau_{r\theta} = 0$$

6-12 $\sigma_r = -\frac{P}{4\pi r}(3+\nu)\cos\theta, \sigma_\theta = \frac{P}{4\pi r}(1-\nu)\cos\theta, \tau r_\theta = \frac{P}{4\pi r}(1-\nu)\sin\theta$

6-13 $\sigma_r = (q - \frac{4qa^2}{r^2} + \frac{3qa^4}{r^4})\sin 2\theta, \sigma_\theta = (q + \frac{3qa^4}{r^4})\sin 2\theta, \tau_{r\theta} = (q + \frac{2qa^2}{r^2} - \frac{3qa^4}{r^4})\cos 2\theta$;

$r = a: \sigma_{\theta\min} = -4q(\theta = \frac{\pi}{4}, \frac{5\pi}{4}), \sigma_{\theta\max} = 4q, (\theta = -\frac{\pi}{4}, \frac{3\pi}{4})$

6-14 $\sigma_r = \frac{q_1+q_2}{2}(1-\frac{a^2}{r^2}) + \frac{q_1-q_2}{2}(1+3\frac{a^4}{r^4}-4\frac{a^2}{r^2})\cos 2\theta$

$\sigma_\theta = \frac{q_1+q_2}{2}(1+\frac{a^2}{r^2}) - \frac{q_1-q_2}{2}(1+3\frac{a^4}{r^4})\cos 2\theta$

$\tau_{r\theta} = -\frac{q_1-q_2}{2}(1-3\frac{a^4}{r^4}+2\frac{a^2}{r^2})\sin 2\theta$

$r = a: \sigma_{\theta\min} = -q_1+3q_2(\theta = 0, \pi), \sigma_{\theta\max} = 3q_1 - q_2, (\theta = \frac{\pi}{2}, \frac{3\pi}{2})$

6-15 $\sigma_r = -\frac{qr}{N}(3\cos\alpha\cos 3\theta + \cos 3\alpha\cos\theta)$

$\sigma_\theta = \frac{3qr}{N}(\cos\alpha\cos 3\theta - \cos 3\alpha\cos\theta)$

$\tau_{r\theta} = \frac{qr}{N}(3\cos\alpha\cos 3\theta - \cos 3\alpha\cos\theta)$

6-16 $\varphi(r,\theta) = -\frac{P}{\pi}r\theta\sin\theta, \sigma_r = -\frac{2P}{\pi}\frac{\cos\theta}{r}, \sigma_\theta = \tau_{r\theta} = 0$

# 第 7 章

7-1 提示：将空间轴对称下的几何方程代入物理方程即可得(7.3)。

注意其中：$e = \frac{\partial u}{\partial r} + \frac{u_r}{r} + \frac{\partial w}{\partial z}$

将应力分量代入平衡方程即可得(7.4)。

注意其中：$\nabla^2 = \frac{\partial^2}{\partial r^2} + \frac{1}{r}\frac{\partial}{\partial r} + \frac{\partial^2}{\partial z^2}$

7-2 提示：取应力为静水压力进行计算。

$\Theta = 3\left(\lambda + \frac{2}{3}\mu\right)\theta$

其中：$\Theta = \sigma_x + \sigma_y + \sigma_z, \theta = \varepsilon_x + \varepsilon_y + \varepsilon_z, k = 3\left(\lambda + \frac{2}{3}\mu\right)$

7-5　应满足条件：$A(\alpha^2-\beta^2)r^{\alpha-2}\cos\beta\theta+f''(\theta)+4f(\theta)=-2G\alpha$

7-6　提示：设应力函数为 $\varphi=m(x-a)(x-\sqrt{3}y)(x+\sqrt{3}y)$

$$\tau_{zy}=-\frac{\partial\varphi}{\partial x}=\frac{15\sqrt{3}M}{2a^5}(3x^2-2ax-3y^3)$$

$$\tau_{zx}=\frac{\partial\varphi}{\partial y}=\frac{45\sqrt{3}M}{a^5}(x-a)y$$

$$\tau_{\max}=(\tau_{zy})_{x=a,y=0}=\frac{15\sqrt{3}M}{2a^3}$$

单位长度上的扭转角：$k=-\dfrac{c}{2G}=\dfrac{15\sqrt{3}M}{Ga^4}$

# 第 8 章

8-2　式(8.20)可写为 $M_r=-D\left[\dfrac{\partial^2 w}{\partial r}+\mu\left(\dfrac{1}{r}\dfrac{\partial w}{\partial r}+\dfrac{1}{r^2}\dfrac{\partial^2 w}{\partial\theta^2}\right)\right]_{r=a}=0$

式(8.21)可写为 $M_r=-D\left[\dfrac{\partial^2 w}{\partial r}+\mu\left(\dfrac{1}{r}\dfrac{\partial w}{\partial r}+\dfrac{1}{r^2}\dfrac{\partial^2 w}{\partial\theta^2}\right)\right]_{r=a}=0$

$$V_r=Q_r+\frac{1}{r}\frac{\partial M_{r\theta}}{\partial\theta}=-D\frac{\partial}{\partial r}\nabla^2 w-D(1-\mu)\left(\frac{1}{r^2}\frac{\partial^2 w}{\partial r\partial\theta^2}-\frac{1}{r^3}\frac{\partial^2 w}{\partial\theta^2}\right)$$

8-3　挠度的表达式：$w=\dfrac{a^4b^4q_0}{\pi^4(a^2+b^2)^2}\sin\dfrac{\pi x}{a}\sin\dfrac{\pi y}{b}$

最大挠度、最大变矩、最大剪力如下：

(ⅰ) $w_{\max}=(w)_{x=\frac{a}{2},y=\frac{b}{2}}=\dfrac{a^4b^4q_0}{\pi^4(a^2+b^2)^2}$,

(ⅱ) $M_{x\max}=D\dfrac{a^2b^2q_0}{\pi^2(a^2+b^2)^2}(b^2+\mu a^2)$

$$M_{y\max}=D\frac{a^2b^2q_0}{\pi^2(a^2+b^2)^2}(a^2+\mu b^2)$$

$$M_{xy\max}=-D(1-\mu)\frac{a^3b^3q_0}{\pi^2(a^2+b^2)^2}$$

(ⅲ) $Q_{x\max}=D\dfrac{abq_0}{\pi(a^2+b^2)^2}(b^3+a^2b)$

$$Q_{y\max}=D\frac{abq_0}{\pi(a^2+b^2)^2}(a^3+b^2a)$$

8-4　挠度的表达式：$w=\dfrac{pxy}{2D(1-\mu)}$

内力及反力：$M_x=M_y=0$，　$Q_x=Q_y=0$，　$M_{xy}=-\dfrac{P}{2}$，　$R_A=R_o=R_B=-p$

8-5 挠度的表达式：$w=\frac{q_0a^2}{15D}\left(-\frac{r^2}{6}+\frac{a^2}{10}+\frac{r^5}{15a^3}\right)$

内力如下：$M_r=-\frac{q_0}{45}[4r^4-a^3+\mu(r^3-a^3)]$，$M_\theta=-\frac{q_0a^2}{45}\left[-1+\frac{r^3}{a^3}+\mu\left(\frac{4r^3}{a^3}-1\right)\right]$，

$Q_r=-\frac{q_0r^2}{3a}$，$M_{r\theta}=0$，$Q_\theta=0$

8-6 取正方形面积为 $a^2$，则圆的半径的平方为 $r^2=\frac{a^2}{\pi}$。

挠度如下：$(w_{\max})_{圆}=\frac{q_0a^4}{64D\pi^2}=0.001\,6\frac{q_0a^4}{D}$，$(w_{\max})_{方}=0.021\,3\frac{q_0a^4}{D}$

8-7 选取 $w_3$ 进行求解：

$A=\frac{\delta}{ab}$，$M_{xy}=-D\frac{(1-\mu)\delta}{ab}$，$M_x=M_y=Q_x=Q_y=0$，$RA=RB=RC=RO=-2D(1-\mu)\frac{\delta}{ab}>0$

## 第9章

9-2 $(\sigma_x)_A=0.528q_2-0.446q_1$，$(\sigma_x)_3=0.057q_2-0.447q_1$，$(\sigma_x)_1=1.470q_2-0.444q_1$，
$(\sigma_y)_A=q_1$，$(\sigma_y)_3=-1.106q_2-0.952q_1$，$(\sigma_y)_1=-1.554q_2+0.519q_1$，$(\tau_{xy})_A=0$

9-3 $(\sigma_x)_A=\frac{1}{h}(2.32qh+0.16p)$，$(\sigma_x)_1=\frac{1}{h}(0.32qh-0.16p)$，$(\sigma_x)_0=\frac{1}{h}(1.68qh+0.16p)$

$(\sigma_y)_A=\frac{1}{h}(-3.00qh+p)$，$(\sigma_y)_1=\frac{1}{h}(-1.12qh+p)$，$(\sigma_y)_0=\frac{1}{h}p$，$(\tau_{xy})_A=0$

9-4 $w_1=0.002\,47\frac{qa^4}{D}$，$w_2=0.001\,62\frac{qa^4}{D}$，$w_3=0.001\,82\frac{qa^4}{D}$，$w_4=0.001\,2\frac{qa^4}{D}$，$w_{\max}=w_1$

## 第10章

10-1 $v(x)=\frac{q_0l^2}{24EI}x(l-x)$，$v(x)_{\max}=\frac{q_0l^4}{96EI}$

10-2 按两个挠度函数分别求解：

(1) $v(x)=\frac{q_0l^3}{48EI}x\left(1-\frac{x^2}{l^2}\right)$，$v(x)_{\max}=\frac{q_0l^4}{128EI}$

(2) $v(x)=\frac{q_0l^4}{293.3}\left(\sin\frac{\pi x}{2l}+\sin\frac{3\pi x}{2l}\right)$，$v(x)_{\max}=\frac{q_0l^4}{207.4EI}$

按材力求解：$v(x)_{\max}=\frac{q_0l^4}{192EI}$

10-3 提示：取位移函数如下：$u=A_1\frac{y^2x}{b}$，$v=B_1\frac{x^2y}{a}$

系数如下：$A_1=\dfrac{\dfrac{1-\mu^2}{3E}q_2a-\dfrac{27(1-\mu^2)a^2q_1+30(1+\mu)(1-\mu^2)b^2q_1}{45(2-\mu)Ea}}{\dfrac{2-\mu}{9}ab-\dfrac{[9a^2+10(1-\mu)b^2][9b^2+10(1-\mu)a^2]}{225(2-\mu)ab}}$，

$$B_1=\frac{3(1-\mu^2)q_1}{(2-\mu)Ea}-\frac{9b^2+10(1-\mu)a^2}{5(2-\mu)ab}A_1$$

10-4　用瑞兹法求解：

位移场：

$$u=\left(1-\frac{x^2}{a^2}\right)\left(1-\frac{y^2}{b^2}\right)\frac{x}{a}\,\frac{y}{b}\,\frac{175a^2b^2}{586a^2b^2+240(a^4+b^4)}\,\frac{\rho gab}{E}$$

$$v=\left(1-\frac{x^2}{a^2}\right)\left(1-\frac{y^2}{b^2}\right)\frac{25(12b^2+6a^2)a^2b^2}{586a^2b^2+240(a^4+b^4)}\frac{\rho g}{E}$$

应力场：

$$\sigma_x=\frac{175a^2b^2\rho g}{586a^2b^2+240(a^4+b^4)}\left(1-\frac{3x^2}{a^2}\right)\left(y-\frac{y^3}{b^2}\right)$$

$$\sigma_y=\frac{25(12b^2+6a^2)a^2b^2\rho g}{586a^2b^2+240(a^4+b^4)}\left(1-\frac{x^2}{a^2}\right)\left(-\frac{2y}{b^2}\right)$$

$$\tau_{xy}=\frac{1}{2}\,\frac{175a^2b^2\rho g\left(x-\dfrac{x^3}{a^2}\right)\left(1-\dfrac{3y^2}{b^2}\right)+25(12b^2+6a^2)a^2b^2\rho g}{586a^2b^2+240(a^4+b^4)}\left(1-\frac{y^2}{b^2}\right)\left(-2\frac{x}{a^2}\right)$$

10-5　取挠度如下：$v=B_1\left(1-\cos\dfrac{\pi x}{2l}\right)$

得到 $w=\dfrac{32}{\pi^4}\dfrac{pl^3}{EJ}\left(1-\cos\dfrac{\pi x}{2l}\right)$，$v_{\max}=(v)_{x=l}=\dfrac{1}{3.037}\dfrac{pl^3}{EJ}$。

10-6　取挠度函数如下：

$$w=\sum_m\sum_n C_{mn}\sin\frac{m\pi x}{a}\sin\frac{n\pi y}{b}$$

$$C_{mn}=\frac{16q_0}{\pi^4Dmn\left(\dfrac{m^2}{a^2}+\dfrac{n^2}{b^2}\right)^2}$$

$$w=\frac{16q_0}{\pi^4D}\sum_{m=1,3,5,\cdots}^{\infty}\sum_{n=1,3,5,\cdots}^{\infty}\frac{\sin\dfrac{m\pi x}{a}\sin\dfrac{n\pi y}{b}}{mn\left(\dfrac{m^2}{a^2}+\dfrac{n^2}{b^2}\right)^2}$$